HIT

国外优秀数学著作
原 版 系 列

复分析——共形映射
（俄文）

[俄罗斯]伊戈里·亚历山德罗维奇·亚历山德洛夫 著

HITP
哈爾濱工業大學出版社
HARBIN INSTITUTE OF TECHNOLOGY PRESS

黑版贸审字 08－2020－058 号

图书在版编目(CIP)数据

复分析:共形映射:俄文/(俄罗斯)伊戈里·亚历山德罗维奇·亚历山德洛夫著. —哈尔滨:哈尔滨工业大学出版社,2022.7

ISBN 978-7-5767-0192-0

Ⅰ.①复… Ⅱ.①伊… Ⅲ.①复分析—俄语
Ⅳ.①O174.5

中国版本图书馆 CIP 数据核字(2022)第 110224 号

FUFENXI:GONGXINGYINGSHE

策划编辑 刘培杰 杜莹雪
责任编辑 刘家琳 张嘉芮
封面设计 孙茵艾
出版发行 哈尔滨工业大学出版社
社　　址 哈尔滨市南岗区复华四道街 10 号 邮编 150006
传　　真 0451－86414749
网　　址 http://hitpress.hit.edu.cn
印　　刷 哈尔滨圣铂印刷有限公司
开　　本 880 mm×1 230 mm 1/32 印张 7.25 字数 197 千字
版　　次 2022 年 7 月第 1 版 2022 年 7 月第 1 次印刷
书　　号 ISBN 978-7-5767-0192-0
定　　价 48.00 元

ОГЛАВЛЕНИЕ

ПРЕДИСЛОВИЕ

Ранее опубликованное учебное пособие «Комплексный анализ» (комплексные числа, комплексные функции, интегральные теоремы, ряды и произведения) включает основной для первоначального изучения материал об аналитических свойствах функций комплексного переменного. В данном учебном пособии, представляющем продолжение указанной книги, которую следует считать первой частью учебного пособия, рассматриваются геометрические свойства непрерывных отображений плоских областей, сохраняющие подобие в малом. Такие отображения, называемые конформными, имеют многочисленные приложения в исследованиях, прежде всего, плоских задач теории поля, преобразования ортогональных сеток и так далее. Представление о содержании учебного пособия можно получить, ознакомившись с подробным оглавлением.

В предисловии к первой части учебного пособия отмечались большие усилия ряда ученых, приведшие к доказательству теоремы Римана о конформной эквивалентности односвязных областей. В первой главе излагается на основе большого необходимого предварительного материала одно из известных и, по-видимому, наиболее простых доказательств теоремы Римана. Для каждой пары односвязных областей конформная эквивалентность обеспечивается семейством отображений, зависящим от трех действительных постоянных. Подходы к выделению среди них конкретных значений выработаны при рассмотрении прикладных задач и сводятся к задачам математического анализа и алгебры. Чаще всего встречаются внутренние и граничные условия нормировки отображений. В теореме Римана участвует внутренняя нормировка, позволяющая охватить теоремой односвязные области, не налагая каких-либо условий на границу области, кроме наличия на границе более одной точки.

Во второй главе ставится задача о распространении функции, реализующей однолистное конформное отображение области на круг, на границу этой области. Устанавливается возможность поточечного соответствия границ конформно эквивалентных областей с жордановыми границами. Для таких областей доказывается принцип соответствия границ, используемый в практике конформных отображений наряду с принципом симметрии. Показано, что двусвязная область конформно эквивалентна кольцу с соответствующим этой области отношением радиусов граничных окружностей кольца.

В третьей главе исследуются вопросы об отображениях траекторий и областей посредством простейших функций. Отслеживаются преобразования ортогональных сеток однолистными функциями на плоскости и на римановой поверхности. Находятся формулы для реализации однолистного конформного отображения областей, ограниченных кривыми второго порядка.

В четвертой главе дан вид отображения верхней полуплоскости (круга) на прямолинейный многоугольник. Полученная на основе принципа симметрии формула Шварца – Кристоффеля применяется, в частности, к случаю прямолинейных треугольников с вершинами не обязательно в конечных точках, а также к счетноугольникам с симметрией переноса.

Исследование более сложных вопросов о построениях отображений верхней полуплоскости (круга) на круговые многоугольники проводится в пятой главе. Устанавливается, что отображающая функция удовлетворяет дифференциальному уравнению третьего порядка. В общем случае это уравнение, называемое уравнением Шварца, содержит постоянные, для определения которых недостаточно знания положения вершин кругового многоугольника и углов этого многоугольника. Однако в случае криволинейных треугольников уравнение не содержит неизвестных параметров и, как показано, его решение сводится к решению линейного дифференциального уравнения второго порядка с переменными коэффициентами. Рассмотренные примеры показывают, что посредством замен уравнение сводится к уравнению Гаусса.

Каждая глава сопровождается небольшим количеством задач, чаще всего упражнений для закрепления материала, изложенного в главе, и самопроверки.

Автор благодарит Лидию Сергеевну Копаневу, прочитавшую внимательно весь текст пособия, Елену Петровну Кузнецову, выполнившую весь набор книги на компьютере, и Константина Васильевича Ежова, оформившего рисунки.

Глава I

ТЕОРИЯ КОНФОРМНЫХ ОТОБРАЖЕНИЙ

Среди взаимно однозначных непрерывных преобразований плоской области выделяются преобразования, сохраняющие подобие бесконечно малых фигур. Внимание к таким преобразованиям, получившим название конформные преобразования (отображения), обусловлено их широким использованием в различных теоретических исследованиях. В этой главе устанавливается связь между конформными отображениями областей и аналитическими свойствами комплексных функций комплексного переменного. Доказывается теорема о существовании бесконечного множества конформных отображений одной односвязной области на другую, в частности, на круг, и указываются условия, при которых такое отображение единственно.

§ 1. Геометрические свойства отображений

1.1. Однолистные функции. ОПРЕДЕЛЕНИЕ. Функцию $f:D\to\overline{\mathbb{C}}$, $D\subset\overline{\mathbb{C}}$, голоморфную или мероморфную в области *D*, называют *однолистной* в *D*, если для любых пар точек $z_1\in D$, $z_2\in D$, $z_1\neq z_2$, выполняется условие: $f(z_1)\neq f(z_2)$.

Пример. Дробно-линейная функция

$$w=\frac{az+b}{cz+d},\ ad-bc\neq 0,$$

однолистна в $\overline{\mathbb{C}}$. О некоторых её свойствах см. ч.1, гл III, n° 2.4. ◁

Пример. Функция e^z неоднолистна в $\mathbb{C}$, поскольку $e^{z_1}=e^{z_2}$ для $z_1\in\mathbb{C}$, $z_2=z_1+2k\pi i$, $k\in\mathbb{Z}$. Но она однолистна в области, не содержащей точек z_1,z_2, связанных условием $z_2=z_1+2\pi i$, в частности, однолистна в полосе

$$D_k=\left\{z\in\mathbb{C}:2k\pi<\operatorname{Im}z<2\left(k+1\right)\pi\right\},\ k\in\mathbb{Z}.\ \triangleleft$$

Обобщением однолистных функций являются многолистные функции, в частности, *n*-листные.

Примеры. Функция $\operatorname{Ln}w$, $w\in\mathbb{C}\setminus\{0\}$, обратная к функции $w=e^z$, $z\in\mathbb{C}$ бесконечнолистная. Функция $z=\sqrt[n]{w}$, $w\in\mathbb{C}$, обратная к функции $w=z^n$, $n\in\mathbb{N}\setminus\{1\}$, *n*-листная. ◁

Выделяя в области задания многолистной функции, точнее, на её римановой поверхности, определенную подобласть, можно получить в этой подобласти однозначную *ветвь* многолистной функции.

Пример. Функция $z=\operatorname{Ln}w$ однолистна в $\mathbb{C}\setminus[0,+\infty)$, если считать, что её значения принадлежат полосе D_k. ◁

***Теорема* 1** (о локальной однолистности). *Если функция f голоморфна в области $D\subset\mathbb{C}$ и $f'(z_0)\neq 0$, $z_0\in D$, то f однолистна в некоторой окрестности точки z_0 и, кроме того, для производной обратной функции $g(w)=f^{-1}(w)$ имеет место формула*

$$g'(w_0)=1/f'(z_0),\ w_0=f(z_0).$$

$\triangleright$ В силу непрерывности $f'(z)$ существует такая окрестность $U(z_0,\delta)$, $\delta>0$, точки z_0, что $f'(z)\neq 0$, $z\in U(z_0,\delta)$. Пусть $G=f\left(U(z_0,\delta)\right)$. Тогда для $w\in G$

$$\frac{g(w)-g(w_0)}{w-w_0}=\frac{z-z_0}{w-w_0}=1:\frac{f(z)-f(z_0)}{z-z_0}.$$

Из существования предела правой части этого равенства при $z\to z_0$ следует существование предела при $w\to w_0$ левой части. Переходя к пределу получаем $g'(w_0)=1/f'(z_0)$. Заметим, что вместо w_0 можно взять любую точку $w\in G$ и убедиться в том, что $g'(w)=1/f'(z)$, $z\in U(z_0,\delta)$, то есть установить, что $g(w)$ голоморфна в точке w_0. $\triangleleft$

Как показывает пример функции $w=e^z$, $z\in\mathbb{C}$, условие $f'(z)\neq 0$ не является достаточным для однолистности функции в области задания функции.

Среди достаточных условий однолистности, относящихся к определенным семействам функций, выделим следующее условие.

Теорема 2. *Если функция f голоморфна в выпуклой области* $D\subset\mathbb{C}$ *и* $\operatorname{Re} f'(z)>0$ *при* $z\in D$, *то функция f однолистна в D.*

$\triangleright$ Пусть z_1,z_2 – две различные точки в области D. Интегрируя функцию $f'(z)$ по любой лежащей в D гладкой кривой с концами z_1,z_2, получаем согласно теореме 17 (ч.I, гл. IV)

$$f(z_2)-f(z_1)=\int_{z_1}^{z_2} f'(\zeta)d\zeta.$$

Полагая $\zeta=z_1(1-t)+z_2t,\ 0\le t\le 1$, и используя выпуклость D, получаем

$$\frac{f(z_2)-f(z_1)}{z_2-z_1}=\int_0^1 f'\left(z_1(1-t)+z_2t\right)dt.$$

Так как действительная часть интеграла положительна, то он отличен от нуля и, значит, $f(z_1)\neq f(z_2)$. $\triangleleft$

1.2. Особые точки однолистных функций. Пусть функция f голоморфна в области $D\subset\overline{\mathbb{C}}$, за исключением множества V изолированных особых точек, и однолистна в $D\setminus V$. Следующая теорема устанавливает, сколько точек из V и какого типа можно присоединить к $D\setminus V$, не нарушая свойства однолистности функции f, рассматриваемой на расширенной таким образом области $D\setminus V$.

Теорема 3. *Пусть V – некоторое конечное множество точек в области* $D\subset\overline{\mathbb{C}}$. *Если функция f голоморфна и однолистна в* $D\setminus V$, *то точки множества V – устранимые особенности функции f, за исключением разве лишь одной точки, которая может быть только полюсом первого порядка.*

$\triangleright$ Пусть $z_0\in V$, $z_0\neq\infty$. Существует такое число $\varepsilon>0$, что $\dot{U}(z_0,\varepsilon)\subset D\setminus V$. Отметим точку w_0, внешнюю для области $B = f\left(\dot{U}(z_0,\varepsilon)\right)$, и рассмотрим функцию $\varphi(z) = 1/\left(f(z) - w_0\right)$, голоморфную и ограниченную в $\dot{U}(z_0,\varepsilon)$. Точка z_0 – изолированная особая точка функции φ. Доопределим функцию φ в точке z_0, полагая $\varphi(z_0) = \lim\limits_{z\to z_0}\varphi(z)$. Тогда $f(z_0) = w_0 + 1/\varphi(z_0)$, если $\varphi(z_0) \neq 0$, и $f(z_0) = \infty$, если $\varphi(z_0) = 0$. В первом случае точка z_0 – устранимая особенность функции f, а во втором – полюс, пусть порядка m. Если $m \geq 2$, то функция $\varphi = 1/f$ будет иметь в точке z_0 нуль порядка m, а производная φ' – нуль порядка $m-1 \geq 1$, что несовместимо с однолистностью функции φ в точке z_0, а значит, несовместимо с однолистностью функции f в окрестности точки z_0. Значит $m = 1$.

Случай, когда $z_0 = \infty$, сводится к рассмотренному случаю заменой $\zeta = 1/z$. Наличие в V двух или более полюсов функции f очевидным образом приводит после их присоединения к D к неоднолистности f. ◁

Теорема 4. *Если мероморфная в $\overline{\mathbb{C}}$ функция однолистна, то f – дробно-линейная функция.*

▷ По теореме 3 функция f голоморфна в $\overline{\mathbb{C}}$, за исключением некоторой точки $z_0 \in \mathbb{C}$ или точки $z_0 = \infty$, в которой функция f может иметь лишь полюс первого порядка. Пусть T – главная часть разложения функции f в ряд Лорана в окрестности точки z_0:

$$T(z) = \begin{cases} \dfrac{c_{-1}}{z - z_0}, & \text{если } z_0 \in \mathbb{C}, \\ a_1 z, & \text{если } z_0 = \infty. \end{cases}$$

Разность $f - T$ голоморфна в $\overline{\mathbb{C}}$ и, следовательно, согласно теореме Лиувилля, $f - T = c_0$, где c_0= const. Значит,

$$f(z) = \begin{cases} \dfrac{c_0 z + c_{-1} - c_0 z_0}{z - z_0}, & \text{если } z_0 \in \mathbb{C}, \\ a_1 z + c_0, & \text{если } z_0 = \infty. \end{cases}$$

– дробно-линейная функция. ◁

1.3. Отображения, сохраняющие углы. Относительно функций $u = u(x, y)$, $v = v(x, y)$, заданных в области $D \subset \mathbb{R}^2$, предположим, что они взаимно однозначно отображают область D на область $\Delta \subset \mathbb{R}^2$ и непрерывно дифференцируемы в смысле $\mathbb{R}^2$ в области D. Такое отображение имеет якобиан

$$\frac{\partial(u,v)}{\partial(x,y)} = \begin{vmatrix} u_x & u_y \\ v_x & v_y \end{vmatrix} = u_x v_y - u_y v_x$$

отличный от нуля в D и, следовательно, в силу непрерывности частных производных

$$u_x = \frac{\partial u}{\partial x}, \quad u_y = \frac{\partial u}{\partial y}, \quad v_x = \frac{\partial v}{\partial x}, \quad v_y = \frac{\partial v}{\partial y}$$

сохраняющий знак в этой области. При положительном значении якобиана сохраняется ориентация кривых в D и Δ в том смысле, что положительному обходу гладкой замкнутой жордановой кривой, вместе со своей внутренностью лежащей в D, соответствует положительная ориентация образа этой кривой. При отрицательном значении якобиана ориентация меняется на противоположную.

Фиксируем точку $(x_0, y_0) \in D$ и примем её за начало двух гладких простых дуг

$$\gamma_k = \{(x, y) \in D : x = \varphi_k(t), y = \psi_k(t)\}, k = 1, 2,$$

где параметр t принадлежит некоторому сегменту $[t_0, t_1]$, $t_0 < t_1$ и $x_0 = \varphi_k(t_0), y_0 = \psi_k(t_0)$. Для таких дуг $\varphi_k'^2(t) + \psi_k'^2(t) \neq 0$, $t \in [t_0, t_1]$. Дифференциал длины s_k дуги γ_k и косинус угла $\alpha(\gamma_1, \gamma_2)$ между γ_1 и γ_2 в точке (x_0, y_0), как известно, можно найти соответственно по формулам

$$ds_k(x_0, y_0) = \left|\varphi_k'^2(t_0) + \psi_k'^2(t_0)\right|^{1/2} dt,$$

$$\cos\alpha(\gamma_1, \gamma_2) = \frac{\varphi_1'(t_0)\varphi_2'(t_0) + \psi_1'(t_0)\psi_2'(t_0)}{\prod_{k=1}^{2}\left|\varphi_k'^2(t_0) + \psi_k'^2(t_0)\right|^{1/2}}.$$

Рассматриваемое отображение $u = u(x, y)$, $v = v(x, y)$ переводит точку (x_0, y_0) и дугу γ_k, k=1,2, соответственно в точку с координатами $u_0 = u(x_0, y_0)$, $v_0 = v(x_0, y_0)$ и гладкую простую дугу

$$\Gamma_k = \{(u, v) \in \Delta : u = u(\varphi_k(t), \psi_k(t)), v = v(\varphi_k(t), \psi_k(t))\}, k = 1, 2.$$

Дифференциал длины S_k дуги Γ_k и косинус угла $\mathrm{A}(\Gamma_1, \Gamma_2)$ между Γ_1 и Γ_2 в точке (u_0, v_0) представляется соответственно формулами:

$$dS_k(u_0, v_0) = \left|E\varphi_k'^2(t_0) + 2F\varphi_k'(t_0)\psi_k'(t_0) + G\psi_k'^2(t_0)\right|^{1/2} dt,$$

$$\cos A(\Gamma_1, \Gamma_2) = \frac{E\varphi_1'(t_0)\varphi_2'(t_0) + F\left[\varphi_1'(t_0)\psi_2'(t_0) + \varphi_2'(t_0)\psi_1'(t_0)\right] + G\psi_1'(t_0)\psi_2'(t_0)}{\prod_{k=1}^{2}\left|E\varphi_k'^2(t_0) + 2F\varphi_k'(t_0)\psi_k'(t_0) + G\psi_k'^2(t_0)\right|^{1/2}},$$

где $E = E(x_0, y_0)$, $F = F(x_0, y_0)$, $G = G(x_0, y_0)$ и, как обычно для теории поверхностей,

$$E(x, y) = u_x^2(x, y) + v_x^2(x, y),$$

$$F(x, y) = u_x(x, y)u_y(x, y) + v_x(x, y)v_y(x, y),$$

$$G(x, y) = u_y^2(x, y) + v_y^2(x, y).$$

Встает вопрос о существовании среди рассматриваемых отображений таких отображений, которые бы сохраняли углы между соответствующими друг другу парами кривых γ_1, γ_2 и Γ_1, Γ_2.

Теорема 5. *Пусть отображения* $u = u(x, y)$, $v = (x, y)$ *области* $D \subset \mathbb{R}^2$ *взаимно однозначны и непрерывно дифференцируемы в D. Пусть* γ_1, γ_2 *– гладкие простые дуги, выходящие из точки* $(x_0, y_0) \in D$ *и образующие в ней угол* $\alpha(\gamma_1, \gamma_2) = \pi/2$. *Тогда для того* *чтобы угол* $A(\Gamma_1,\Gamma_2)$ *между образами* Γ_1,Γ_2 *кривых* γ_1,γ_2 *был прямым при сохранении ориентации необходимо выполнение соотношений*

$$\frac{\partial u(x_0,y_0)}{\partial x}=\frac{\partial v(x_0,y_0)}{\partial y},\quad \frac{\partial u(x_0,y_0)}{\partial y}=-\frac{\partial v(x_0,y_0)}{\partial x}.$$

$\triangleright$ Считаем, что кривая γ_k, k=1,2, имеет параметрическое уравнение $x=\varphi_k(t)$, $y=\psi_k(t)$, $t_0\le t<t_1$, и что $x_0=\varphi_k(t_0)$, $y_0=\psi_k(t_0)$. Согласно условию теоремы выполняются равенства $\alpha(\gamma_1,\gamma_2)=A(\Gamma_1,\Gamma_2)=\pi/2$. Значит,

$$\varphi_1'(t_0)\varphi_2'(t_0)+\psi_1'(t_0)\psi_2'(t_0)=0,$$

$$E\varphi_1'(t_0)\varphi_2'(t_0)+F\left[\varphi_1'(t_0)\psi_2'(t_0)+\varphi_2'(t_0)\psi_1'(t_0)\right]+G\psi_1'(t_0)\psi_2'(t_0)=0.$$

Отсюда следует равенство

$$(F-G)\varphi_1'(t_0)\varphi_2'(t_0)+F\left[\varphi_1'(t_0)\psi_2'(t_0)+\varphi_2'(t_0)\psi_1'(t_0)\right]=0,$$

посредством замены $\dfrac{\psi_1'(t_0)}{\varphi_1'(t_0)}=\operatorname{tg}\beta$ преобразующееся к виду

$$(F-G)\sin 2\beta+2F\cos 2\beta=0.$$

Поскольку угол наклона β кривой γ_1 к действительной оси произволен, то получаем, что

$$E(x_0,y_0)=G(x_0,y_0),F(x_0,y_0)=0,$$

то есть

$$u_x^2(x_0,y_0)+v_x^2(x_0,y_0)=u_y^2(x_0,y_0)+v_y^2(x_0,y_0)\ne 0,$$

$$u_x(x_0,y_0)u_y(x_0,y_0)+v_x(x_0,y_0)v_y(x_0,y_0)=0.$$

Второе из этих равенств запишется в виде пропорции

$$\frac{u_x(x_0,y_0)}{v_y(x_0,y_0)}=-\frac{v_x(x_0,y_0)}{u_y(x_0,y_0)}.$$

Обозначим через q общее значение левой и правой частей этой пропорции. Для нахождения q подставим $u_x=qv_y$ $v_x=-qu_y$ в первое из указанных равенств. Имеем $(q^2-1)(u_y^2+v_y^2)=0$ и, значит, $q^2=1$.

Если q=1, то $u_x=v_y$, $u_y=-v_x$ в точке (x_0,y_0). В этом случае

$$\frac{\partial(u,v)}{\partial(x,y)}=u_x^2+v_x^2=u_y^2+v_y^2>0$$

и для функции $f(z)=u(x,y)+iv(x,y)$, $z=x+iy$, выполняются в точке $z_0=x_0+iy_0$ условия Коши – Римана. При отображении $u=u(x,y)$, $v=v(x,y)$ в окрестности точки (x_0,y_0) ориентация сохраняется. $\triangleleft$

Отметим, что если $q=-1$, то $u_x=-v_y$, $u_y=v_x$ в точке (x_0,y_0). В этом случае

$$\frac{\partial(u,v)}{\partial(x,y)} = -u_x^2 - v_x^2 = -u_y^2 - v_y^2 < 0 .$$

Для функции $f(z) = u(x,y) - iv(x,y)$, $z = x + iy$, выполняются условия Коши – Римана и $f_1(z) = \overline{f(z)}$. Ориентация в окрестности точки (x_0, y_0) меняется на противоположную.

1.4. Понятие конформного отображения. ОПРЕДЕЛЕНИЕ. Непрерывное отображение $w = f(z)$ области $D \subset \mathbb{C}$ называют *конформным* в точке $z_0 \in D$, если оно обладает в этой точке свойствами сохранения (консерватизма) углов и постоянства растяжений.

Свойство сохранения углов в точке $z_0 \in D$ при отображении $w = f(z)$ состоит в том, что угол $\alpha(\gamma_1, \gamma_2)$, образованный любой парой гладких простых дуг, выходящих из z_0, переходит в угол $A(\Gamma_1, \Gamma_2)$, образованный в точке $w_0 = f(z_0)$ дугами $\Gamma_1 = f(\gamma_1)$, $\Gamma_2 = f(\gamma_2)$, равный углу $\alpha(\gamma_1, \gamma_2)$. Как обычно, углом между двумя выходящими из некоторой точки гладкими кривыми (траекториями) понимают угол между касательными к кривым (траекториям) в точке их пересечения.

Свойство постоянства растяжения в точке $z_0 \in D$ при отображении $w = f(z)$ состоит в том, что существует предел

$$\lim_{z \to z_0} \frac{|f(z) - f(z_0)|}{|z - z_0|} = k(z_0, f),$$

называемый коэффициентом растяжения в точке z_0 при отображении $w = f(z)$, не зависящий от способа стремления z к z_0.

ОПРЕДЕЛЕНИЕ. Непрерывное отображение области D называют *конформным* в D, если оно конформно в каждой точке этой области.

Теорема 5 показывает, что для сохранения углов в точке z_0 при отображении $w = f(z)$ необходимо существование производной $f'(z_0)$ в смысле $\mathbb{C}$. При условии $f'(z_0) \neq 0$ отображение $f(z)$ однолистно в некоторой окрестности $U(z_0, \delta)$, $\delta > 0$, точки z_0.

Докажем теорему о локальной конформности отображения.

Теорема 6. *Если функция $f(z) = u(x,y) + iv(x,y)$ голоморфна в точке $z_0 = x_0 + iy_0 \in \mathbb{C}$ и $f'(z_0) \neq 0$, то $f(z)$ осуществляет конформное отображение окрестности $U(z_0, \delta)$, $\delta > 0$, точки z_0.*

▷ Согласно определению голоморфности функции в точке существует окрестность $U(z_0, \delta)$, $\delta > 0$, точки z_0 такая, что $f(z)$ дифференцируема в точке $z \in U(z_0, \delta)$ и $f'(z) \neq 0$. В силу теоремы 3 $f(z)$ однолистна в $U(z_0, \delta)$.

Поскольку

$$\lim_{\substack{z \to z_0 \\ z \neq z_0}} \frac{f(z) - f(z_0)}{z - z_0} = f'(z_0),$$

то из формулы

$$\lim_{z \to z_0} \frac{\left|f(z) - f(z_0)\right|}{\left|z - z_0\right|} = \left|f'(z_0)\right|$$

следует, что отношение расстояния между точками $f(z)$ и $f(z_0)$ к расстоянию между точками z и z_0 стремится при $z \to z_0$ к определенному пределу. Модуль производной $\left|f'(z_0)\right|$ является коэффициентом растяжения в точке z_0 при отображении круга $U(z_0, \delta)$ функцией $f(z)$.

Пусть γ_1 и γ_2 – две гладкие простые дуги, начинающиеся в точке z_0. Тогда для их образов Γ_1 и Γ_2 при отображении $f(z)$ имеем, поскольку $E = G > 0$ и $F = 0$ (в обозначениях, введенных в n^0 1.3), (рис. 1).

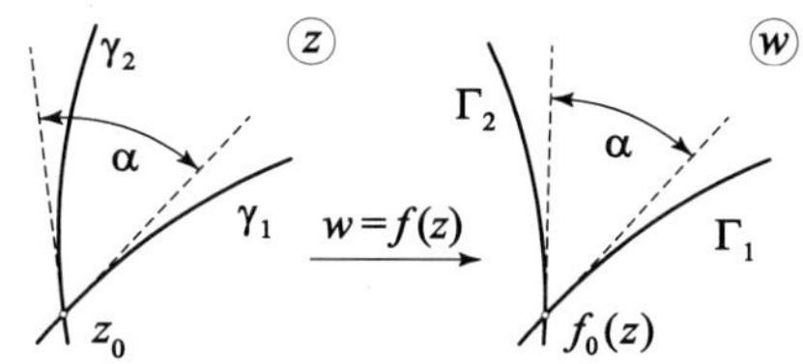

Рис. 1.

$$dS_k(u_0, v_0) = \sqrt{E(x_0, y_0)}\, ds_k(x_0, y_0),\ k = 1, 2,$$

и

$$\cos A(\Gamma_1, \Gamma_2) = \cos \alpha(\gamma_1, \gamma_2).$$

Последнее равенство с учетом положительного знака якобиана отображения показывает, что $A(\Gamma_1, \Gamma_2) = \alpha(\gamma_1, \gamma_2)$. ◁

Участие функций комплексного переменного в реализации конформных отображений становится более содержательным, если от отображений $\mathbb{R}^2$ в $\mathbb{R}^2$ перейти к отображениям $\overline{\mathbb{C}}$ в $\overline{\mathbb{C}}$. Необходимо иметь понятие величины угла между кривыми (траекториями), пересекающимися в бесконечности. Предположим, что луч l_1 является касательной к кривой γ_1 в бесконечности, а луч l_2 – касательной к кривой γ_2 в бесконечности. За величину угла между γ_1 и γ_2 примем взятую со знаком минус величину угла в общей точке лучей l_1 и l_2. В частности, угол между положительной частью действительной оси и биссектрисой первого координатного угла на бесконечности равен $-\pi/4$.

С учетом изложенного будем далее рассматривать вопросы конформного отображения области расширенной комплексной плоскости на области расширенной комплексной плоскости.

Конформное отображение замыкания области понимается как непрерывное отображение замыкания области, конформное во внутренних точках этой области.

§ 2. Дробно-линейные отображения

2.1. Линейная функция. Отображение z-плоскости в w-плоскость, реализуемое линейной функцией

$$w = a_1 z + a_0,\ z \in \overline{\mathbb{C}},\ a_1 \in \mathbb{C} \setminus \{0\},\ a_0 \in \mathbb{C},$$

можно рассматривать как результат двух последовательных отображений:

$$z_1 = a_1 z,\ w = z_1 + a_0.$$

Второе из них в силу геометрического смысла сложения комплексных чисел представляет сдвиг z-плоскости на вектор a_0. Прямые, параллельные этому вектору, переходят в себя. Отображение $z_1 = a_1 z$ осуществляет поворот z-плоскости вокруг начала на угол $\alpha = \arg a_1$, $0 \le \alpha < 2\pi$, и растяжение при $|a_1| > 1$ и сжатие при $0 < |a_1| < 1$ z-плоскости в $|a_1|$ раз. В целом функция $w = a_1 z + a_0$ осуществляет преобразование подобия: фигуры растягиваются (сжимаются) в $|a_1|$ раз, поворачиваются на угол $\arg a_1$ вокруг точки $z = 0$ и сдвигаются на вектор a_0.

В силу подобия сохраняется отношение длин отрезков и углы. Поэтому, если три точки z_1, z_2, z_3 переходят соответственно в точки w_1, w_2, w_3, то

$$\frac{w_1 - w_3}{w_2 - w_3} = \frac{z_1 - z_3}{z_2 - z_3}.$$

Отсюда следует, что существует линейная функция, переводящая точки z_1, z_2, $z_1 \ne z_2$, в заданные точки w_1, w_2. Такая функция однозначно определяется как решение уравнения

$$\frac{w - w_1}{w_2 - w_1} = \frac{z - z_1}{z_2 - z_1}.$$

Преобразование $w = a_1 z + a_0$ имеет две неподвижные точки: $z = \infty$ и при $a_1 \ne 1$ $\xi = a_0/(1 - a_1)$. Поэтому его можно записать в виде $w - \xi = a_1(z - \xi)$, указывающем, что преобразование можно рассматривать как растяжение и вращение плоскости, причем роль начала играет неподвижная точка.

Функция $w = a_1 z + b$, голоморфная в $\mathbb{C}$, имеет на бесконечности полюс первого порядка и, следовательно, она мероморфна в $\overline{\mathbb{C}}$.

2.2. Дробно-линейная функция. Дробно-линейное отображение

$$w = \frac{az - b}{cz - d}, \; ad - bc \ne 0,$$

с комплексными коэффициентами a, b, c, d голоморфно в $\overline{\mathbb{C}} \setminus \{-d/c\}$, имеет полюс первого порядка в точке $z = -d/c$. Обратное отображение

$$z = \frac{-dw + b}{cw - a}$$

также дробно-линейно, голоморфно в $\overline{\mathbb{C}} \setminus \{a/c\}$, имеет полюс первого порядка в точке $w = a/c$. Оба они однолистны и конформны в расширенной комплексной плоскости.

При $c = 0$ дробно-линейное отображение является линейным, рассмотренным в n^0 2.1. Далее считаем, что $c \ne 0$.

В ч.I, гл. 2, n^0 2.4 установлено круговое свойство дробно-линейного отображения, состоящее в том, что любая окружность на плоскости $\overline{\mathbb{C}}$ таким отображением переводится в окружность на $\overline{\mathbb{C}}$. Иными словами, дробно-линейное отображение переводит прямые и окружности в прямые и окружности. Более глубокие результаты получим, рассматривая дробно-линейные отображения круговых областей, то есть областей, ограниченных окружностями или прямыми, а также их дугами (отрезками).

ОПРЕДЕЛЕНИЕ. Точки z и z^* называют *симметричными* относительно окружности Γ, если они лежат на одном луче с вершиной в центре z_0 окружности Γ и произведение их расстояний до центра окружности равно квадрату радиуса R окружности Γ.

Таким образом, z и z^* симметричны относительно Γ, если

$$\arg(z - z_0) = \arg(z^* - z_0) \text{ и } |z - z_0||z^* - z_0| = R^2 .$$

Точкой, симметричной центру окружности, считаем бесконечно удаленную точку.

Точкой, симметричной точке, лежащей на окружности, считаем эту же точку.

Понимая под симметрией относительно прямой обычную зеркальную симметрию, можно говорить о симметрии относительно окружности на $\overline{\mathbb{C}}$.

***Лемма* 1.** *Для симметрии точек z и z^* относительно окружности Γ на $\overline{\mathbb{C}}$ необходимо и достаточно, чтобы любая окружность γ на $\overline{\mathbb{C}}$, проходящая через точки z и z^*, была ортогональна окружности Γ.*

$\triangleright$ Необходимость. Пусть точки z и z^* симметричны относительно Γ. Если Γ – прямая, то точки z и z^* зеркально симметричны относительно Γ. Любая окружность γ (а также прямая), проходящая через z и z^*, пересекается с Γ под прямым углом. Если Γ – окружность радиуса R с центром в точке z_0, то одна из точек z, z^*, пусть z, лежит во внутренности окружности Γ (то есть в $U(z_0, R)$), а другая – в её внешности, (рис. 2). Прямая γ, проходящая через z и z^*, проходит через z_0 и образует прямой угол с Γ. Пусть γ – окружность, проходящая через z и z^*. Проведем из z_0 касательную A к γ, обозначим через ζ точку касания. Согласно известной теореме из курса планиметрии квадрат длины отрезка касательной A от z_0 до ζ равен произведению длины отрезка от точки z_0 до z и длины отрезка от z_0 до z^*: $|\zeta - z_0|^2 = |z - z_0||z_0 - z^*|$. Но по условию $|z - z_0||z - z^*| = R^2$. Значит, точка ζ лежит на Γ и поэтому Γ и γ пересекаются под прямым углом.

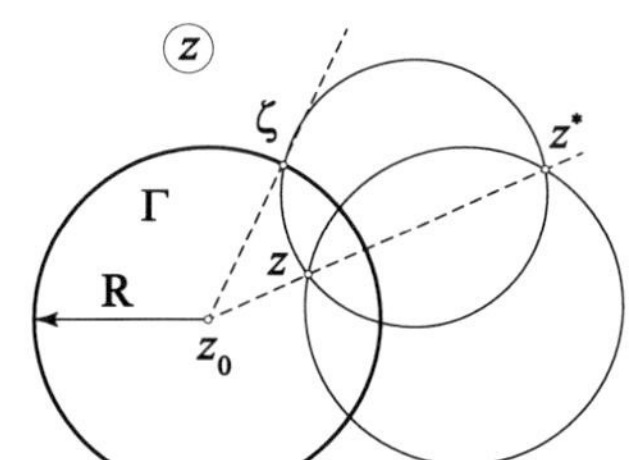

Рис. 2.

Достаточность. Пусть точки z, z^* находятся по разные стороны относительно Γ и окружности, проходящие через точки z, z^*, ортогональны. Докажем, что точки z и z^* симметричны относительно Γ. Если Γ – прямая, то прямая, проходящая через точки z, z^*, ортогональна Γ. Из условия, что любая окружность, проходящая через z и z^*, пересекается с Γ под прямым углом следует, что z и z^* – зеркально симметричные точки. Пусть $\Gamma = \{z : |z - z_0| = R\}$, $R > 0$, – окружность и точки z, z^* принадлежат каждой окружности γ ортогональной Γ. Тогда z_0, z, z^* - точки прямой, ортогональной Γ, а произведение $|z - z_0||z - z^*|$ равно квадрату длины отрезка касательной к γ, выходящей из точки z_0 и оканчивающегося в точке пересечения γ с Γ. Длина этого отрезка совпадает с радиусом окружности Γ и, значит, $|z-z_0||z-z^*|=R^2$. ◁

Теорема 7. *При дробно-линейном отображении*

$$w=L(z)=\frac{az+b}{cz+d},\ ad-bc\neq 0,$$

любая пара точек, симметричных относительно какой либо окружности на $\overline{\mathbb{C}}$, *преобразуется в пару точек, симметричных относительно образа этой окружности.*

▷ Пусть точки z и z^* симметричны относительно окружности Γ на $\overline{\mathbb{C}}$, и пусть $\{\gamma\}$ – множество всех окружностей на $\overline{\mathbb{C}}$, проходящих через эти точки. В силу леммы 1 окружность γ ортогональна окружности Γ. На основании кругового свойства дробно-линейной функции $L(z)$ окружность γ преобразуется в окружность $L(\gamma)$. Так как функция $L(z)$ осуществляет конформное отображение плоскости $\overline{\mathbb{C}}$, то $L(\gamma)$ ортогональна окружности $L(\Gamma)$. Через точки $L(z)$, $L(z^*)$ проходят все окружности $L(\gamma)$. Поэтому вновь пользуясь леммой 1, заключаем, что точки $L(z)$, $L(z^*)$ симметричны относительно $L(\Gamma)$. ◁

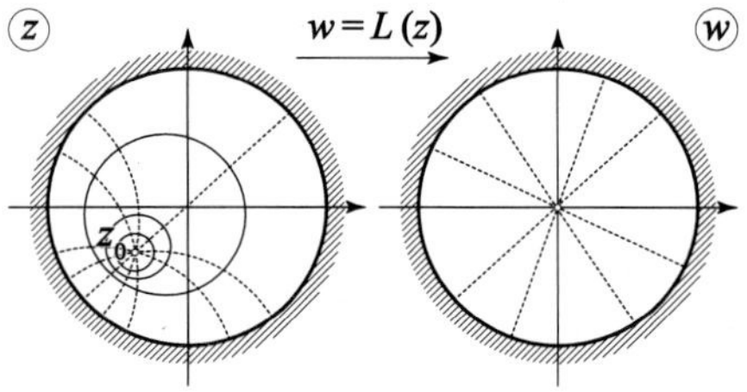

Рис. 3.

2.3. Конформное отображение единичного круга на единичный круг. Кроме очевидного тождественного отображения $w=z$ единичного круга $E_z=\{z\in\mathbb{C}:|z|<1\}$ на единичный круг $E_w=\{w\in\mathbb{C}:|w|<1\}$ существуют среди дробно-линейных отображений E_z на E_w такие, при которых точке $z_0\in E_z\setminus\{0\}$ соответствует точка $w=0$, (рис. 3). Найдем все такие отображения. Для них выбор коэффициентов в формуле

$$w=L(z)=\frac{az+b}{cz+d},\ ad-bc\neq 0,$$

подчиняется условиям $L(\partial E_z)=\partial E_w$, две точки z_0 и $1/\overline{z}_0$, симметричные относительно окружности ∂E_z, переходят соответственно в точки 0 и ∞, симметричные относительно окружности ∂E_w. Второе из этих условий выполняется тогда и только тогда, когда

$$L(z)=\frac{a\left(z-z_0\right)}{c\left(z-\dfrac{1}{\overline{z}_0}\right)},$$

а первое выражается равенством

$$\left|\frac{a\left(e^{i\varphi}-z_0\right)}{c\left(e^{i\varphi}-\dfrac{1}{\overline{z}_0}\right)}\right|=1,\ 0<\varphi<2\pi,$$

легко преобразуемым к виду

$$\left|\frac{a}{c}\frac{\left(e^{i\varphi}-z_0\right)}{\left(\overline{z}_0-e^{-i\varphi}\right)}\overline{z}_0\right|=1,$$

показывающему, что $\left|\frac{a}{c}\overline{z}_0\right|=1$, то есть что $\frac{a}{c}=-\frac{1}{\overline{z}_0}e^{i\alpha}$, где α – действительное число. Отображение $L(z)$ теперь принимает вид

$$w=L(z)=e^{i\alpha}\frac{z-z_0}{1-z\overline{z}_0},\ \alpha=\text{const}.$$

Читатель может самостоятельно убедиться в том, что $L\left(E_z\right)=E_w, L\left(\partial E_z\right)=\partial E_w$.

Установленное дробно-линейное отображение круга E_z на круг E_w (конформное отображение области на себя называют *автоморфизмом*) зависит от трех действительных параметров: $\alpha\in\left(0,2\pi\right)$, x_0, y_0, $x_0^2+y_0^2<1$.

Коэффициент растяжения отображения $L(z)$ в точке $z\in E_z$ равен $\left|L'\left(z\right)\right|=\frac{1-\left|z_0\right|^2}{\left|1-z\overline{z}_0\right|^2}$, в частности, $\left|L'\left(z_0\right)\right|=\frac{1}{1-\left|\overline{z}_0\right|^2}$. Угол поворота линейного элемента при отображении $L(z)$ дается формулой $\arg L'\left(z\right)=\alpha-2\arg\left(1-z\overline{z}_0\right)$, в частности $\arg L'\left(0\right)=\arg L'\left(z_0\right)=\alpha$.

2.4. Инвариант дробно-линейного отображения. Дробно-линейное отображение зависит от трех комплексных параметров, получающихся делением коэффициентов *a, b, c, d* на один из них, отличный от нуля. Чтобы определить эти параметры и соответствующее дробно-линейное отображение, нужно задать три попарно различные точки z_1, z_2, z_3 и соответствующие им точки w_1, w_2, w_3. Полагая

$$w_k=\frac{az_k+b}{cz_k+d}, k=1,2,3,$$

и присоединив к этим уравнениям уравнение

$$w=\frac{az+b}{cz+d},$$

составим разности

$$w-w_1=\frac{\left(z-z_1\right)\left(ad-bc\right)}{\left(cz+d\right)\left(cz_1+d\right)},\qquad w-w_2=\frac{\left(z-z_2\right)\left(ad-bc\right)}{\left(cz+d\right)\left(cz_2+d\right)},$$

$$w_3-w_1=\frac{\left(z_3-z_1\right)\left(ad-bc\right)}{\left(cz_3+d\right)\left(cz_1+d\right)},\quad w_3-w_2=\frac{\left(z_3-z_2\right)\left(ad-bc\right)}{\left(cz_3+d\right)\left(cz_2+d\right)}.$$

Разделив первую из них на вторую, третью и четвертую, и составив отношение частных, легко находим, что

$$\frac{w-w_1}{w-w_2}:\frac{w_3-w_1}{w_3-w_2}=\frac{z-z_1}{z-z_2}:\frac{z_3-z_1}{z_3-z_2}.$$

Определяемая этим уравнением функция $w=L\left(z\right)$ представляет собой то единственное дробно-линейное преобразование, которое удовлетворяет условию соответствия точек w_k, k=1, 2, 3, точкам z_k. По непрерывности оно распространяется на случай, когда среди точек w_k, z_k имеется бесконечно удаленная точка.

Отношение $\frac{z-z_1}{z-z_2}:\frac{z_3-z_1}{z_3-z_2}$ сохраняется при дробно-линейном отображении, то есть является его *инвариантом*. Его называют *ангармоническим* отношением четырех точек и обозначают (z, z_1, z_2, z_3).

Через попарно различные точки z_1, z_2, z_3 можно провести окружность Г и притом только одну. Полученное уравнение дает отображение $w = L(z)$ окружности на окружность $\Gamma_1 = L(\Gamma)$, проходящую через точки w_1, w_2, w_3, ими определяемую единственным образом. Порядок следования точек z_1, z_2, z_3 на окружности Г определяет направление на ней: положительное, если внутренность окружности остается слева, отрицательное в противном случае. Порядок следования точек w_1, w_2, w_3 определяет направление на Γ_1. Функция $w = L(z)$ отображает круг с границей Г на круг с границей Γ_1 только при одинаковых направлениях на границах, устанавливаемых порядком следования точек z_1, z_2, z_3 и w_1, w_2, w_3. В противном случае внутренность (внешность) окружности Г однолистно и конформно отображается на внешность (внутренность) окружности $\Gamma_1 = L(\Gamma)$.

Пример. Окружность, проходящая через точки $z_1 = 1$, $z_2 = i$, $z_3 = -1$, отображается на окружность, проходящую через точки $w_1 = 1$, $z_2 = -i$, $z_3 = -1$ функцией $w = 1/z$. При этом круг $E = \{z \in \mathbb{C} : |z| < 1\}$ отображается на область $D = \{w \in \mathbb{C} : |w| > 1\}$. ◁

§ 3. Конформная эквивалентность областей

3.1. Конформная эквивалентность. Пусть G_1 и G_2 – области в расширенной комплексной плоскости.

ОПРЕДЕЛЕНИЕ. Область G_1 называют *конформно эквивалентной* области G_2 (и пишут: $G_1 \sim G_2$) тогда и только тогда, когда существует голоморфное или мероморфное однолистное конформное отображение $F : G_1 \to G_2$, $F(G_1) = G_2$.

Для областей отношение $G_1 \sim G_2$ рефлексивно (то есть $G_1 \sim G_1$), симметрично (если $G_1 \sim G_2$, то $G_2 \sim G_1$), транзитивно (если $G_1 \sim G_2$ и $G_2 \sim G_3$, то $G_1 \sim G_3$).

С учетом непрерывности отображения топологическими методами устанавливается, что для конформной эквивалентности областей необходимо совпадение их порядков связности, то есть необходимо равенство числа связных компонент дополнения областей до расширенной комплексной плоскости.

Нульсвязная область, то есть расширенная комплексная плоскость, конформно эквивалентна только и лишь только расширенной комплексной плоскости. Однолистное конформное отображение $\overline{\mathbb{C}}$ на $\overline{\mathbb{C}}$ реализуется только дробно-линейными функциями. Любая односвязная область с одноточечной граничной компонентой конформно эквивалентна открытой комплексной плоскости $\mathbb{C}$, и в этом случае конформное отображение реализуется только дробно-линейными функциями.

Все однолистные области на $\overline{\mathbb{C}}$, имеющие более одной граничной точки, конформно эквивалентны. Чтобы убедиться в этом, достаточно доказать это утверждение для отображения произвольно взятой области на одну и ту же область, например, на круг, полуплоскость и так далее. Основной теоремой о конформных отображениях односвязных областей является теорема Римана.

***Теорема* 8** (Риман). *Если D – односвязная область в $\overline{\mathbb{C}}$, имеющая более одной граничной точки, то 1^0) существует голоморфная функция f, однолистно и конформно отображающая область D на круг $E=\{w\in\mathbb{C}:|w|<1\}$; 2^0) в множестве этих функций имеется единственная функция, которая переводит заданную точку $z_0\in D$ и заданное в ней направление в точку $w=0$ и направление, совпадающее с положительным направлением действительной оси, (рис. 4).*

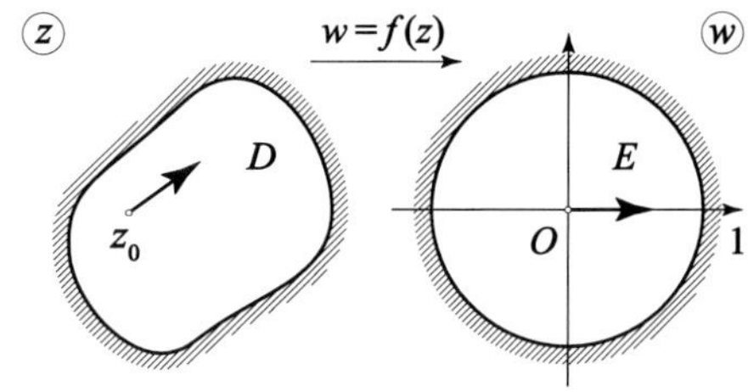

Рис. 4.

Разделим эту теорему на две.

***Теорема* 8'** (о единственности отображения). *Среди голоморфных однолистных функций, отображающих односвязную область $D\subset\overline{\mathbb{C}}$ и имеющих более одной граничной точки, имеется единственная функция $f:D\to E$, которая удовлетворяет следующим условиям: $f(z_0)=0$, $\arg f'(z_0)=\alpha$, $0\le\alpha<2\pi$.*

***Теорема* 8"** (о существовании отображения). *Если $D\subset\overline{\mathbb{C}}$ – односвязная область, имеющая более одной граничной точки, то существует голоморфная функция $f:D\to E$, однолистно и конформно отображающая область D на единичный круг E.*

Для доказательства теорем 8', 8", а, значит, и теоремы Римана, потребуются теоремы, приведенные вместе с доказательствами в n^0 3.2 , n^0 3.3 и в § 4.

3.2. Принцип максимума модуля для голоморфных функций. Геометрической характеристикой функции $f(z)=u(x,y)+iv(x,y)$ комплексного переменного $z=x+iy$ в области $D\subset\overline{\mathbb{C}}$ может служить *поверхность модуля* $S(f)$, представляющая собой поверхность в $\mathbb{R}^3=\{(x,y,t)\}$, имеющую уравнение $t=\sqrt{u^2(x,y)+v^2(x,y)}$, $(x,y)\in D$.

Как отражается на виде поверхности $S(f)$ свойство голоморфности f? Частичный ответ на этот вопрос содержится в следующей теореме.

***Теорема* 9** (принцип максимума модуля). *Пусть функция f голоморфна в области $D\subset\overline{\mathbb{C}}$. Если поверхность $S(f)$ имеет локальный максимум в точке $z_0\in D$, то $f=\text{const}$ в D.*

$\triangleright$ Предположим, что $z_0=\infty$. Обозначим $|f(z_0)|=M$. Очевидно, $0\le M<\infty$. Выберем число $\rho>0$, так, чтобы круг $U(z_0,\rho)=\{z\in\mathbb{C}:|z-z_0|<\rho\}$ вместе со своей границей лежал в D и чтобы $|f(z)|\le M$ в $\overline{U(z_0,\rho)}$.

В случае, если $M=0$ в $U(z_0,\rho)$, имеем $f=0$ в $U(z_0,\rho)$ и согласно принципу единственности (ч.I, гл. V, n^0 1.3) $f=0$ в D.

Если $|f|=M$, $0<M<\infty$, то в $U(z_0,\rho)$ функция $\varphi(z)=\ln\dfrac{f(z)}{M}$ голоморфна в $U(z_0,\rho)$ и её действительная часть равна нулю в $U(z_0,\rho)$. Значит, $\varphi(z)=i\alpha$, где α – действительная постоянная и $f(z)=Me^{i\alpha}$ в $U(z_0,\rho)$. Согласно принципу единственности имеем $f=\text{const}$ в D.

Предположим, что $0<M<\infty$ и что в $U(z_0,\rho)$ имеется точка $z^*=z_0+re^{it_0}$, $0<r<\rho$, $0\le t_0<2\pi$, в которой $|f(z^*)|<M$. На окружности $\gamma=\{\zeta\in\mathbb{C}:|\zeta-z_0|=r\}$ существует дуга γ_1, $z^*\in\gamma_1$, на которой в силу непрерывности функции $|f|$ выполняется неравенство $|f(\zeta)|<M$. Можно считать, что на γ_1 имеет место неравенство $|f(\zeta)|<M-\varepsilon$, где $\varepsilon>0$. Пусть γ_2 – дуга, дополнительная к γ_1 на γ. Воспользуемся интегральной формулой Коши, аддитивностью интеграла и известной оценкой модуля интеграла, получим

$$M=|f(z_0)|=\left|\frac{1}{2\pi i}\int\limits_{\partial U(z_0,r)}\frac{f(\zeta)}{\zeta-z_0}d\zeta\right|\le\frac{1}{2\pi}\int\limits_{\partial U(z_0,r)}\frac{|f(\zeta)|}{|\zeta-z_0|}ds=\frac{1}{2\pi r}\left(\int\limits_{\gamma_1}|f(\zeta)|ds+\int\limits_{\gamma_2}|f(\zeta)|ds\right)<$$

$$<\frac{1}{2\pi r}\left((M-\varepsilon)\,\partial\text{л}\,\gamma_1+M\,\partial\text{л}\,\gamma_2\right)=\frac{1}{2\pi r}\left(M\cdot 2\pi r-\varepsilon\,\partial\text{л}\,\gamma_1\right)=M-\frac{\varepsilon\,\partial\text{л}\,\gamma_1}{2\pi r}.$$

Значит, $0<-\varepsilon\dfrac{\partial\text{л}\gamma_1}{2\pi r}$, что невозможно. Полученное противоречие показывает, что $|f|=M$ в $U(z_0,\rho)$. Но в таком случае $f=\text{const}$ в D.

Если $z=\infty$, то функция $F(\zeta)=f(1/\zeta)$ голоморфна в точке $\zeta=0$ и $|F|$ имеет локальный максимум в $\zeta=0$. В силу уже доказанного, $F=\text{const}$ и, значит, $f=\text{const}$ в D. ◁

3.3. Лемма Шварца. Одним из результатов, следующих из принципа максимума модуля для голоморфных функций, является

***Лемма* 2** (Шварц). *Если голоморфная в круге $E=\{z\in\mathbb{C}:|z|<1\}$ и функция f удовлетворяет условиям $f(0)=0$, $f'(0)\ne0$, $|f|<1$ в E, то $|f(z)|\le|z|$ в $E\setminus\{0\}$ и $|f'(0)|\le1$. При этом, если хотя бы в одной точке $z_0\in E\setminus\{0\}$ выполняется равенство $|f(z_0)|=|z_0|$, или, если $f'(0)=1$, то $f(z)=e^{i\alpha}z$, где α – действительная постоянная.*

▷ Функция f, $f(0)=0$, согласно теореме Тейлора (ч.I, гл. IV) разлагается в круге E в ряд $f(z)=c_1z+c_2z^2+\dots$. Функция $\Phi(z)=\dfrac{f(z)}{z}=c_1+c_2z+\dots$, $c_1=f'(0)\ne0$, голоморфна в E, поскольку является суммой сходящегося в E степенного ряда.

В случае $\Phi = \text{const}$ в E имеем $\Phi(z) = c_1$, то есть $f(z) = c_1 z$, и в силу условия $|f| < 1$ в E получаем $|c_1| \le 1$. Значит, $|f(z)| = |c_1 z| \le |z|$, $|f'(0)| = |c_1| \le 1$.

Пусть теперь $\Phi \ne \text{const}$ в E. Возьмем точку $z \in E$ и число ρ, $|z| < \rho < 1$. Пользуясь принципом максимума модуля имеем

$$|\Phi(z)| \le \max_{|\zeta|=\rho} |\Phi(\zeta)| = \max_{|\zeta|=\rho} \left| \frac{f(\zeta)}{\zeta} \right| \le \frac{1}{\rho}.$$

Так как $\rho \in (|z|, 1)$ произвольно, то из указанной оценки следует, что $|\Phi(z)| \le 1$ в E, то есть $|f(z)| \le |z|$, если $0 < |z| < 1$ и $|f'(0)| \le 1$.

Если в точке $z_0 \in E \setminus \{0\}$ имеет место равенство $|f(z_0)| = |z_0|$, то функция $|\Phi|$ оказывается принимающей максимальное значение $|\Phi(z_0)| = 1$ во внутренней точке круга E. Применяя к Φ принцип максимума, заключаем, что $\Phi = \text{const}$ в E. Следовательно, $f(z) = e^{i\alpha} z$, где α – действительное число.

Если $|f'(0)| = 1$, то $|\Phi(0)| = 1$. Значит $|\Phi|$ достигает максимума во внутренней точке круга E и поэтому $\Phi = \text{const}$. Отсюда, как и выше, имеем $f(z) = e^{i\alpha} z$. ◁

Лемма Шварца показывает, что рассматриваемые в ней отображения приближают образы точек к началу во всех случаях, кроме отображения, представляющего собой вращение круга E вокруг нуля.

3.4. Доказательство теоремы 8'. Можно считать, что $D \subset \mathbb{C}$, поскольку случай, когда $z_0 = \infty \in D$ сводится к указанному с помощью дробно-линейного отображения.

▷ Доказательство теоремы произведем методом от противного. Предположим, что существуют два различных голоморфных отображения f_1 и f_2 области D на круг E, для которых

$$f_1(z_0) = f_2(z_0), \ \arg f_1(z_0) = \arg f_2(z_0) = \alpha, \ z_0 \in D.$$

Образуем функцию $F(w) = f_1\left(f_2^{-1}(w)\right)$ в круге E. Она удовлетворяет условиям леммы Шварца и поэтому $|F(w)| \le |w|$ в E. Значит, $|f_1(f_2^{-1}(w))| \le |w|$ и $|f_1(z)| \le |f_2(z)|$ в D. Аналогично доказывается неравенство $|f_2(z)| \le |f_1(z)|$ в D. Из двух полученных неравенств следует, что $|f_1| = |f_2|$ в D.

Функция $\varphi(z) = \dfrac{f_1(z)}{f_2(z)}$ голоморфна в $D \setminus \{z_0\}$. Доопределим её в изолированной особой точке z_0 по непрерывности, полагая

$$\varphi(z_0) = \lim_{z \to z_0} \frac{f_1(z)}{f_2(z)} = \lim_{z \to z_0} \frac{f_1(z) - f_1(z_0)}{z - z_0} \cdot \frac{z - z_0}{f_2(z) - f_2(z_0)} = \frac{f_1'(z_0)}{f_2'(z_0)}.$$

Функция $\varphi(z)$ голоморфна в области D и имеет в D модуль, равный единице. Согласно принципу максимума модуля для голоморфных функций $\varphi(z) = e^{i\beta}$, где β – действительное число. Так как $\arg\varphi(z_0) = \arg\frac{f_1'(z_0)}{f_2'(z_0)} = \arg f_1'(z_0) - \arg f_2'(z_0) = 0$, то $\beta = 0$. Таким образом, $f_1(z) = f_2(z)$ в D, что противоречит предположению. Теорема 8' доказана.◁

§ 4. Теоремы о функциональных последовательностях

4.1. Свойства последовательностей непрерывных функций. В курсе математического анализа доказывается ряд теорем о свойствах предельных функций для последовательностей, составленных из непрерывных функций. Приведем здесь аналоги двух из этих теорем, в терминах комплексного анализа. Они будут использованы в доказательстве теоремы 8''

***Теорема* 10** (о непрерывности предельной функции). *Если каждая функция f_n, $n \in \mathbb{N}$, непрерывна в области $D \subset \mathbb{C}$ и последовательность $\{f_n\}_{n=1}^{\infty}$ равномерно сходится внутри D, то её предельная функция $f = \lim\limits_{n\to\infty} f_n$ непрерывна в области D.*

В формулировке этой теоремы и всюду далее слова «внутри области *D*» заменяют слова «на любом замкнутом ограниченном множестве, лежащем в *D*» и наоборот.

▷ Пусть $z_0 \in D$, $\overline{U(z_0,\delta_1)} \subset D$, $\delta_1 > 0$. Для любого числа $\varepsilon > 0$ в силу равномерной сходимости последовательности $\{f_n\}_{n=1}^{\infty}$ на $\overline{U(z_0,\delta_1)}$ существует такой номер $N = N(\varepsilon)$, что

$$\left|f_n(z) - f(z)\right| < \varepsilon/3,\ z \in \overline{U(z_0,\delta_1)},$$

при $n > N$. Поскольку функции f_n непрерывны в точке z_0, то существует такое число $\delta_3 = \delta_2(\varepsilon, z_0) > 0$, что при $z \in U(z_0,\delta_2)$ выполняется неравенство $\left|f_n(z) - f(z)\right| < \varepsilon/3$. Значит, в $U(z_0,\delta)$, где $\delta = \min\{\delta_1,\delta_2\}$, справедлива следующая оценка расстояния от $f(z)$ до $f(z_0)$:

$$\left|f(z) - f(z_0)\right| \le \left|f(z) - f_n(z)\right| + \left|f_n(z) - f_n(z_0)\right| + \left|f_n(z_0) - f(z_0)\right| < \varepsilon,$$

означающая, что функция f непрерывна в $z_0 \in D$. В силу произвольности выбора z_0 получаем, что *f* непрерывна в *D*. ◁

***Теорема* 11** (о предельном переходе под знаком интеграла). *Если каждая функция f_n, $n \in \mathbb{N}$, непрерывна на жордановой кусочно-гладкой кривой $\Gamma \subset \mathbb{C}$ и последовательность $\{f_n\}_{n=1}^{\infty}$ равномерно сходится на Γ, то*

$$\lim_{n\to\infty}\int_{\Gamma} f_n(\zeta)d\zeta = \int_{\Gamma}\lim_{n\to\infty} f_n(\zeta)d\zeta.$$

▷ Непрерывность функции $f = \lim\limits_{n\to\infty} f_n$ на Γ следует из предыдущей теоремы. В силу равномерной сходимости последовательности $\{f_n\}_{n=1}^{\infty}$ к f на Γ для произвольного числа $\varepsilon > 0$ существует такой номер $N = N(\varepsilon)$, что $|f_n(\zeta) - f(\zeta)| < \varepsilon/L, \zeta \in \Gamma$ при $n \geq N$, где L – длина кривой Γ. Используя эту оценку получаем при $n > N$ неравенство

$$\left|\int_{\Gamma} f_n(\zeta) d\zeta - \int_{\Gamma} f(\zeta) d\zeta\right| = \left|\int_{\Gamma} [f_n(\zeta) - f(\zeta)] d\zeta\right| \leq \int_{\Gamma} |f_n(\zeta) - f(\zeta)| ds \leq (\varepsilon/L) = \varepsilon,$$

из которого следует утверждение теоремы. $\lhd$

4.2. Свойства последовательностей голоморфных функций. ***Теорема* 12** (о голоморфности предельной функции; Вейерштрасс). *Если каждая функция f_n, $n \in \mathbb{N}$, голоморфна в области $D \subset \mathbb{C}$ и последовательность $\{f_n\}_{n=1}^{\infty}$ равномерно сходится внутри D к функции f, то f голоморфна в D и последовательность производных $\left\{f_n^{(k)}\right\}_{n=1}^{\infty}$ порядка $k \in \mathbb{N}$ равномерно сходится внутри D к производной k-го порядка от предельной функции.*

$\rhd$ Непрерывность функции f в D следует из теоремы 10. Докажем, что f голоморфна в D. Фиксируем точку $z \in D$ и обозначим через Γ замкнутую жорданову кусочно гладкую кривую, лежащую вместе с внутренностью в некоторой окрестности $U \subset D$ точки z. По интегральной теореме Коши

$$\int_{\Gamma} f_n(\zeta) d\zeta = 0,$$

а в силу теоремы 11 о предельном переходе под знаком интеграла и с учетом указанного равенства имеем

$$\lim_{n\to\infty} \int_{\Gamma} f_n(\zeta) d\zeta = \int_{\Gamma} \lim_{n\to\infty} f_n(\zeta) d\zeta = \int_{\Gamma} f_n(\zeta) d\zeta = 0.$$

Применяя теорему Мореры (ч.I, гл. IV, n^0 5.3) убеждаемся в том, что f голоморфна в точке z и в силу произвольности её выбора, – голоморфна в области D.

Докажем, что последовательность $\left\{f_n^{(k)}\right\}_{n=1}^{\infty}$ производных порядка $k \in \mathbb{N}$ сходится в области D. Из равномерной сходимости последовательности $\{f_n\}_{n=1}^{\infty}$ на Γ вытекает равномерная сходимость последовательности $\left\{\dfrac{f_n(\zeta)}{(\zeta - z)^{k+1}}\right\}_{n=1}^{\infty}$ на этой же кривой. Согласно теореме о бесконечной дифференцируемости голоморфной функции (ч. I, гл. IV, n^0 4.3) и теореме о предельном переходе под знаком интеграла имеем

$$\lim_{n\to\infty} f_n^{(k)}(z) = \lim_{n\to\infty} \frac{k!}{2\pi i} \int_{\Gamma} \frac{f_n(\zeta) d\zeta}{(\zeta - z)^{k+1}} = \frac{k!}{2\pi i} \int_{\Gamma} \frac{f(\zeta) d\zeta}{(\zeta - z)^{k+1}} = f^{(k)}(z).$$

Переходим к доказательству равномерной сходимости $\left\{f_n^{(k)}\right\}_{n=1}^{\infty}$ к $f^{(k)}$, $k \in \mathbb{N}$, внутри области D. Пусть $F \subset D$ – произвольно взятое замкнутое ограниченное множество и d_1 – расстояние от множества F до границы области D. Оно положительно или равно $+\infty$.

Фиксируем число $d, 0<d<d_1$. Множество $F_1=\{z\in\mathbb{C}: r(z,F)\le d\}$, где $r(z,F)$ – расстояние от z до F, замкнуто, ограничено и лежит в D. По условию теоремы последовательность $\{f_n\}_{n=1}^{\infty}$ равномерно сходится на границе круга $U(z_0,d)$, $z_0\in F$, поскольку его граница $\partial U(z_0,d)$ – замкнутое множество. Значит, для числа $\varepsilon>0$ существует такой номер $N=N(\varepsilon,z_0)$, что $|f_n(\zeta)-f(\zeta)|<\varepsilon d^k/(2^{k+1}k!)$, $\zeta\in\partial U(z_0,d)$. Тогда при $z\in U(z_0,d/2)$ и при $n\ge N$ имеем

$$\left|f_n^{(k)}(z)-f^{(k)}(z)\right|=\left|\frac{k!}{2\pi i}\int_{\partial U(z_0,d)}\frac{f_n(\zeta)-f(\zeta)}{(\zeta-z)^{k+1}}d\zeta\right|\le$$

$$\le\frac{k!}{2\pi}\int_{\partial U(z_0,d)}\frac{|f_n(\zeta)-f(\zeta)|}{|\zeta-z|^{k+1}}ds\le\frac{2^{k+1}k!}{d^k}\max_{\zeta\in U(z_0,d)}|f_n(\zeta)-f(\zeta)|<\varepsilon.$$

Полученное неравенство показывает, что последовательность $\left\{f_n^{(k)}\right\}_{n=1}^{\infty}$ равномерно сходится к $f^{(k)}$ в круге $U(z_0,d/2)$. Из бесконечного открытого покрытия множества F областями $U(z_0,d/2)$ с центрами в точках множества F в силу леммы Гейне – Бореля можно выбрать конечное открытое покрытие $U(z_1,d/2),...,U(z_p,d/2)$, $p\in\mathbb{N}$, множества F. Так как в каждом из таких кругов последовательность $\left\{f_n^{(k)}\right\}_{n=1}^{\infty}$ сходится равномерно, то $\left|f_n^{(k)}(z)-f^{(k)}(z)\right|<\varepsilon$ при $n>N=\max\limits_{1\le s\le p}N(\varepsilon,z_s)$ для $z\in F$. ◁

4.3. Однолистность функции, предельной для однолистных функций. В результате алгебраических операций над однолистными функциями получаются, вообще говоря, неоднолистные функции, в чем легко можно убедиться на примере суммы дробно-линейных функций. Операция предельного перехода в последовательности однолистных функций может привести к однолистной функции.

***Лемма* 3** (Руше). *Если функции f и F голоморфны в односвязной области $D\subset\mathbb{C}$, ограниченной замкнутой жордановой кусочно гладкой кривой, непрерывны в $\overline{D}$ и $|f|<|F|$ на ∂D, то функции $F+f$ и F имеют одинаковое число нулей в D.*

▷ Так как $|F+f|\ge|F|-|f|>0$ на ∂D, то на границе области D функция F не имеет нулей. Пусть N_F – число нулей функции F в D. Применим в области D к функции $F+f=F\psi$, где $\psi=1+g$, $g=\dfrac{f}{F}$ теорему о сумме порядков нулей и полюсов (ч. I, гл. IV, n^0 9.6). Получим для числа N_{F+f} нулей функции $F+f$ в области D формулу

$$N_{F+f}=\frac{1}{2\pi i}\int_{\partial D}\frac{F'(\zeta)+f'(\zeta)}{F(\zeta)+f(\zeta)}d\zeta=\frac{1}{2\pi i}\int_{\partial D}\frac{F'(\zeta)}{F(\zeta)}d\zeta+\frac{1}{2\pi i}\int_{\partial D}\frac{\psi'(\zeta)}{\psi(\zeta)}d\zeta,$$

показывающую, что $N_{F+f}=N_F+N_\psi$, где

$$N_\psi = \frac{1}{2\pi i}\int_{\partial D}\frac{\psi'(\zeta)}{\psi(\zeta)}d\zeta,$$

– число нулей функции ψ в области D. Найдем значение этого интеграла. Пусть граница ∂D имеет параметрическое уравнение $\xi = \varphi(t)$, $a \le t \le b$, $\varphi(a) = \varphi(b)$. Когда t увеличивается от a до b точка $\xi = \varphi(t)$ перемещается по ∂D от точки $\varphi(a)$ против часовой стрелки к точке $\varphi(b)$, а точка $\psi(\varphi(t))$ перемещается по непрерывной кривой Γ, имеющей параметрическое уравнение $w = \psi(\varphi(t))$, $a < t \le b$, вообще говоря, не жордановой, от точки $\psi(\varphi(a))$ к точке $\psi(\varphi(b))$, (рис. 5). Заменяя в интеграле, представляющем N_ψ, переменную ζ на t по формуле $\zeta = \varphi(t)$, $a \le t \le b$, получим

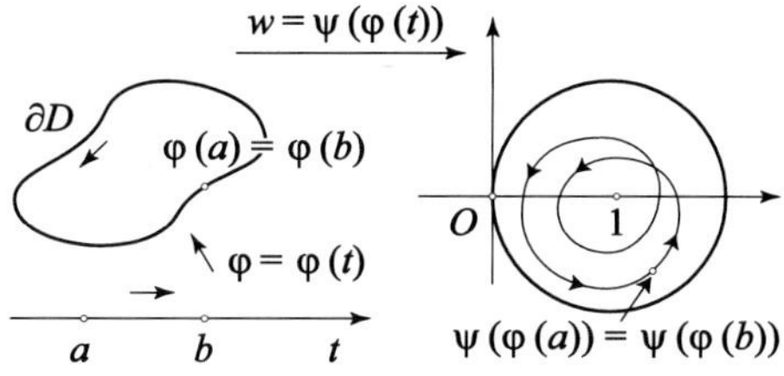

Рис. 5.

$$N_\psi = \frac{1}{2\pi i}\int_a^b \frac{\psi'(\varphi(t))\varphi'(t)}{\psi(\varphi(t))}dt = \ln\psi(\varphi(t))\Big|_a^b,$$

где логарифм понимается как непрерывная ветвь однозначной функции на соответствующей римановой поверхности. При изменении t от a до b точка $w = \psi(\varphi(t))$, описав кривую Γ, лежащую, как легко видеть, в правой полуплоскости, возвращается в точку $\psi(\varphi(a))$, не делая обходов вокруг точки $w = 0$. Поэтому

$$\ln(\psi(\varphi(t)))\Big|_a^b = \ln|\psi(\varphi(a))| - \ln|\psi(\varphi(b))| + i\mathop{\Delta}_{[a,b]}\arg\psi(\varphi(t)) = 0.$$

Значит, $N_{F+f} = N_F$. ◁

Пример. Пусть $g(z) = z^{10} - 5z^7 + z^2 + 1$. Применим лемму Руше для нахождения числа нулей функции $g(z)$ в круге $E = \{z \in \mathbb{C} : |z| < 1\}$. Представим $g(z)$ в виде суммы функций $F(z) = -5z^7$ и $f(z) = z^0 + z^2 + 1$. На границе круга E, то есть при $|z| = 1$, $|F(z)| = 5$, $|f(z)| = |z^{10}| + |z^2| + 1 = 3$ и $|F(z)| > |f(z)|$. В этом круге $F(z)$ имеет в точке $z = 0$ нуль кратности 7. Значит, из 10 нулей функция $g(z)$ имеет в E нули с общей кратностью 7. ◁

***Теорема* 13.** *Если последовательность $\{f_n(z)\}_{n=1}^\infty$ однолистных голоморфных в области $D \subset \mathbb{C}$ функций $f_n(z)$ равномерно сходится внутри D и $f(z) = \lim\limits_{n\to\infty} f_n(z) \ne \text{const}$, то функция $f(z)$ однолистна и голоморфна в области D.*

$\triangleright$ Голоморфность функции f в D следует из теоремы Вейерштрасса (теорема 12).

Предположим, что f неоднолистна в D. Тогда имеются такие точки $z_1 \in D$, $z_2 \in D$, $|z_1 - z_2| = \rho > 0$, что $f(z_1) = f(z_2) = w_0 \in \mathbb{C}$. Можно выбрать такое число $\delta > 0$, что в замыкании каждой из двух непересекающихся окрестностей $U(z_k, \delta)$, k=1, 2, функция $f - w_0$ обращается в нуль только при $z = z_k$. В противном случае точка z_k была бы предельной для нулей функции $f - w_0 \neq \text{const}$, что противоречило бы принципу единственности. Обозначим через m минимальное значение функции $|f - w_0|$ на множестве $\Gamma = \partial U(z_1, \delta) \bigcup \partial U(z_2, \delta)$, представляющем собой объединение двух окружностей. Ясно, что $m > 0$. В силу равномерной сходимости последовательности $\{f_n\}_{n=1}^{\infty}$ на Γ существует такой номер $N = N(m)$, что $|f_n - f| < m$ на Γ при $n \geq N$. Применяя лемму Руше в каждом круге $U(z_k, \delta)$, k = 1, 2, к функциям $f_n - f$, $f - w_0$, получаем, что функция $f_n - w_0$ имеет столько же нулей в $U(z_k, \delta)$, сколько их имеет функция $f - w_0$ в этом круге (то есть столько, какова кратность нуля z_k для $f - w_0$). Значит, функция f_n принимает значение w_0 как в $U(z_1, \delta)$, так и в $U(z_2, \delta)$ при $n \geq N$, что противоречит её однолистности в D. $\triangleleft$

Пример последовательности функций $f_n(z) = z/n$, $n \in \mathbb{N}$, голоморфных и однолистных в круге $E = \{z \in \mathbb{C} : |z| < 1\}$ показывает, что в теореме 13 условие об отличии предельной функции от постоянной функции является существенным.

4.4. Равностепенная непрерывность. ОПРЕДЕЛЕНИЕ. Множество $\mathcal{M} = \{f\}$ функций $f : E \to \mathbb{C}$ называют *равностепенно непрерывным* на множестве $E \subset \mathbb{C}$, если для числа $\varepsilon > 0$ существует такое число $\delta > 0$, что если $z_1 \in E$, $z_2 \in E$, и $|z_1 - z_2| < \delta$, то $|f(z_1) - f(z_2)| < \varepsilon$ для любой функции $f \in \mathcal{M}$.

Из данного определения следует, что любая функция $f : E \to \mathbb{C}$ из равностепенно непрерывного множества $\mathcal{M}$ на E равномерно непрерывна на E.

ОПРЕДЕЛЕНИЕ. Множество $\mathcal{M} = \{f\}$ функций $f : E \to \mathbb{C}$ называют *равномерно ограниченным* на множестве $E \subset \mathbb{C}$, если существует такое число $M > 0$, что $|f(z)| < M$, $z \in E$, для любой функции $f \in \mathcal{M}$.

***Теорема* 14** (достаточное условие равностепенной непрерывности). *Если множество $\mathcal{M}\{f\}$ голоморфных в области $D \subset \mathbb{C}$ функций $f : D \to \mathbb{C}$ равномерно ограничено внутри D, то оно равностепенно непрерывно внутри D.*

$\triangleright$ Пусть $F \subset D$ – произвольно взятое замкнутое ограниченное множество и d_1 – расстояние от множества F до границы области D. Оно положительно или равно $+\infty$. Фиксируем число d, $0 < d < d_1$ и образуем множество $F_1 = \{z \in \mathbb{C} : r(z, F) \leq d\}$, где $r(z,F)$ – расстояние от z до F. Множество F_1 замкнуто, ограничено и лежит в D. По условию теоремы существует такое число $M>0$, что $|f|<M$ на F_1 для любой функции $f\in\mathcal{M}$. Возьмем в F точки z_1 и z_2, расстояние между которыми $|z_1-z_1|<d/2$. Окрестность $U(z_1,d)$ вместе со своей границей $\partial U(z_1,d)$ лежит в F_1. Воспользуемся интегральной формулой Коши и представим $f(z_1)$ и $f(z_2)$ в виде

$$f(z_s)=\frac{1}{2\pi i}\int_{\partial U(z_1,d)}\frac{f(\zeta)d\zeta}{\zeta-z_s},\ s=1,2.$$

Для расстояния между точками $f(z_1)$, $f(z_2)$ имеем оценку

$$|f(z_1)-f(z_2)|=\left|\frac{z_1-z_2}{2\pi i}\int_{\partial U(z_1,d)}\frac{f(\zeta)d\zeta}{(\zeta-z_1)(\zeta-z_2)}\right|\le\frac{|z_1-z_2|}{2\pi}\int_{\partial U(z_1,d)}\frac{|f(\zeta)|}{|\zeta-z_1||\zeta-z_2|}ds\le\frac{2M}{d}|z_1-z_2|,$$

так как на $\partial U(z_1,d)$ $|f(\zeta)|\le\max|f(\zeta)|\le M$, $|\zeta-z_1|=d$, $|\zeta=z_2|\ge d/2$. Возьмем число $\varepsilon>0$ и пусть $\delta=\min\{d/2,d\varepsilon/2M\}$. Тогда $|f(z_1)-f(z_2)|<\varepsilon$ при $z_1\in F$, $z_2\in F$, $|z_1-z_2|<\varepsilon$ для всех $f\in\mathcal{M}$. ◁

4.5. Компактность. ОПРЕДЕЛЕНИЕ. Множество $\mathcal{M}=\{f\}$ функций $f:D\to\mathbb{C}$ называется *компактным* в области $E\subset\mathbb{C}$, если из любой последовательности $\{f_n\}_{n=1}^{\infty}$, $f\in\mathcal{M}$, можно выделить подпоследовательность $\{f_{n_k}\}_{k=1}^{\infty}$, равномерно сходящуюся внутри D.

Следующая теорема является критерием компактности множества голоморфных функций.

***Теорема* 15** (критерий компактности; Монтель). *Пусть $\mathcal{M}=\{f\}$ – множество функций, голоморфных в области $D\subset\mathbb{C}$. Следующие условия равносильны:*

1) $\mathcal{M}$ компактно,

2) $\mathcal{M}$ равномерно ограничено внутри D.

▷Пусть $\mathcal{M}$ компактно. Докажем, что $\mathcal{M}$ равномерно ограничено внутри D.

Предположим противное. Тогда существует замкнутое ограниченное множество $F\subset D$ и существует последовательность $\{f_n\}_{n=1}^{\infty}$, $f_n\in\mathcal{M}$, такие, что $\max\limits_{z\in F}|f_n(z)|>n$. Из голоморфности f_n в D следует непрерывность $|f_n|$ в D, а значит, и на F. Согласно теореме Вейерштрасса о непрерывных функциях на замкнутых множествах существует такая точка $z_n\in F$, что $|f_n(z_n)|=\max\limits_{z\in F}|f_n(z)|$. Имеем $|f_n(z_n)|>n$, $n\in\mathbb{N}$.

Из последовательности $\{f_n\}_{n=1}^{\infty}$ можно выделить подпоследовательность $\{f_{n_k}\}_{k=1}^{\infty}$, равномерно сходящуюся внутри D. Функция $f=\lim\limits_{n\to\infty}f_n$ в силу теоремы 12 голоморфна в D и, следовательно, ограничена на F. Значит, существует такая постоянная $M_1>0$, что $|f(z)|\le M_1$ для $z\in F$. Возьмем $\varepsilon>0$. Существует такой номер $K\in\mathbb{N}$, что $|f_{n_K}(z)-f(z)|<\varepsilon$ при $k\ge K$

и всех $z \in F$. Отсюда имеем

$$\left|f_{n_K}(z)\right| < \varepsilon + \left|f(z)\right| < \varepsilon + M_1 < \infty,\ k \ge K,\ z \in F.$$

Поэтому числовая последовательность $\left\{f_{n_K}\left(z_{n_K}\right)\right\}_{K=1}^{\infty}$ ограничена. Но это противоречит тому, что $\left|f_{n_K}\left(z_{n_K}\right)\right| > n_K$. Таким образом, множество $\mathcal{M}$ равномерно ограничено внутри D.

Переходим к доказательству второго утверждения теоремы.

Пусть $\mathcal{M}$ равномерно ограничено внутри D. Докажем, что $\mathcal{M}$ компактно.

Фиксируем счетное всюду плотное множество B в D. Им является, в частности, множество всех точек $x + iy \in D$, у которых $x = \operatorname{Re} z$, $y = \operatorname{Im} z$ – рациональные числа. Расположим точки множества B в виде последовательности. Пусть ею будет последовательность $\{\xi_n\}_{n=1}^{\infty}$.

Пусть $\{f_n\}_{n=1}^{\infty}$ – произвольно взятая последовательность функций, принадлежащих $\mathcal{M}$. Согласно условию теоремы она равномерно ограничена внутри D, в частности, ограничена в каждой точке множества B. Покажем, что из $\{f_n\}_{n=1}^{\infty}$ можно выделить подпоследовательность, сходящуюся в каждой точке $\xi_n \in B$, $n \in \mathbb{N}$.

Числовая последовательность $\left\{f_n(\xi_1)\right\}_{n=1}^{\infty}$ ограничена. Из неё можно выделить сходящуюся подпоследовательность $\left\{f_{n,1}(\xi_1)\right\}_{n=1}^{\infty}$. Функциональная последовательность $\{f_{n,1}\}_{n=1}^{\infty}$ в точке ξ_1 сходится, а в точке ξ_2 ограничена.

Выделим из числовой последовательности $\left\{f_{n,1}(\xi_2)\right\}_{n=1}^{\infty}$ сходящуюся подпоследовательность $\left\{f_{n,2}(\xi_2)\right\}_{n=1}^{\infty}$. Функциональная последовательность $\{f_{n,2}\}_{n=1}^{\infty}$ в точках ξ_1, ξ_2 сходится, а в точке ξ_3 ограничена.

Продолжая далее эти рассуждения, придем к функциональной последовательности $\{f_{n,k}\}_{n=1}^{\infty}$, сходящейся в точках $\xi_1, \xi_2, \ldots, \xi_k$, $k \in \mathbb{N}$, и ограниченной в точке ξ_{k+1}.

Указанный процесс выделения из $\{f_n\}_{n=1}^{\infty}$ подпоследовательностей может быть неограниченно продолжен. Получаем счетное множество подпоследовательностей

$$\{f_{n,1}\}_{n=1}^{\infty}, \{f_{n,2}\}_{n=1}^{\infty}, \ldots, \{f_{n,k}\}_{n=1}^{\infty}, \ldots,$$

каждая из которых является подпоследовательностью предыдущей, а, значит, и всех предыдущих последовательностей.

Образуем бесконечную функциональную матрицу с первой строкой $\{f_{n,1}\}_{n=1}^{\infty}$, второй строкой $\{f_{n,2}\}_{n=1}^{\infty}$ и так далее, то есть матрицу

$$\begin{Vmatrix} f_{1,1} & f_{2,1} & f_{3,1} & \dots & f_{k,1} & \dots \\ f_{1,2} & f_{2,2} & f_{3,2} & \dots & f_{k,2} & \dots \\ f_{1,3} & f_{2,3} & f_{3,3} & \dots & f_{k,3} & \dots \\ \dots & \dots & \dots & \dots & \dots & \dots \\ f_{1,k} & f_{2,k} & f_{3,k} & \dots & f_{k.k} & \dots \\ \dots & \dots & \dots & \dots & \dots & \dots \end{Vmatrix}$$

Из элементов этой матрицы, стоящих на диагонали, составим последовательность

$$f_{1,1}, f_{2,2}, f_{3,3}, \dots, f_{k,k}, \dots,$$

называемую *диагональной* последовательностью и, очевидно, являющуюся подпоследовательностью последовательности $\{f_n\}_{n=1}^{\infty}$. Последовательность $\{f_{n,n}\}_{n=1}^{\infty}$ сходится во всех точках множества *B*, поскольку какова бы ни была точка $\xi_{k_0} \in B$, все члены последовательности $\left\{f_{n,n}\left(\xi_{k_0}\right)\right\}_{n=1}^{\infty}$ содержатся, за исключением конечного числа первых членов, в сходящейся числовой последовательности $\left\{f_{n,k_0}\left(\xi_{k_0}\right)\right\}_{n=1}^{\infty}$.

Докажем, что диагональная последовательность $\{f_{n,n}\}_{n=1}^{\infty}$ равномерно сходится внутри *D*.

Пусть $F \subset D$ – замкнутое ограниченное множество. Так как последовательность $\{f_{n,n}\}_{n=1}^{\infty}$ в силу условий доказываемой части теоремы равномерно ограничена внутри *D*, то семейство $\{f_{n,n}\}_{n=1}^{\infty}$ согласно теореме 14 равностепенно непрерывно внутри *D*, в частности, на *F*. Поэтому для числа $\varepsilon > 0$ существует такое число $\delta > 0$, что для любых $z_1 \in F$, $z_2 \in F$, $|z_1 - z_2| < \delta$ имеет место неравенство

$$\left|f_{n,n}(z_1) - f_{n,n}(z_2)\right| < \varepsilon/3, n \in \mathbb{N}.$$

Обозначим через d_1 расстояние от множества *F* дл границы области *D*. Оно положительно или равно $+\infty$. Фиксируем число *d*, $0 < d < d_1$. Пусть $\delta_0 = \min\{d, \delta/2\}$. Круг $U(\zeta, \delta_0) = \{z \in \mathbb{C} : |z - \zeta| < \delta_0\}$ лежит в *D*, если $\zeta \in F$.

Множество $O = \{U(\zeta, \delta_0)\}$, $\zeta \in F$, образует открытое покрытие множества *F*. Согласно лемме Гейне – Бореля из *O* можно выделить конечное открытое покрытие O' множества *F*. Пусть $O' = \left\{U(\zeta^{(s)}, \delta_0)\right\}$, $s = 1, \dots, p, p \in \mathbb{N}$, – конечное открытое покрытие множества *F*. Выберем в $U\left(\zeta^{(s)}, \delta_0\right) \cap B$ некоторую точку ξ'_s. В силу сходимости $\{f_{n,n}\}_{n=1}^{\infty}$ в точках $\xi'_1, \dots, \xi'_p$ существует такой номер $N \in \mathbb{N}$, что при $m \geq N$, $n \geq N$ будет выполняться неравенство

$$\left|f_{n,n}(\xi'_s) - f_{m,m}\xi'_s\right| \leq \varepsilon/3, s = 1, 2, \dots, p.$$

Пусть *z* – точка, принадлежащая *F*. В O' существует круг $U\left(\zeta^{(s_0)}, \delta_0\right)$, содержащий точку z. Расстояние от z до точки $\xi'_{s_0} \in U\left(\zeta^{(s_0)}, \delta_0\right)$ допускает оценку

$$\left|z - \xi'_{s_0}\right| \le \left|z - \zeta^{(s_0)}\right| + \left|\zeta^{(s_0)} - \xi'_{s_0}\right| < \delta_0 + \delta_0 \le \delta.$$

В силу равномерной непрерывности семейства $\left\{f_{n,n}\right\}_{n=1}^{\infty}$ имеем

$$\left|f_{n,n}(z) - f_{n,n}\left(\xi''_{s_0}\right)\right| < \varepsilon/3,\, n \in \mathbb{N}.$$

Значит, при $m \ge N, n \ge N$ справедлива оценка

$$\left|f_{n,n}(z) - f_{m,m}(z)\right| \le \left|f_{n,n}(z) - f_{n,n}\left(\xi'_{s_0}\right)\right| + \left|f_{n,n}\left(\xi'_{s_0}\right) - f_{m,m}\left(\xi'_{s_0}\right)\right| + \left|f_{m,m}\left(\xi'_{s_0}\right) - f_{m,m}(z)\right| < 3 \cdot \varepsilon/3 = \varepsilon$$

для всех $z \in F$. Согласно критерию Коши последовательность $\left\{f_{n,n}\right\}_{n=1}^{\infty}$ равномерно сходится на F. Это означает в силу произвольности выбора F, что диагональная последовательность $\left\{f_{n,n}\right\}_{n=1}^{\infty}$ равномерно сходится внутри D. Таким образом доказано, что из любой последовательности $\left\{f_n\right\}_{n=1}^{\infty}$, $f_n \in \mathcal{M}$, можно выделить подпоследовательность, равномерно сходящуюся внутри D. $\lhd$

§ 5. Существование конформного отображения

5.1.Отображение области в единичный круг. От указанной в теореме 8'' произвольной области D можно перейти, пользуясь известным конформным отображением, к области, лежащей в единичном круге.

***Лемма* 4.** *Если $D \subset \mathbb{C}$ – односвязная область, имеющая более одной граничной точки, то существует голоморфная функция, однолистно и конформно отображающая D в круг E.*

$\rhd$ Возможны два случая. Сначала предположим, что область D имеет внешнюю точку z^* и, следовательно, существует окрестность этой точки, не принадлежащая D. Если $z^* = \infty$, то область D ограничена и лежит в некотором круге $\left\{z \in \mathbb{C} : |z| < R\right\}$, $R > 0$. Отображение $z_1 = \varphi(z) = z/R$ переводит D в область $D_1 = \varphi(D)$, лежащую в единичном круге. Если $z^* \in \mathbb{C}$, то отображение $z_1 = \varphi_1(z) = 1/\left(z - z^*\right)$ переводит D в область $D_1 = \varphi_1(D)$, для которой $z_1 = \infty$ – внешняя точка. Дальнейшие действия сводятся к элементарному конформному отображению сжатия.

Если область D не имеет внешних точек, то согласно условию леммы на границе этой области имеются две различные точки, пусть z' и z''. Отображение $z_1 = \varphi(z) = (z - z')/(z - z'')$ однолистно и конформно переводит область D в область $D_1 = \varphi(D)$ без внешних точек и с границей, которой принадлежат точки 0 и ∞. Однозначная ветвь отображения $z_2 = \sqrt{z_1}$ переводит D_1 в область с внешними точками и, следовательно, приходим к первому случаю, рассмотренному выше. $\lhd$

Лемма 4 показывает, что вместо области D можно рассматривать область Δ, лежащую в единичном круге $\{\zeta\in\mathbb{C}:|\zeta|<1\}$. Выполнив отображение круга на себя посредством функции

$$z=L(\zeta)=e^{i\alpha}\frac{\zeta-\zeta_0}{1-\overline{\zeta}_0\zeta},$$

можем перевести заданную в $\triangle$ точку ζ_0 и заданное в ней направление в точку $z_0=0$ и направление положительной части действительной оси.

Итак, для доказательства теоремы 8" достаточно доказать возможность однолистного конформного отображения области B, лежащей в круге $\{z\in\mathbb{C}:|z|<1\}$ и содержащей точку $z=0$, на единичный круг $\{w\in\mathbb{C}:|w|<1\}$. Можно считать, что отображающая функция $w=f(z)$ нормирована условиями $f(0)=0, f'(0)>0$.

5.2. Экстремальная задача. Пусть $\mathcal{M}(B)$ – множество всех голоморфных в области B однолистных функций $f(z)$, конформно отображающих B в единичный круг и нормированных условиями $f(0)=0$, $f'(0)>0$. Поставим каждой функции $f\in\mathcal{M}(B)$ в соответствие число $I(f)=f'(0)$, очевидно, положительное.

Покажем, что множество $X=\{I:I(f)\}$, $f\in\mathcal{M}(B)$, *ограничено сверху и что точная верхняя грань этого множества* $\sup\limits_{f\in\mathcal{M}(B)}X$ *достигается на функции, принадлежащей* $\mathcal{M}(B)$.

$\triangleright$ В множестве X лежит промежуток $0<I\leq 1$, поскольку отображения $f(z)=\lambda z$, $0<\lambda\leq 1$, сжимающие область B, входят в $\mathcal{M}(B)$. Множество X ограничено сверху. Действительно, в области B лежит некоторый круг $\{\zeta\in B:|\zeta|<\rho\}$, $\rho>0$. По лемме Шварца, примененной к функции $\varphi(\zeta)=f(\rho\zeta)$, $f\in\mathcal{M}(B)$, имеем $|\varphi'(0)|=\rho f'(0)<1$, откуда $f'(0)<1/\rho$ для любой функции $f\in\mathcal{M}(B)$. Значит, X имеет верхнюю грань

$$I_0=\sup_{f\in\mathcal{M}(B)}f'(0).$$

Так как $(0,1]\subset X$, то $I_0\geq 1$.

Докажем, что в $\mathcal{M}(B)$ существует такая функция f_0, что $I(f_0)=I_0$, то есть что $f'(0)=I_0$.

Пусть $\{f_n\}_{n=1}^{\infty}$ – последовательность функций $f_n\in\mathcal{M}(B)$, для которой $\lim\limits_{n\to\infty}f_n'(0)=I_0$. Очевидно, эта последовательность ограничена в области B. Согласно критерию компактности Монтеля (теорема 15) из функциональной последовательности $\{f_n\}_{n=1}^{\infty}$ можно выделить подпоследовательность $\{f_{n_k}\}_{k=1}^{\infty}$, равномерно сходящуюся внутри B к голоморфной функции. Обозначим её через f_0. Для этой функции $I(f_0)=f_0'(0)=I_0\neq 0$ и поэтому $f_0\neq\text{const}$. В силу теоремы 13 об однолистности предельной функции для последовательности однолистных функций заключаем, что функция f_0 однолистна в области B. Кроме того, $f_0(0)=0$, $f_0'(0)>0$ и $|f_0(z)|<1$ в B. Равенство $|f_0(z)|=1$ в какой-либо точке $z\in B$, невозможно, поскольку такое равенство противоречит принципу максимума модуля для голоморфных функций.

Итак, в множестве $\mathcal{M}(B)$ имеется функция f_0, для которой $I(f_0)=f_0'(0)=I_0$. ◁

5.3. Область $f_0(B)$. *Докажем, что функция* $w=f_0(z)$, $f_0(0)=0$, $f_0'(0)>0$, *осуществляет отображение области B на круг* $E=\{w\in\mathbb{C}:|w|<1\}$, *то есть, что* $f_0(B)=E$.

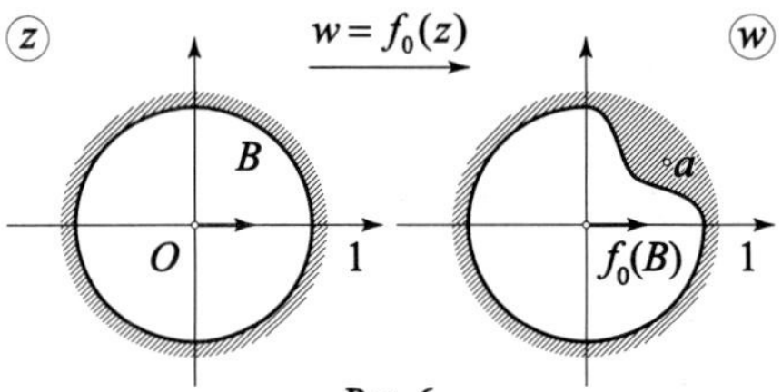

Рис. 6.

▷ Включение $f_0(B)\subset E$ следует из ранее установленных свойств функции f_0. Предположим, что $f_0(B)\neq E$, (рис. 6). Тогда в круге E существует точка $a\,\overline{\in}\,f_0(B)$. Очевидно, $0<|a|<1$. С помощью последовательно выполненных отображений

$$w=w(z)=f_0(z),\ w_1=w_1(w)=e^{i\gamma}\frac{w-a}{1-\bar{a}w},\ w_3=w_3(w_2)=\sqrt{w_2}$$

образуем функцию

$$w=\varphi(z)=\sqrt{e^{i\gamma}\frac{f_0(z)-a}{1-\bar{a}f_0(z)}},\ \gamma=\pi-\arg a,$$

отображающую E на область, лежащую в единичном круге. Образуем функцию

$$g(z)=e^{-i\gamma}\frac{\varphi(z)-\varphi(0)}{1-\overline{\varphi(0)}\varphi(z)},\ g(0)=0,$$

которая в силу построения отображает область B на область, лежащую в единичном круге. Подсчитаем $g'(0)$. Так как

$$g'(0)=e^{-i\gamma}\frac{\varphi'(0)}{1-|\varphi(0)|^2}\ \text{ и }\ \varphi(0)=\sqrt{|a|},\ \varphi'(0)=\frac{e^{i\gamma}\left(1-|a|^2\right)}{2\sqrt{|a|}},$$

то

$$g'(0)=\frac{1+|a|}{2\sqrt{|a|}}f_0'(0)>f_0'(0)=I_0.$$

Но полученный результат противоречит определению I_0. Таким образом, множество $E\setminus f(B)$ пустое и, значит, функция f_0 отображает однолистно и конформно область B на круг E. Доказательство теоремы 8'', а вместе с тем и теоремы Римана 8 окончено. ◁

З а д а ч и

1. Выяснить, будет ли функция $f(z)=z^2$ однолистной в области:

а) $\{z\in\mathbb{C}:0<|z|<1,\,0<\arg z<5/4\pi\}$;

б) $\{z\in\mathbb{C}:3<|z-2|<4,\,0<\arg(z-2)<\pi/2\}$;

в) $\{z\in\mathbb{C}:2<|z-i|<8,\,\pi/2<\arg(z-i)<\pi\}$.

2. Доказать, что функция $f(z)=\operatorname{tg} z$ однолистна в области D тогда и только тогда, когда в ней нет пар точек $z, z+\pi$.

3. Найти области однолистности функции $f(z)=\sin z$.

4. Доказать, что функция $f(z)=z^2+az$ однолистна в верхней полуплоскости $\Pi^+=\{z\in\mathbb{C}:\operatorname{Im} z>0\}$ тогда и только тогда, когда $\operatorname{Im} a\ge 0$.

5. Пусть функция $f(z)=a_n z^n+\ldots+a_2 z^2+z$, $a_n\in\mathbb{C}$, $k=2,\ldots,n$, однолистна в круге $E=\{z\in\mathbb{C}:|z|<1\}$. Доказать, что $n|a_n|\le 1$, $k|a_k|\le C_{n-1}^{k-1}$, $k=2,\ldots,n-1$.

6. Пусть $f(z)=z^2+a_1 z+a_0,\ a_k\in\mathbb{C}, k=1,2$. Найти наибольшее $R>0$, при котором функция $f(z)$ однолистна в круге $U(z_0,R)$ с центром в точке $z_0\in\mathbb{C}$.

7. Доказать однолистность функции $f(z)=e^z+z$ в полуплоскости $\{z\in\mathbb{C}:\operatorname{Re} z<0\}$.

8. Доказать, что любой конформный автоморфизм $\overline{\mathbb{C}}$ является дробно-линейным отображением.

9. Доказать, что неподвижными точками дробно-линейного отображения

$$w=\frac{az+b}{cz+d},\ ad-bc=1,$$

являются точки

$$\zeta_{1,2}=\frac{1}{2c}\left(a-d\pm\sqrt{(a-d)^2-4}\right).$$

Показать, что отображение при $a+d\ne 2$ приводится к виду

$$\frac{w-\zeta_1}{w-\zeta_2}=s\,\frac{z-\zeta_1}{z-\zeta_2}, \qquad (*)$$

где

$$s=\frac{c\zeta_2+d}{c\zeta_1+d}=(c\zeta_2+d)^2=\left[\frac{a+d}{2}-\sqrt{\frac{(a+d)^2}{4}-1}\right]^2,$$

а при $a+d=\pm 2$ – к виду

$$\frac{1}{w-\zeta}=\frac{1}{z-\zeta}+C.$$

10. Доказать, что дробно-линейная функция $w=\dfrac{az+b}{cz+d}$ удовлетворяет дифференциальному уравнению $\dfrac{w'''}{w'}-\dfrac{3}{2}\left(\dfrac{w''}{w'}\right)^2=0$.

11. Пусть функция $f(z)$ голоморфна в круге $E=\{z\in\mathbb{C}:|z|<1\}$, $|f(z)|<M$, $M>0$, и $f(0)=w_0$. Доказать, что $\left|\dfrac{f(z)-w_0}{M^2-f(z)\overline{w}_0}\right|\le\dfrac{|z|}{M}$, $z\in E$.

12. Пусть функция $f(z)$ голоморфна в круге $E=\{z\in\mathbb{C}:|z|<1\}$ и удовлетворяет условию $|f(z)|<1$ в E. Доказать, что при $\zeta\in E, z\in E$ имеет место неравенство $\left|\dfrac{f(\zeta)-f(z)}{1-\overline{f(z)}f(\zeta)}\right|\le\left|\dfrac{\zeta-z}{1-\overline{z}\zeta}\right|$, и кроме того – неравенство $|f'(z)|\le\dfrac{1-|f(z)|^2}{1-|z|^2}$, причем равенства будут здесь только и лишь только, когда $f(z)=\varepsilon\dfrac{z+a}{1+\overline{a}z}$, $|z|=1$, $a\in E$.

13. Найти предельные точки последовательности $\{z_n\}_{n=1}^{\infty}$, где

а) $a_n=0$, $a_{n+1}=\dfrac{a_n+i}{a_n-i}$; (Ответ: $0,-1,-i$)

б) $a_1=0$, $a_{n+1}=\dfrac{2(2+i)a_n+1-2i}{(1-2i)a_n+2(2+i)}$; (Ответ: все точки мнимой оси)

14. Пусть функция f_n, $n\in\mathbb{N}$, голоморфна в круге $E=\{z\in\mathbb{C}:|z|<1\}$ и удовлетворяет в E условиям $|f_n(z)|\le\dfrac{M}{(1-|z|)^m}$, $M>0$, $m>0$. Доказать, что множество функций $f_n(z)$, $n=1,2,\ldots$, компактно в E.

15. Пусть последовательность $\{f_n\}_{n=1}^{\infty}$ голоморфных в области $D\subset\mathbb{C}$ функций $f:D\to\mathbb{C}$ равномерно ограничена внутри D и сходится на бесконечном множестве точек $E\subset D$, и имеющем предельную точку в D. Доказать, что последовательность $\{f_n\}_{n=1}^{\infty}$ равномерно сходится внутри D к голоморфной функции.

Глава II

СООТВЕТСТВИЕ ГРАНИЦ ПРИ КОНФОРМНОМ ОТОБРАЖЕНИИ

Фундаментальная теорема Римана о конформной эквивалентности односвязных областей не содержит указаний об эффективном способе построения соответствующего отображения. Поэтому развитие теории конформных отображений, идущее в ряде направлений, включает разнообразные важные вычислительные схемы и программы, изучение отображений, реализуемых комбинацией простейших функций. В этой главе рассматриваются вопросы продолжения однолистного конформного отображения на границу области и через границу области. Принцип соответствия границ применяется для исследования отображений, представленных конкретно заданными функциями, в частности, интегралами. Широкое применение находит принцип симметрии, используемый в практике нахождения конформных отображений односвязных и двусвязных областей, выделение классов областей.

§ 1. Продолжение функции в граничную точку области

1.1. Соответствие граничных точек. Пусть функция $w=f(z)$ однолистно и конформно отображает круг $E=\{z\in\mathbb{C}:|z|<1\}$ на ограниченную область $G\subset\mathbb{C}$, а $z=g(w)$ – обратная функция. Рассмотрим последовательность $\{z_n\}_{n=1}^{\infty}$ точек $z_n\in E$, сходящуюся к точке z_0 границы круга *E*. Точки $w_n=f(z_n)$ принадлежат *G* и образуют, очевидно, ограниченную последовательность $\{w_n\}_{n=1}^{\infty}$. Все её предельные точки, то есть пределы сходящихся подпоследовательностей $\{w_{n_k}\}_{k=1}^{\infty}$, образуют некоторое непустое множество $V\left(\{z_n\}_{n=1}^{\infty}\right)$, принадлежащее границе области *G*. Действительно, любая из точек w_0 не $\in V\left(\{z_n\}_{n=1}^{\infty}\right)$ может быть внешней для *G*, так как в окрестности точки w_0 находилось бы бесконечно много точек из последовательности $\{w_n\}_{n=1}^{\infty}$, имеющих прообразы $z_n=g(w_n)$ в *E*, что невозможно. Точка w_0 не может быть внутренней для *G*, так как существовала бы окрестность этой точки, лежащая в *G*, содержащая бесконечно много точек последовательности $\{w_n\}_{n=1}^{\infty}$ и поэтому последовательность $\{z_n\}_{n=1}^{\infty}$ имела бы предельную точку в *E*, что невозможно.

Для другой последовательности $\{z'_n\}_{n=1}^{\infty}$ точек $z'_n\in E$, сходящейся к точке z_0, предельные точки последовательности $\{w'_n\}_{n=1}^{\infty}$, $w'_n=f(z'_n)$, образуют на границе области *G* некоторое непустое множество $V\left(\{z'_n\}_{n=1}^{\infty}\right)$. Оно может оказаться отличным от $V\left(\{z_n\}_{n=1}^{\infty}\right)$.

Объединение всех множеств $V\left(\{z_n\}_{n=1}^{\infty}\right)$, где $\{z_n\}_{n=1}^{\infty}$ – любая последовательность точек

$z_n \in E$, сходящаяся к z_0, является континуумом, вообще говоря, имеющим сложную геометрию.

Изучение многочисленных вопросов, появляющихся при исследовании соответствия границ конформно эквивалентных областей, проводится с использованием так называемых граничных элементов (простых концов по Каратеодори). Однако некоторые результаты, нужные для последующего изложения, могут быть получены без углубления в теорию простых концов, но за счет исключения из рассмотрения областей со сложными граничными континуумами.

Ограничимся простейшим случаем.

1.2. Продолжение функции на жорданову границу. ОПРЕДЕЛЕНИЕ. Точку w_0 границы области G называют *простым граничным элементом* этой области (относительно конформного отображения $w = f(z)$ круга E на область G), соответствующим точке z_0 границы круга E, если для любой последовательности $\{z_n\}_{n=1}^{\infty}$, $z_n \in E$, сходящейся к z_0, последовательность $\{f(z_n)\}_{n=1}^{\infty}$ сходится к точке w_0.

Указанное соответствие точек z_0 и w_0 позволяет продолжить функцию $f(z)$ из круга E в точку z_0 границы круга и полагать: $f(z_0) = w_0$, то есть определить значение функции в граничной точке круга.

Теорема 1. *Пусть функция* $w = f(z)$ *реализует однолистное конформное отображение круга* $E = \{z \in \mathbb{C} : |z| < 1\}$ *на ограниченную область G, все граничные точки которой являются простыми граничными элементами. Тогда* $f(z)$ *непрерывна в* $\overline{E}$.

$\triangleright$ Достаточно убедиться в непрерывности функции $f(z)$ только в точках границы круга E. Если последовательность $\{z_n\}_{n=1}^{\infty}$, $z_n \in E$, сходящаяся к точке z_0, $|z_0| = 1$, содержит конечное число точек, лежащих на единичной окружности, то равенство $\lim\limits_{n\to\infty} f(z_n) = f(z_0)$ следует из определения $f(z_0)$. Если среди точек z_n, $n \in \mathbb{N}$, бесконечно много точек, лежащих на единичной окружности, то они образуют подпоследовательность $\{z_{n_k}\}_{k=1}^{\infty}$ последовательности $\{z_n\}_{n=1}^{\infty}$, сходящуюся к z_0. Требуется доказать, что $\lim\limits_{k\to\infty} f(z_{n_k}) = f(z_0)$. Возьмем число $\varepsilon > 0$ и рассмотрим последовательность $\{z'_{n_k}\}_{k=1}^{\infty}$, $z'_{n_k} \in E$, удовлетворяющих условиям

$$\left|z'_{n_k} - z_{n_k}\right| < \frac{1}{k}, \quad \left|f(z_{n_k}) - f(z'_{n_k})\right| < \frac{\varepsilon}{2}.$$

Так как $z'_{n_k} \to z_0$ при $k \to \infty$, то существует такое число $K \in \mathbb{N}$, что при $k \to K$ имеем

$$\left|f(z'_{n_k}) - f(z_0)\right| < \frac{\varepsilon}{2}.$$

Значит, при $k \geq K$

$$\left|f\left(z_{n_k}\right)-f\left(z_0\right)\right|\le\left|f\left(z_{n_k}\right)-f\left(z'_{n_k}\right)\right|+\left|f\left(z'_{n_k}\right)-f\left(z_0\right)\right|<\varepsilon,$$

что и доказывает непрерывность функции $f(z)$ в точке z_0 и в силу произвольности выбора z_0 – непрерывность $f(z)$ на границе круга *E*. ◁

ОПРЕДЕЛЕНИЕ. Точку границы области *G* называют *m-кратной* граничной точкой этой области (относительно конформного отображения $w=f(z)$ круга *E* на область *G*), если она является простым граничным элементом для $m, m\in\mathbb{N}$, различных точек $z_1,...,z_m$ границы круга *E*.

Пример. Каждая граничная точка области *G*, ограниченной замкнутой жордановой кривой, - однократная. Она является простым граничным элементом. ◁

Пример. На границе области, полученной однолистным конформным отображением круга $E=\{z\in\mathbb{C}:|z|<1\}$ на область *G* представляющую собой круг $E_w=\{w\in\mathbb{C}:|w|<1\}$ с исключенным радиусом $[0,1)$, все точки промежутка (0, 1) двукратные, а остальные точки границы – однократные. ◁

Легко видеть, что если точка $w\in G$ приближается к границе ограниченной области *G*, то соответствующая точка $z=g(w)$ круга *E* приближается к его границе. Это означает, что для числа $\varepsilon>0$ существует такое число $\delta>0$, что если точка $w\in G$ отстоит от границы области *G* на расстояние, не превышающее $\delta>0$, то соответствующая точка лежит в кольце $\{z\in\mathbb{C}:|z|<1\}$. Действительно, достаточно за δ взять расстояние от границы области *G* до границы множества, являющегося образом круга $U(0,1-\varepsilon)$. Справедливо обратное утверждение: если точки *z* приближаются из круга *E* к его границе, то соответствующие точки $w=f(z)$ приближаются к границе области *G*.

Теорема 2. *Пусть функция $z=g(w)$, обратная к функции $w=f(z)$, реализует однолистное конформное отображение ограниченной области G на круг $E=\{z\in\mathbb{C}:|z|<1\}$. Пусть все точки границы области G являются однократными граничными точками. Тогда $g(w)$ непрерывна в $\overline{G}$.*

▷ Непрерывность функции $g(w)$ в *G* следует из её голоморфности. Пусть w_0 – точка границы области *G*. Если в последовательности $\{w_n\}_{n=1}^{\infty}$, $w_n\in\overline{G}$, сходящейся к w_0 имеется лишь конечное число точек, лежащих на границе области *G*, то $\lim\limits_{n\to\infty}g\left(w_n\right)=g\left(w_0\right)$ в силу определения значения функции в граничной точке области. Если в последовательности $\{w_n\}_{n=1}^{\infty}$ содержится бесконечно много точек границы области *G*, то они образуют подпоследовательность $\{w_{n_k}\}_{k=1}^{\infty}$ последовательности $\{w_n\}_{n=1}^{\infty}$, сходящуюся к w_0. Каждой точке w_{n_k} соответствует единственная точка z_{n_k} на границе круга *E*. Покажем, что $\{z_{n_k}\}_{k=1}^{\infty}$ сходится к z_0. Возьмем число $\varepsilon>0$ и рассмотрим последовательность $\{w'_{n_k}\}_{k=1}^{\infty}$, $w'_{n_k}\in G$, удовлетворяющую условиям

$$\left|w'_{n_k} - w_{n_k}\right| < \frac{1}{k}, \quad \left|g\left(w_{n_k}\right) - g\left(w'_{n_k}\right)\right| < \frac{\varepsilon}{2}.$$

Так как $w'_{n_k} \to w_0$ при $k \to \infty$, то существует такое число $K \in \mathbb{N}$, что при $k \geq K$ имеем

$$\left|g\left(w'_{n_k}\right) - g\left(w_0\right)\right| < \frac{\varepsilon}{2}.$$

Значит, при $k \geq K$

$$\left|g\left(w_{n_k}\right) - g\left(w_0\right)\right| \leq \left|g\left(w_{n_k}\right) - g\left(w'_{n_k}\right)\right| + \left|g\left(w'_{n_k}\right) - g\left(w_0\right)\right| < \varepsilon,$$

что и доказывает непрерывность функции $g(w)$ в точке w_0 и в силу произвольности выбора w_0 – непрерывность $g(w)$ на границе области *G*. ◁

Изложенное выше сформулируем в виде теоремы об областях, ограниченных замкнутыми жордановыми кривыми.

Теорема 3 (Каратеодори). *При однолистном конформном отображении $z = g(w)$ области G, ограниченной замкнутой жордановой кривой на круг $E = \{z \in \mathbb{C} : |z| < 1\}$ отображение $\overline{G}$ на $\overline{E}$ будет взаимно однозначным и непрерывным.*

Поскольку предыдущие рассуждения имели локальный характер, то они являются доказательствами более общей теоремы.

Теорема 4. *Если односвязная область G имеет на своей границе простую жорданову дугу γ, ни одна внутренняя точка которой не есть предельная точка для граничных точек, не принадлежащих γ, то функция $z = f(w)$, отображающая область G на круг E, будет непрерывна в $G \cup \mathring{\gamma}$, где $\mathring{\gamma}$ – внутренняя часть дуги γ, и $f(w)$ отображает дугу γ на некоторую дугу γ' границы круга E взаимно однозначно и непрерывно.*

1.3. Достижимые точки границы области. ОПРЕДЕЛЕНИЕ. Граничную точку w области $G \subset \mathbb{C}$ называют *достижимой*, если её можно соединить с какой-либо точкой $w_0 \in G$ простой жордановой кривой Γ, лежащей в G, кроме точки w.

Существуют односвязные ограниченные области, у которых имеются на границе точки, не являющиеся достижимыми.

Пример. Исключим из квадрата $\Delta = \{w \in \mathbb{C} : 0 < \operatorname{Re} w < 1, 0 < \operatorname{Im} w < 1\}$, отрезки $\Gamma_n = \{w \in \mathbb{C} : \operatorname{Re} w = 1/n, 0 < \operatorname{Im} w \leq 1/2\}, n \in \mathbb{N} \setminus \{1\}$. В результате получим область *G*, для которой все точки границы, образующие отрезок с концами $w = 0$, $w = i/2$, являются, кроме точки $w = i/2$, недостижимыми.

Относительно соответствия достижимых граничных точек имеет место

Теорема 5 (Кёбе). *При однолистном конформном отображении области G плоскости w на единичный круг $E = \{z \in \mathbb{C} : |z| < 1\}$ каждой достижимой граничной точке $w_1 \in G$, можно поставить в соответствие определенную точку z_1 границы круга E, обладающую свойством, что если w стремится к w_1 по любой кривой, определяющей w_1,* *то соответствующая точка z стремится к z_1, причем двум различным достижимым граничным точкам области G соответствуют две различные точки на границе круга E. Множество F точек на границе круга E, соответствующее всем достижимым граничным точкам области G, всюду плотно на границе круга E.*

1.4. Граничные условия единственности. В теореме Римана условия единственности отображения были «внутренними»: они указывали соответствие фиксированных линейных элементов во внутренних точках конформно эквивалентных областей.

Обеспечить единственность отображения можно, указав соответствие между граничными точками конформно эквивалентных областей.

Теорема 6. *Если все граничные точки односвязной ограниченной области G достижимы, то можно единственным образом однолистно и конформно отобразить G на круг $E=\{z\in\mathbb{C}:|z|<1\}$ так, что три заданные точки w_1,w_2,w_3 границы области G, расположенные в порядке положительного обхода, переходят в три заданные точки z_1,z_2,z_3 на границе круга E, также расположенные в порядке положительного обхода.*

▷ Функция $w=\varphi(z)$, однолистно и конформно отображающая круг E на область G, непрерывно продолжается на $\bar{E}$. Поэтому граница области G имеет представление $w=\varphi\left(e^{it}\right)=w(t)$, $0\le t\le 2\pi$, с непрерывной функцией $w(t)$ и является непрерывной кривой. Точкам w_1,w_2,w_3 соответствуют точки $z_1'=e^{it_1}$, $z_2'=e^{it_2}$, $z_3'=e^{it_3}$, расположенные в порядке положительного обхода. Отобразим круг $E_1=\{z'\in\mathbb{C}:|z'|<1\}$ на круг $E=\{z\in\mathbb{C}:|z|<1\}$ так, чтобы точки z_1', z_2', z_3' перешли соответственно в точки z_1,z_2,z_3. Это возможно и осуществляется посредством дробно-линейной функции $z'=L(z)$. Сложная функция $w=\varphi(L(z))$ будет давать требуемое отображение. Доказательство единственности проводится от противного с использованием рассуждений из ч. I, n^0 2.4. ◁

§ 2. Соответствие границ областей

2.1. Принцип взаимно однозначного соответствия. Большое значение в практике конформных отображений имеет следующая теорема, дающая удобное условие для утверждения, что данная функция устанавливает конформную эквивалентность областей.

Теорема *7* (принцип взаимно однозначного соответствия). *Пусть голоморфная функция f задана в односвязной области $D\subset\mathbb{C}$, ограниченной замкнутой жордановой кусочно гладкой кривой. Предположим, что функция f непрерывна в $\bar{D}$, имеет на ∂D кусочно непрерывную производную и отображает ∂D на замкнутую жорданову кусочно гладкую кривую Γ. Пусть G – внутренность (внешность) Γ и ∂G – ориентированная граница области G. Если функция f отображает ∂D на ∂G, то эта функция однолистно и конформно отображает область D на G.*

▷ Докажем, что $G\subset f(D)$. Пусть $w\in G$. В силу интегральной теоремы Коши

$$\frac{1}{2\pi i}\int\limits_{\partial G}\frac{d\omega}{\omega-w}=1.$$

Заменяя переменную интегрирования по формуле $\omega=f(\zeta)$, $\zeta\in\partial D$, и учитывая, что точка $\zeta=f^{-1}(\omega)$ пробегает всю границу ∂D, когда ω совершает полный обход границы ∂G, придем к равенству

$$\frac{1}{2\pi i}\int\limits_{\partial D}\frac{f'(\zeta)d\zeta}{f(\zeta)-w}=1.$$

Согласно теореме 20 (ч. I, гл. IV, § 9, n^0 9.6) о сумме порядков нулей и полюсов значение интеграла равно количеству нулей функции $f(z)-w$ в области *D*. В данном случае функция $f(z)-w$ имеет простой нуль в области *D*. Обозначим его через ζ. Имеем $f(\zeta)=w$, $\zeta\in D$. В силу произвольности выбора $w\in G$ имеем $G\subset f(D)$.

Теперь докажем, что $f(D)\subset G$. Предположим противное: существует точка $w_0\in f(D)$, но $w_0\notin G$. Тогда, если $w_0\notin\overline{G}$, то есть является внешней точкой для *G*, то в силу интегральной теоремы Коши

$$\frac{1}{2\pi i}\int\limits_{\partial G}\frac{d\omega}{\omega-w_0}=0$$

и поэтому выполняется равенство

$$\frac{1}{2\pi i}\int\limits_{\partial D}\frac{f'(\zeta)d\zeta}{f(\zeta)-w_0}=0,$$

показывающее, что уравнение $f(z)-w_0=0$ не имеет решений в области *D*, что противоречит условию $w_0\in f(D)$. Если же w_0 – граничная точка области *G*, то, поскольку $w_0=f(D)$, существует такое число $\varepsilon>0$, что $U(w_0,\varepsilon)\subset f(D)$. Отсюда вытекает, что во внешности кривой ∂G есть точка области $f(D)$. Но это, как уже доказано, невозможно. Значит, $G\supset f(D)$.

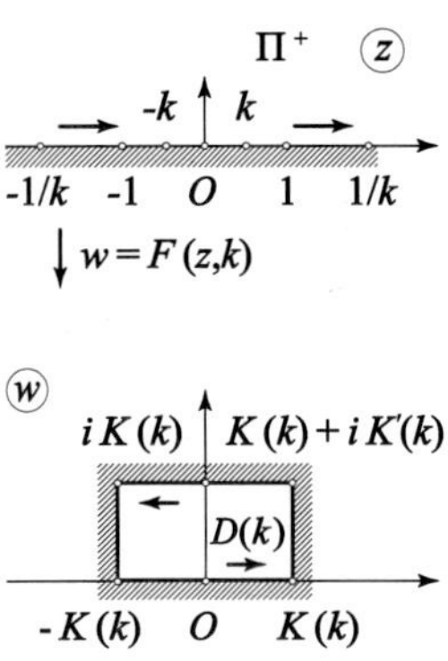

Рис. 7.

Таким образом, $f(D)=G$ и f имеет однозначную обратную функцию f^{-1} в области *G*. Из голоморфности и однолистности *f* в *D* следует, что *f* осуществляет конформное отображение области *D* на область *G*. ◁

2.2. Отображение, реализуемое эллиптическим интегралом. Применим принцип взаимно однозначного соответствия к изучению отображения верхней полуплоскости $\Pi^+=\{z\in\mathbb{C}:\operatorname{Im}z>0\}$, осуществляемого эллиптическим интегралом первого рода

$$w=F(z,k)=\int\limits_0^z\frac{dt}{\sqrt{(1-t^2)(1-k^2t^2)}},\ 0<k<1,$$

где ветвь квадратного корня выбирается в соответствии с условием, что она голоморфна в Π^+ и на отрезке $l_1 = [0,1]$ действительной оси принимает неотрицательные значения.

Функция $F(z,k)$ при фиксированном k непрерывно продолжается в $\overline{\Pi}^+$ и $F(x,k)$ имеет производную всюду, кроме точек ± 1, $\pm 1/k$, (рис.7). Выясним, как функция $F(z,k)$ преобразует границу $\partial\Pi^+$, то есть установим вид множества точек $w = F(x,k)$ при $-\infty < x < \infty$.

Если x увеличивается от 0 до 1, то интеграл

$$F(x,k) = \int_0^x \frac{dt}{\sqrt{(1-t^2)(1-k^2t^2)}}$$

принимает положительные значения, строго возрастающие от $F(0,k) = 0$ до $K(k) = F(1,k)$. Следовательно, функция $w = F(x,k)$ взаимно однозначно и непрерывно отображает отрезок l_1 на отрезок $[0,K]$ действительной оси w-плоскости.

При переходе переменной интегрирования через точку $t = 1$ слева направо вдоль действительной оси один из четырех множителей подкоренного произведения в $F(x,k)$, а именно $1-t$, меняет знак. На отрезке $l_2 = [1,1/k]$ значение $F(x,k)$ следует представить в виде

$$F(x,k) = K(k) + i\int_1^x \frac{dt}{\sqrt{(t^2-1)(1-k^2t^2)}},$$

требующем пояснения.

Выбор ветви корня в интеграле согласуется с произведенным выбором ветви голоморфной функции $F(z,k)$ в Π^+. Точку $x = 1$ обходим по малой полуокружности, лежащей в Π^+, с центром $z = 1$. В результате $\arg(1-z)$ меняется от 0 до $-\pi$. Поэтому на отрезке l_2 действительной оси аргумент корня равен $-\pi/2$, а аргумент подынтегральной функции равен $\pi/2$.

Когда точка t перемещается слева направо от 1 до $1/k$, точка $w = F(x,k)$ проходит снизу вверх прямолинейный отрезок с началом $K(k)$ и концом в точке $K(k) + iK'(k)$, где

$$iK'(k) = F(1/k,k) - F(1,k).$$

При переходе переменной интегрирования через точку $t = 1/k$ еще один линейный множитель подкоренного произведения, а именно 1 – kt, меняет знак. Как и выше, убеждаемся в том, что рассматриваемая ветвь корня при $1/k < t < \infty$ должна иметь при непрерывном продолжении аргумент $-\pi$. Следовательно, функция $F(x,k)$ при $1/k < x < \infty$ представляется в виде

$$F(x,k) = K(k) + iK'(k) + \int_{1/k}^x \frac{dt}{\sqrt{(t^2-1)(k^2t^2-1)}},$$

где в последнем слагаемом корень принимает положительное значение.

С помощью замены переменной интегрирования $t = 1/ky$ легко установить, что

$$\int_{1/k}^{\infty} \frac{dt}{\sqrt{\left(t^2-1\right)\left(k^2t^2-1\right)}} = K\left(k\right).$$

Поэтому функция $F(x,k)$ взаимно однозначно и непрерывно преобразует луч $\left[1/k,\infty\right]$ в прямолинейный отрезок с началом в точке $K\left(k\right)+iK'(k)$ и концом в точке $iK'(k)$ на мнимой оси w-плоскости.

Таким образом, функция $w = F(x,k)$ отображает положительную часть действительной оси с естественной ориентацией на ломаную, начинающуюся в точке $w = 0$, имеющую вершины в точках $w = K(k)$, $w = K(k)+iK'\left(k\right)$ и оканчивающуюся в точке $w = iK'\left(k\right)$.

Аналогично устанавливается, что функция $w = F(x,k)$ взаимно однозначно и непрерывно отображает отрицательную часть действительной оси, проходимую так, что область Π^+ остается слева (то есть от $-\infty$ до 0), на ломаную, начинающуюся в точке $w = iK'\left(k\right)$, имеющую вершины $w = -K\left(k\right)+iK'\left(k\right)$, $w = -K\left(k\right)$ и оканчивающуюся в точке $w = 0$.

Итак, действительная ось, являющаяся границей области Π^+ преобразуется функцией $w = F(z,k)$ в замкнутую ломаную с вершинами K, $K\left(k\right)+iK'\left(k\right)$, $-K(k)+iK'\left(k\right)$, $-K\left(k\right)$, и являющуюся границей прямоугольника $D(k)$ со сторонами длины $2K\left(k\right)K'\left(k\right)$, где

$$K\left(k\right) = \int_{0}^{1} \frac{dt}{\sqrt{\left(1-t^2\right)\left(1-k^2t^2\right)}},\quad K'\left(k\right) = \int_{1}^{1/k} \frac{dt}{\sqrt{\left(1-t^2\right)\left(1-k^2t^2\right)}}.$$

§ 3. Принцип симметрии

3.1. Продолжение функции через границу. Многочисленные применения в теории конформных отображений имеет следующая теорема о продолжении отображающей функции через границу области.

***Теорема* 8** (принцип симметрии; Риман – Шварц). *Пусть область D, лежащая в верхней полуплоскости* $\Pi^+ = \left\{z \in \mathbb{C} : \operatorname{Im} z > 0\right\}$, *имеет на своей границе отрезок* γ *действительной оси. Предположим, что функция* $w = f(z)$ *осуществляет однолистное конформное отображение области* D *на область* $G = f(D)$, *лежащую в верхней полуплоскости и имеющую на своей границе отрезок действительной оси* $\Gamma = f\left(\gamma\right)$. *Обозначим через* D^* *и* G^* *области, симметричные соответственно областям* D *и* G *относительно действительной оси. Пусть* $D_1 = D \cup \gamma \cup D^*$, $G_1 = G \cup \Gamma \cup G^*$. *Тогда функция*

$$F(z)=\begin{cases} f(z), & z\in D\bigcup\gamma, \\ \varphi(z)=\overline{f(\overline{z})}, & z\in D^*\bigcup\gamma, \end{cases}$$ *однолистно и конформно отображает область* D_1 *на область* G_1*, (рис. 8).*

$\triangleright$ В окрестности $U(z_0,\delta)$, $\delta>0$, точки $z_0\in D$ функция представляется степенным рядом

$$f(z)=c_0+c_1(z-z_0)+c_2(z-z_0)^2+\ldots$$

и, следовательно, для $\varphi(z)$ имеем разложение

$$\varphi(z)=\overline{c}_0+\overline{c}_1(z-\overline{z}_0)+\overline{c}_2(z-\overline{z}_0)^2+\ldots,$$

показывающее, что $\varphi(z)$ голоморфна в окрестности $U(\overline{z}_0,\delta)$ точки $\overline{z}_0\in D^*$. В точке $z\in\gamma$ предельное значение функции $f(z)$ при $z\to z'$ по D совпадает с предельным значением функции $\varphi(z)$ при $z\to z'$ по D^*, так как

$$\lim_{\substack{z\to z'\\ z\in D}} f(z)=f(z'),\ \lim_{\substack{z\to z'\\ z\in D^*}}\varphi(z)=\overline{f(\overline{z'})},\ \operatorname{Im} z'=0 \text{ и } f(z')=\overline{f(z')}.$$

Из указанного следует, что функция

$$F(z)=\begin{cases} f(z), & z\in D\bigcup\gamma, \\ \varphi(z), & z\in D^*\bigcup\gamma, \end{cases}$$

голоморфная в D и в D^* непрерывна в D_1.

Докажем, что функция $F(z)$ голоморфна в D_1. Достаточно установить голоморфность F в любой точке $z'\in\gamma$. Пусть замыкание окрестности $U(z',\delta)$, $\delta>0$, лежит в D_1 и $\partial U(z',\delta)$, пересекает γ ровно в двух точках. Интеграл Коши

$$\Phi(z)=\frac{1}{2\pi i}\int_{\partial U(z',\delta)}\frac{F(\zeta)d\zeta}{\zeta-z},\ z\in U(z',\delta),$$

представляет собой голоморфную в $U(z',\delta)$ функцию. Покажем, что $\Phi(z)=F(z)$. Обозначив $D\bigcap U(z',\delta)=\Delta$, $D^*\bigcap U(z',\delta)=\Delta^*$. Применяя интегральную формулу Коши и интегральную теорему Коши, получим

$$\frac{1}{2\pi i}\int_{\partial\Delta}\frac{F(\zeta)d\zeta}{\zeta-z}=\frac{1}{2\pi i}\int_{\partial\Delta}\frac{f(\zeta)d\zeta}{\zeta-z}=\begin{cases} f(z), & z\in\Delta, \\ 0, & z\in\Delta^*, \end{cases}$$

$$\frac{1}{2\pi i}\int_{\partial\Delta^*}\frac{F(\zeta)d\zeta}{\zeta-z}=\frac{1}{2\pi i}\int_{\partial\Delta^*}\frac{\varphi(\zeta)d\zeta}{\zeta-z}=\begin{cases} 0, & z\in\Delta, \\ \varphi(z), & z\in\Delta^*. \end{cases}$$

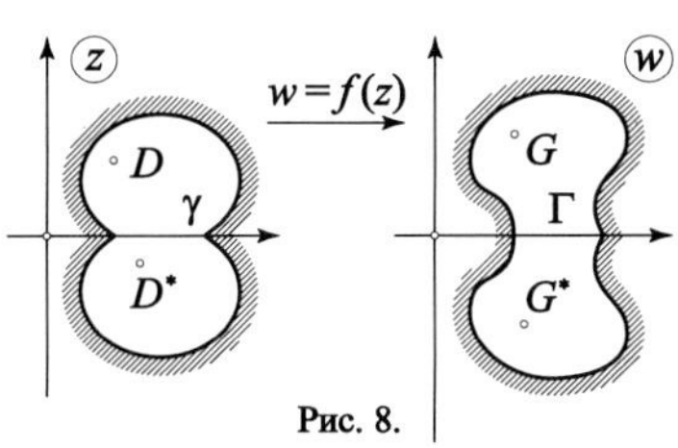

Рис. 8.

Складывая почленно эти равенства, имеем

$$\frac{1}{2\pi i}\int_{\partial U(z',\delta)}\frac{F(\zeta)d\zeta}{\zeta-z}=\begin{cases} f(z), & z\in\Delta, \\ \varphi(z), & z\in\Delta^*. \end{cases}$$

Значит, $\Phi(z)=F(z)$ в $\Delta\bigcup\Delta^*$. В точке $z\in U(z',\delta)\bigcap\gamma$ равенство следует из непрерывности

Ф в и непрерывности F в точке z'. Предположение о существовании на γ точки z_0, в которой $F'(z_0)=0$ противоречит однолистности $f(z)$ в D.

Таким образом, $F(z)$ однолистно и конформно отображает D_1 на G_1.◁

Принцип симметрии распространяется на случай, когда отрезки на границах областей заменяются на дуги окружностей.

Теорема 8'. *Пусть область D имеет на своей границе дугу γ_1 окружности γ. Предположим, что функция $w=f(z)$ осуществляет однолистное конформное отображение области D на область $G=f(D)$, содержащую на своей границе дугу $\Gamma_1=f(\gamma_1)$ окружности Γ. Обозначим через D^* область, симметричную области D относительно окружности γ, а через G^* – область, симметричную области G относительно окружности Γ. Пусть $D_1=D\cup\gamma_1\cup D^*$, $G_1=G\cup\Gamma_1\cup G^*$.* Тогда функция

$$F(z)=\begin{cases} f(z), & z\in D\cup\gamma_1,\\ \varphi(z)=f(z^*), & z^*\in D^*\cup\gamma_1,\end{cases}$$

где z^* – точка, симметричная точке z относительно окружности γ, а $f^*(z^*)$ – точка, симметричная точке $f(z)$ относительно Γ, однолистно и конформно отображает область D_1 на область G_1.

Доказательство теоремы 8' сводится посредством дробно-линейных преобразований к теореме 8.

Принцип симметрии имеет дальнейшие обобщения, получающиеся при замене прямолинейных отрезков дугами аналитических кривых. Такое название имеет гладкая кривая γ с параметрическим уравнением $z=\varphi(\tau)$, $a\le\tau\le b$, в котором $\varphi(t)$ – голоморфная функция на отрезке $[a,b]$. Она продолжается в t-плоскости как голоморфная функция $z=\varphi(t)$ в некоторую область D, содержащую отрезок $[a,b]$ действительной оси, и однолистно отображающую D на некоторую область G z-плоскости, содержащую кривую γ. Пусть $z\in G$ и $t=\varphi^{-1}(z)\in D$. Точку z^* называют *симметричной* точке z относительно кривой γ, если $z^*=\varphi(\overline{t})$. Это определение не зависит от выбора параметрического представления кривой γ.

Теорема 8". *Если две области G_1 и G_2 конформно отображаются друг на друга, причем некоторая аналитическая граничная кривая γ_1 области G_1 переходит в аналитическую кривую γ_2 области G_2, то отображение конформно вплоть до этих кривых и точки, симметричные относительно одной из них, преобразуются в точки, симметричные относительно другой.*

▷ Представим указанные граничные кривые областей G_1, G_2 соответственно уравнениями $z_k=\varphi_k(\tau)$, $a\le\tau\le b$, $k=1,2$, и продолжим эти функции в области, содержащие отрезок $[a,b]$. Заменой действительной переменной τ на комплексную переменную t получим голоморфную функцию $z_k=\varphi_k(t)$ в области, содержащей отрезок $[a,b]$. Пусть $z_1=\varphi_1(t)\in G$ – точка, близкая к γ_1, и следовательно, ей соответствует симметричная точка $z_1^*=\varphi_1(\overline{t})$ относительно кривой γ_1. Им соответствует пара точек $z_2=\varphi_2(t)$, $z_2^*=\varphi_2(\overline{t})$ симметричных относительно кривой γ_2. ◁

Укажем соотношение, позволяющее определить точку z^*, симметричную точке z относительно аналитической кривой γ с уравнением $z=\varphi(\tau)=\varphi_1(\tau)+i\varphi_2(\tau)$, $a\le\tau\le b$.

Функция $z=\varphi(t)$ голоморфна в некоторой области G. В ней

$$z=\varphi(t)=\varphi_1(t)+i\varphi_2(t),$$

где $\varphi_1(\tau),\varphi_2(\tau)$ – комплексные функции действительного переменного, принимающие действительные значения только на отрезке $[a,b]$. Точке t соответствует зеркально симметричная точка $\overline{t}$ и точке $z=\varphi(t)$ соответствует точка $z^*=\varphi_1(\overline{t})+i\varphi_2(\overline{t})$, симметричная относительно кривой γ. В соответствии с принципом симметрии Римана – Шварца $\varphi_1(t)=\overline{\varphi_1(\overline{t})}$, $\varphi_2(t)=\overline{\varphi_2(\overline{t})}$. Поэтому

$$\overline{z^*}=\varphi_1(t)-i\varphi_2(t)$$

и, следовательно,

$$\varphi_1(t)=\frac{z+\overline{z^*}}{2},\ \varphi_2(t)=\frac{z-\overline{z^*}}{2i}.$$

Если аналитическая кривая γ задана уравнением $\Phi(x,y)$, то $\Phi(\varphi_1(\tau),\varphi_2(\tau))=0$ выполняется на $[a,b]$ и для симметричных точек относительно кривой γ получаем уравнение

$$\Phi\left(\frac{z+\overline{z^*}}{2},\frac{z-\overline{z^*}}{2i}\right)=0. \qquad (*)$$

Пример. Выясним, как связаны между собой точки, симметричные относительно окружности $x^2+y^2=R^2$. Уравнение (*) принимает вид

$$\left(\frac{z+\overline{z^*}}{2}\right)^2+\left(\frac{z-\overline{z^*}}{2i}\right)^2=R^2,$$

откуда находим, что $z\overline{z^*}=R^2$, то есть $z^*=\dfrac{R^2}{\overline{z}}$. ◁

Пример. Выясним, как связаны между собой точки, симметричные относительно прямой $Ax+By+C=0$. Уравнение (*) принимает вид

$$A\left(\frac{z+\overline{z^*}}{2}\right)+B\left(\frac{z-\overline{z^*}}{2i}\right)+C=0,$$

откуда имеем $z^* = -\dfrac{A+iB}{A-iB}\overline{z} - \dfrac{2C}{A-iB}$. ◁

3.2. Продолжение функции на граничную аналитическую дугу. ***Теорема 9.*** *Если односвязная ограниченная область G имеет на своей границе жорданову аналитическую дугу* γ, *ни одна внутренняя точка которой не является предельной для граничных точек, не принадлежащих* γ, *то функция* $z = f(w)$, *однолистно и конформно отображающая G на круг* $E = \{z \in \mathbb{C} : |z| < 1\}$, *голоморфна на внутренних точках дуги* γ *и в них* $f'(w) \neq 0$, *то есть имеет место конформность.*

▷ Пусть параметрическое уравнение дуги γ есть $w = \varphi(t)$, $a \le t \le b$. Согласно условию теоремы функция $\varphi(t)$ разлагается в степенной ряд

$$\varphi(t) = \varphi(t_0) + \varphi'(t_0)(t - t_0) + \dots,\ \varphi'(t_0) \neq 0.$$

Если допустить для *t* комплексные значения, то этот ряд дает голоморфную функцию $w = \varphi(t)$ в некоторой окрестности $U(t_0, \delta)$, $\delta > 0$. Можно считать число δ таким, что в $U(t_0, \delta)$ согласно теореме 1 гл. I, n^0 1.1 о локальной однолистности будет однолистной. Часть $u(t_0)$ этой окрестности, лежащая в верхней или нижней полуплоскости комплексной *t*-плоскости, переходит в часть $g(t_0)$ окрестности точки w_0, лежащую в *G* и имеющую с γ общую граничную дугу. Функция $z = f(w(t))$, будет голоморфной в области $u(t_0)$ и будет отображать $u(t_0)$ в часть окрестности точки $z_0 = f(w_0)$, лежащую в круге *E* и прилегающую к его границе. При этом функция $f(\varphi(t))$ по теореме 4 будет непрерывна в $g(t_0)$ вплоть до действительной оси. По принципу симметрии функция $f(\varphi(t))$, продолженная из $u(t_0)$ через действительную ось, голоморфна в точке t_0 и имеет в этой точке производную, отличную от нуля. Если $t = t(w)$ есть обратная функция по отношению к $w = \varphi(t)$, то она голоморфна в точке w_0 и $f'(w_0) \neq 0$. Следовательно, функция $f(v(t(w))) = f(z)$ также голоморфна в w_0 и $f'(w_0) \neq 0$. ◁

Теорема 9, примененная к области *G*, ограниченной замкнутой жордановой аналитической кривой, показывает, что при конформном отображении *G* на круг *E* отображающая функция голоморфна в $\overline{G}$ и обратная функция голоморфна в $\overline{E}$.

3.3. Аналитическое продолжение голоморфной функции. Задача о распространении функции, заданной на некотором множестве, на более широкое множество, встречающаяся во многих разделах математики, получила по отношению к некоторым голоморфным функциям вариант решения в форме принципа симметрии. Он может быть использован как пример, иллюстрирующий более общий способ продолжения функции. Пусть *D* – область в $\mathbb{C}$ и *f* – голоморфная функция в *D*. Пару *D* и *f* называют *аналитическим элементом* или, короче, *элементом* и обозначают $\{D, f\}$, а область *D* – *областью элемента*. Два элемента $\{D, f\}$, $\{D^*, f^*\}$ считаются *равными* (и пишут $\{D, f\} = \{D^*, f^*\}$) тогда и только тогда, когда $D = D^*$ и $f = f^*$ в D.

Пример. $\left\{E, \dfrac{z}{1-z}\right\} = \left\{E, \sum_{n=1}^{\infty} z^n\right\}$, $E = \{z \in \mathbb{C} : |z| < 1\}$. ◁

Элемент $\{D_2, d_2\}$ называется *непосредственным аналитическим продолжением* элемента $\{D_1, d_1\}$ через *d*, если одна из областей D_1, D_2 не является частью другой, $D_1 \cap D_2 \neq \varnothing$ и $f_1 = f_2$ на связной компоненте *d* пересечения $D_1 \cap D_2$.

Предположим, что элемент $\{D_2, f_2\}$ с указанными свойствами существует. Тогда из принципа единственности для голоморфных функций следует, что любая голоморфная в области D_2 функция, равная f_1 на d, равна f_2 в D_2. Таким образом, если элемент $\{D_1, f_1\}$ непосредственно аналитически продолжается в элемент $\{D_2, f_2\}$ через *d*, то это продолжение единственно. Оно обратимо: $\{D_1, f_1\}$ является непосредственным аналитическим продолжением элемента $\{D_2, f_2\}$ через *d*.

В случае, когда $D \supset D_1$ и $f_2 = f_1$ на $d = D_1$, говорят, что $\{D_1, f_1\}$ *подчинён* элементу $\{D_2, f_2\}$ и (пишут $\{D_1, f_1\} \subset \{D_2, f_2\}$).

Пример. $\left\{E, \sum_{n=1}^{\infty} z^n\right\} \subset \left\{\overline{\mathbb{C}} \setminus \{1\}, \dfrac{z}{1-z}\right\}$. ◁

Конечное множество элементов $\{D_1, f_1\}, ..., \{D_m, f_m\}, m \in \mathbb{N} \setminus \{1\}$ называют *цепью по областям* $d_1, ..., d_{m-1}$, если элемент $\{D_k, f_k\}$, $k = 2, ...m$, является непосредственным аналитическим продолжением элемента $\{D_{k-1}, f_{k-1}\}$ через связную компоненту d_{k-1} пересечения областей D_{k-1} и D_k. При этом говорят, что элемент $\{D_m, f_m\}$ является *аналитическим продолжением* элемента $\{D_1, f_1\}$ по соединяющей их цепи областей по областям $d_1, ..., d_{m-1}$. Это аналитическое продолжение обратимо: элемент $\{D_1, f_1\}$ является аналитическим продолжением элемента $\{D_m, f_m\}$ по соединяющей их цепи по областям $d_{m-1}, ..., d_1$.

В отдельных случаях при аналитическом продолжении одного аналитического элемента в другой указание области *d* можно заменить одним или несколькими другими условиями. Пусть элементы $\{D_1, f_1\}$, $\{D_2, f_2\}$ таковы, что области элементов не пересекаются, но имеют каждая на границе одну и ту же жорданову аналитическую дугу γ, на которой функции f_1 и f_2 голоморфны и равны. Тогда функция F, равная f_1 на $D_1 \cup \gamma$ и равная f_2 на $D_2 \cup \gamma$ голоморфна в $D_1 \cup \gamma \cup D_2$. Условия принципа симметрии позволяют для элемента $\{D_1, f_1\}$ указать элемент $\{D_2, f_2\}$, аналитически продолжающий функцию f_1 из области D_1 в область, симметричную D_1, с указанием в ней вида функции f_2.

Если D_1, D_2 пересекаются, то их и построенную функцию можно рассматривать на подходящей римановой поверхности. В указанном случае говорят, что f_1 *аналитически продолжается* из области D_1 в область D_2 через дугу γ и о функции f_2 говорят, что она является аналитическим продолжением функции f_1 через дугу γ.

§ 4. Конформное отображение двусвязной области на круговое кольцо

4.1. Существование отображения. ***Теорема 10.*** *Если $B \subset \mathbb{C}$ – двусвязная область, то существует голоморфная функция $f : D \to K(0; r, R)$ однозначно и конформно отображающая область D на круговое кольцо $K(0; r, R)$.*

▷ Граница frD области D состоит, по условию, из двух связных компонент.

Предположим, что $frD = \{z_0, z_1\}$, где $z_0 \in \mathbb{C}$, $z_1 \in \mathbb{C}$ – две различные точки. Дробно-линейное преобразование $w = \dfrac{z - z_0}{z - z_1}$ осуществляет однолистное конформное отображение области D на круговое кольцо $K(0; 0, \infty)$ притом так, что точка z_0 переходит в нуль, а точка z_1 – в бесконечность.

Если frD состоит из точки $z_0 \in \mathbb{C}$ и континуума V, то присоединяя z_0 к области D, получаем односвязную область $D' = D \bigcup \{z_0\}$ с границей V. Согласно теореме Римана область D' конформно эквивалентна кругу $E = \{w \in \mathbb{C} : |w| < 1\}$. Всегда можно считать, что точке z_0 соответствует при таком отображении точка $w = 0$. Значит, область D однолистно и конформно отображается на $E \setminus \{0\} = K\{0; 0, 1\}$.

В общем случае граница области D, лежащей в z-плоскости, состоит из двух континуумов V_1, V_2, один из которых, пусть V_1, ограничен. Дополнение к V_1, то есть $\overline{\mathbb{C}} \setminus V_1$, есть открытое множество, состоящее из областей без общих точек. Одна из этих областей – обозначим её через Δ – содержит область D. Область Δ односвязна и её можно однолистно и конформно отобразить посредством функции $\zeta = \varphi(z)$ на круг $E = \{\zeta \in \mathbb{C} : |\zeta| < 1\}$. При этом отображении континуум V_2 перейдет в некоторый континуум $V_2' = \varphi(V_2)$, лежащий в круге E, а область D – в некоторую область $D' = \varphi(D) \subset E$. Отобразим однолистно посредством функции $\omega = \omega(\zeta)$ ту из односвязных областей, дополнительных к V_2', которая содержит D', на область $\Omega = \{\omega \in \mathbb{C} : |\omega| > 1\}$ и притом так, что точка $\zeta = \infty$ переходит в точку $\omega = \infty$. При этом отображении окружность frE переходит в замкнутую жорданову аналитическую кривую, лежащую в области Ω, а область D' перейдет в односвязную область $D'' = \psi(D')$, не содержащую точку ∞ и ограниченную этой кривой и окружностью $fr\Omega$. Отображение $\omega = \psi(\varphi(z))$ дает однолистное конформное отображение области D на D''.

Переходим к доказательству существования однолистного конформного отображения

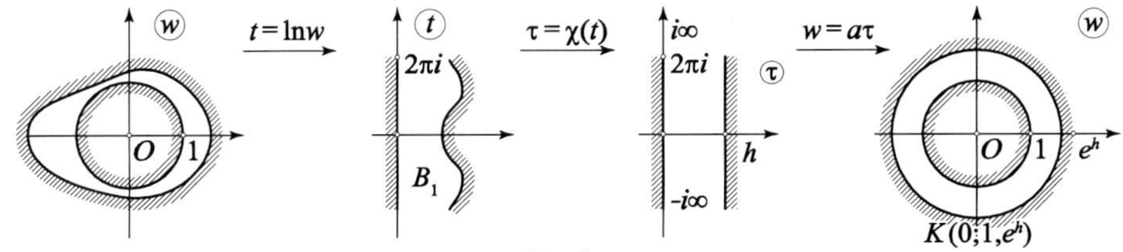

Рис. 9.

области D'', лежащей в ω-плоскости на некоторое круговое кольцо $K(0;1,h)$. Отобразим область D'' посредством функции $t=\ln\omega$ в полуплоскость $\Pi^+=\{t\in\mathbb{C}:\operatorname{Re}t>0\}$. Отображение не будет взаимно однозначным, поскольку каждой точке ω с модулем, большим единицы, соответствует бесконечное множество точек $t+2k\pi i$, $k\in\mathbb{Z}$, лежащих в Π^+. При отображении $t=\ln\omega$ область D'' переходит в некоторую вертикальную полосу B_1 t-плоскости, ограниченную мнимой осью и бесконечной аналитической кривой, лежащей в Π^+, (рис. 9). Эта полоса B_1, являющаяся односвязной областью, обладает тем свойством, что если точки $t\in B_1$, то все точки $z+2k\pi i$, $k\in\mathbb{Z}$, принадлежат B_1. Теперь отобразим B_1 посредством функции $\tau=\chi(t)$ на некоторую вертикальную полосу $B_2=\{\tau\in\mathbb{C}:0<\operatorname{Re}\tau<h\}$ так, чтобы граничные точки $t_1=-i\infty$, $t_2=0$, $t_3=+\infty i$ области B_1 перешли соответственно в точки $\tau_1=-\infty i$, $\tau_2=0$, $\tau_3=-\infty i$ границы полосы B_2. При этом отображении точка $t_0=2\pi i$ перейдет в точку $\tau_0=\chi(2\pi i)$ на положительной части мнимой оси τ-плоскости. Произведя, в случае, если $\tau_0\neq 2\pi i$, преобразование подобия τ-плоскости, можно добиться, что точка $\tau_0=2\pi i$. Поэтому будем далее считать, что $\chi(2\pi i)=2\pi i$. При этом условии заключаем, что $\chi(t+2\pi i)=\chi(t)+2\pi i$. Действительно, функции $\chi(t+2\pi i)$ и $\chi(t)+2\pi i$ обе однолистно и конформно отображают область B_1 на полосу B_2 и притом так, что при обоих отображениях граничные точки t_1, t_2, t_3 области B_1 переходят в граничные точки $w_1=t_1=-\infty i$, $w_2=t_2=0$, $w_3=t_3=+\infty i$ области B_2. Следовательно, по свойству единственности, устанавливаемому в теореме 3, гл. 2, § 2, n^0 1.4, эти функции совпадают.

Аналогично устанавливается, что

$$\chi^{-1}(\tau+2\pi i)=\chi^{-1}(\tau)+2\pi i.$$

Выполним еще одно отображение. Посредством функции $w=e^{\tau}$ отобразим область B_2 на кольцо $K(0;1,e^h)$ в w-плоскости. Это отображение не взаимно однозначно. Выразим теперь τ через ω. Получаем функцию $w=e^{\chi(\ln\omega)}$, однозначную в B', поскольку $\chi(t+2\pi i)=\chi(t)+2\pi i$. Обратная функция $w=e^{\chi^{-1}(\ln\omega)}$ однозначна в кольце $K(0;1,e^h)$. Значит, функция $w=e^{\chi(\ln\psi(\varphi(z)))}$ реализует однолистное конформное отображение области D на круговое кольцо $K(0;1,e^h)$, где h – ширина полосы B_2. $\lhd$

Соответствие граничных компонент двусвязной области и граничных окружностей кругового кольца при конформном отображении одной области на другую устанавливается следующей теоремой.

Теорема 11. *При однолистном конформном отображении* $z = g(w)$ *двусвязной области D, ограниченной замкнутыми жордановыми кривыми, на круговое кольцо* $K(0;r,R)$ *отображение* $\overline{D}$ *на круг* $\overline{K(0;r,R)}$ *будет взаимно однозначным и непрерывным; если же область D ограничена замкнутыми жордановыми аналитическими кривыми, то, кроме того, функция* $g(w)$ *будет голоморфной в* $\overline{D}$, *а обратная функция – в* $\overline{K(0;r,R)}$.

4.2. Единственность отображения. Важным дополнением к теореме 10 о существовании однолистного конформного отображения двусвязной области на круговое кольцо является теорема единственности.

Теорема 12. *Круговое кольцо, на которое однолистно и конформно отображается двусвязная область* $D \subset \mathbb{C}$, *единственно с точностью до линейного отображения.*

$\triangleright$ Пусть V_1, V_2 – граничные континуумы области *D*, один из которых, пусть V_1, ограничен. Пусть $z = g_1(w)$, $\zeta = g_2(w)$ – однолистные конформные отображения области *D* соответственно на круговые кольца $K_z(0;r_1,R_1)$, $K_\zeta(0;r_2,R_2)$, причем такие, что граничному континууму V_1 соответствуют внутренние граничные окружности указанных колец. Для доказательства теоремы достаточно установить, что однолистное конформное отображение $\zeta = f(z) = g_2\left(g_1^{-1}(z)\right)$ кольца $K_z = \left\{z \in \mathbb{C} : r_1 < |z| < R_1\right\}$ на кольцо $K_\zeta = \left\{\zeta \in \mathbb{C} : r_2 < |\zeta| < R_2\right\}$ имеет вид $\zeta = f(z) = az$, где a – постоянная. Последнее можно доказать, воспользовавшись принципом симметрии Римана – Шварца. Функцию $f(z)$ продолжима по принципу симметрии через окружность $\left\{z \in \mathbb{C} : |z| = R_1\right\}$ в кольцо $K\left(0; R_1, \dfrac{R_1^2}{r_1}\right)$ и она отображает это кольцо однолистно и конформно на кольцо $K\left(0; R_2, \dfrac{R_2^2}{r_2}\right)$. В свою очередь по принципу симметрии функция $f(z)$ продолжается на кольцо $K\left(0; \dfrac{R_1^2}{r_1}, \dfrac{R_1^4}{r_1^3}\right)$ со значениями в $K\left(0; \dfrac{R_2^2}{r_2}, \dfrac{R_2^4}{r_2^3}\right)$ и так далее. Аналогично продолжаем $f(z)$ через окружность $\left\{z \in \mathbb{C} : |z| = r_2\right\}$ в кольцо $K\left(0; \dfrac{r_2^3}{R_2}, r_2\right)$ и далее. В результате получаем, что функция $\zeta = f(z)$ голоморфно отображает плоскость с исключенными точками 0 и ∞ на себя. Следовательно, $\zeta = f(z) = az$, где a – постоянная; при этом $g_2(w) = ag_1(w)$, $w \in D$. $\triangleleft$

Кольцо $K_z(0;r_1,R_1)$ и кольцо $K_\zeta(0;r_2,R_2)$ получаются друг из друга линейным преобразованием. Поэтому имеет место равенство $\dfrac{r_1}{r_2} = \dfrac{R_1}{R_2}$, указывающее на то, что область

D может быть отображена на круговые кольца, имеющие одинаковое отношение радиусов граничных окружностей, например, большего к меньшему. Такое отношение называют *модулем* двусвязной области. Видим, что две области конформно эквивалентны, если они имеют равные модули. Теперь легко видеть, что отображение двусвязной области D на некоторое круговое кольцо, переводящее заданную точку на границе области D в некоторую заданную точку на границе кольца, единственно.

В заключение отметим, что с расширением двусвязной области D, то есть с заменой D на двусвязную область D', $D \subset D'$, $D \neq D'$, модуль увеличивается.

Теорема 12. *Если двусвязная область D' получена расширением двусвязной области D, то модуль области D' больше модуля области D.*

▷ Пусть двусвязная область D лежит в кольце $K_z(0;r,R)$, $0<r<R<\infty$, отделяя его граничные окружности. Отобразим область D на кольцо $K_\zeta(0;r_1,R_1)$ посредством функции $\zeta=\varphi(z)$. Обратная функция $z=f(\zeta)$ представляется рядом Лорана $z=\sum\limits_{n=-\infty}^{\infty}c_n\zeta^n$, равномерно сходящимся внутри кольца $K_\zeta(0;r_1,R_1)$. Пусть K – образ окружности $\gamma_k=\{\zeta\in\mathbb{C}:|\zeta|<r_k'\}$, $k=1,2$, где $r_1<r_1'<r_2'<R_1$, при отображении $z=f(r)$. Кривая l_{k_1} является аналитической кривой. Ограниченная ею область B_k имеет площадь S_k, выраженную интегралом

$$S_k=\iint\limits_{B_k}dxdy=\frac{1}{2}\operatorname{Im}\int\limits_{\gamma_k}\overline{f(\zeta)}f'(\zeta)d\zeta,$$

и, следовательно, равную

$$S_k=\pi\sum_{n=-\infty}^{\infty}n|c_n|^2 r_k'^{c_n}.$$

Поэтому

$$\frac{S_2}{S_1}-\frac{\pi r_2'^2}{\pi r_1'^2}=\frac{\pi r_1'^2 r_2'^2 Q}{\pi r'^2 S_1},$$

где $Q=\sum\limits_{n=-\infty}^{\infty}n|c_n|\left(r_2'^{2n-2}-r_1'^{2n-2}\right)>0$ для всех целых n, за исключением $n=0$ и $n=1$. Отсюда, переходя к пределу при $r_1'\to r_1$, $r_2'\to R_1$, получаем $\dfrac{S_2}{S_1}\geq\dfrac{\pi R_1^2}{\pi r_1^2}$.

Но $S_2\geq\pi R^2$, $S_1\leq\pi r^2$, и значит, $R/r\geq R_1/r_1$. Знак равенства реализуется только в случае, если $z=c_0z+c_1$. ◁

Пример. Круговое кольцо $\{z\in\mathbb{C}:r_1<|z|<r_2\}$, $1<r_1<r_2<\infty$, функцией $w=\dfrac{1}{2}\left(z+\dfrac{1}{z}\right)$, $w=u+iv$, однолистно и конформно отображается на область D, ограниченную эллипсами

$$\frac{u^2}{a_k^2}+\frac{v^2}{b_k^2}=1,\ a_k=r_k+\frac{1}{r_k},\ b_k=r_k-\frac{1}{r_k},\ (k=1,2).$$

Модуль области D равен r_2/r_1. При $r_1 = 1$ внутренней граничной компонентой области D является отрезок действительной оси с концами $w_1 = -1$, $w_2 = 1$. ◁

З а д а ч и

1. Представить в параметрической форме соответствие границ единичных кругов при отображении единичного круга на себя $w = e^{i\alpha}\dfrac{z - z_0}{1 - \overline{z}_0 z}$.

2. Найти формулу для точки z^*, симметричной точке z относительно следующих кривых: а) $\Gamma = \left\{ z \in \mathbb{C} : \left| z + \dfrac{1}{2z} \right| = 2 \right\}$, б) $\Gamma = \left\{ z \in \mathbb{C} : \left| z^2 + 1 \right| = \dfrac{1}{2} \right\}$.

3. Пусть функция $w = w(z)$ реализует однолистное и конформное преобразование области

$$G = \left\{ z \in \mathbb{C} : \frac{x^2}{a^2} + \frac{y^2}{b^2} < 1 \right\};\ z = x + iy,\ 0 < b < a,$$

на полуплоскость $\Pi^+ = \{ w \in \mathbb{C} : \operatorname{Im} z > 0 \}$ Доказать, что функцию $w(z)$ можно аналитически продолжить на область

$$G_1 = \left\{ z \in \mathbb{C} : \frac{x^2}{a_1^2} + \frac{y^2}{b_1^2} < 1 \right\};\ a_1 = \frac{a^2 + b^2}{\sqrt{a^2 - b^2}},\ b_1 = \frac{2ab}{\sqrt{a^2 - b^2}}.$$

4. Конформно отобразить полукруг $E^+ = \{ z \in \mathbb{C} : |z| < 1, \operatorname{Im} z > 0 \}$ на E_w^+ так, чтобы точкам $z_1 = 0, z_2 = 1, z_3 = i$ соответствовали точки $w_1 = 1, w_2 = i, w_3 = 1$.

5. Пусть функция $f(z)$ голоморфна в полосе $D = \{ z \in \mathbb{C} : 0 < \operatorname{Im} z < 1 \}$, непрерывна в $\overline{D}$ и $\operatorname{Re} z = f(z) = 0$ при $\operatorname{Im} z = 0$, $\operatorname{Im} f(z) = 0$ при $\operatorname{Im} z = 1$. Доказать, что функцию $f(z)$ можно аналитически продолжить на плоскость $\mathbb{C}$.

6. Пусть функция $f(z)$ голоморфна в полукольце

$$K^+(0; r, R) = \{ z \in \mathbb{C} : r < |z| < R, \operatorname{Im} z > 0 \},\ 0 < r < R < \infty,$$

непрерывна в его замыкании и принимает действительные значения на отрезках $[-R, -r]$, $[r, R]$. Доказать, что функцию $f(z)$ можно аналитически продолжить в кольцо $K(0; r, R) = \{ z \in \mathbb{C} : r < |z| < R \}$.

7. Доказать, что функция $w = \displaystyle\int_0^z \frac{d\zeta}{(1 - \zeta)^{2/n}}$ реализует однолистное конформное отображение круга $E = \{ z \in \mathbb{C} : |z| < 1 \}$ на правильный n-угольник.

8. Найти образ полуплоскости $\Pi^+ = \{ z \in \mathbb{C} : \operatorname{Im} z > 0 \}$ при отображении

а) $w(z) = \sqrt[3]{z(1 - z^2)}$; б) $w(z) = \displaystyle\int_1^z \frac{d\zeta}{\zeta^{1-\alpha}(\zeta - 1)^{\alpha}},\ 0 < \alpha < 1$.

Глава III

ПРОСТЕЙШИЕ КОНФОРМНЫЕ ОТОБРАЖЕНИЯ

В этой главе будет продолжено начатое ранее для линейных и дробно-линейных отображений исследование геометрических свойств других простейших отображений и их суперпозиций. Введенное в предыдущей главе понятие конформного отображения в сочетании с заданием вида отображения конкретными формулами применяется к установлению пар конформно эквивалентных областей и отслеживанию соответствия их границ. С использованием принципа симметрии рассматриваются отображения полуплоскости (круга) на области, ограниченные кривыми второго порядка.

§ 1. Функция $w = z^n$, $n \in \mathbb{N} \setminus \{1\}$

1.1. Образ сети полярных координат. Рассмотрим в z-плоскости, $z = re^{i\varphi}$, $0 \le r < \infty$, $0 \le \varphi < 2\pi$, семейство лучей, выходящих из точки $z = 0$, и семейство концентрических окружностей с центром в этой же точке. Параметрические уравнения этих семейств будут иметь соответственно вид

$$z = e^{i\alpha} t,\ t \ge 0, 0 \le \alpha \le 2\pi;\ z = \rho e^{i\varphi},\ 0 \le \varphi < 2\pi, 0 < \rho < \infty,$$

а после отображения посредством функции $w = z^n$, им будут соответствовать уравнения $w = e^{in\alpha} t^n$, $t \ge 0$; $w = \rho^n e^{in\varphi}$, $0 \le \varphi < 2\pi$, из которых следуют равенства $|w| = \rho^n$, $\arg w = n\varphi$. Значит, окружность $\{z \in \mathbb{C} : |z| = \rho\}$ переходит в окружность $\{w \in \mathbb{C} : |w| = \rho^n\}$, а луч $l_\varphi = \{z \in \mathbb{C} : \arg z = \varphi\}$ переходит в луч $L_{n\varphi} = \{w \in \mathbb{C} : \arg w = n\varphi\}$. Таким образом, сеть полярных координат в z-плоскости степенной функцией $w = z^n$ переводится в сеть полярных координат в w-плоскости.

1.2. Риманова поверхность. Угол $b_\varphi = \{z \in \mathbb{C} : 0 < \arg z < \varphi\}$, $0 < \varphi < 2\pi/n$, функцией $w = z^n$ взаимно однозначно и конформно отображается на угол $B_{n\varphi} = \{w \in \mathbb{C} : 0 < \arg w < n\varphi\}$ с раствором в n раз большим, чем раствор угла b_φ. Угол $B_{2\pi}$ совпадает со всей плоскостью, разрезанной по положительной части действительной оси. При увеличении угла φ отображение перестает быть взаимно однозначным, поскольку точкам $z = re^{i\varphi}$ и $z = re^{i(\varphi + 2\pi/n)}$ соответствует одна и та же точка $w = r^n e^{in\varphi}$. Для наглядного представления результатов отображения углов большого раствора рассмотрим поверхность, образованную лучом $L_{n\varphi}$ при его вращении вокруг точки $w = 0$ против хода часовой стрелки. При росте φ от 0 до $2\pi/n$ луч образует w-плоскость. Будем считать, что при $\varphi = 2\pi/n$ луч слегка приподнимается и продолжает вращение, образовывая лежащий над w-плоскостью второй экземпляр плоскости, соответствующий росту φ от $2\pi/n$ до $4\pi/n$. Когда φ пройдет промежуток от 0 до 2π, луч пройдет над w-плоскостью ровно n раз. Отображение угла $b_{2\pi}$ на соответствующую поверхность будет взаимно однозначным, если при отображении всей

z-плоскости на эту поверхность соединим образы лучей $l_{2\pi}$ и l_0. Такое соединение в трехмерном пространстве, не пересекая поверхности, сделать нельзя, но это можно сделать мысленно.

Построенная поверхность, состоящая из n листов, называется *римановой поверхностью* функции $z=\sqrt[n]{w}$. На этой поверхности функция $z=\sqrt[n]{w}$, обратная к функции $w=z^n$ однозначна. Точки $w=0$ и $w=\infty$ являются точками ветвления римановой поверхности. В них отображение $w=z^n$ не сохраняет углы. В точке $w=1$ функция $z=\sqrt[n]{w}$ принимает n различных значений: $e_k=e^{2k\pi i/n}$, $k=0,...,n-1$. Обычно, принимая одно из них, пусть $e_0=1$, за начальную точку, продолжают $\sqrt[n]{w}$ как голоморфную функцию по любой гладкой кривой, начинающейся в точке e_0, не проходящей через нуль и оканчивающейся в

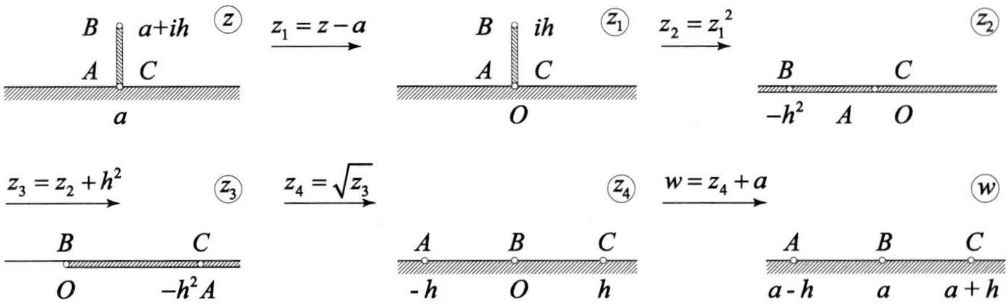

Рис. 10.

точке z.

Пример. Найдем функцию $w=f(z)$, осуществляющую конформное отображение верхней полуплоскости $\Pi^+=\{z\in\mathbb{C}:\operatorname{Im}z>0\}$ с исключенным отрезком от точки a до точки $a+ih$, $-\infty<a<\infty$, $h>0$, на верхнюю полуплоскость, причем так, чтобы точка $z=a+ih$ перешла в точку $w=a$ (рис. 10). С этой целью сначала сдвинем полуплоскость Π^+ на отрезок a: $z_1=z-a$ и затем применим отображение $z_2=z_1^2$. Получим плоскость с выброшенным лучом $\{z_2\in\mathbb{C}:-h^2<\operatorname{Re}z_2<\infty,\operatorname{Im}z_2=0\}$. Сдвинем z_2-плоскость на величину h^2 вправо: $z_3=z_2+h^2$. Отображение $z_4=\sqrt{z_3}$, $\sqrt{1}=1$, переводит z_3-плоскость с разрезом по положительной части действительной оси в верхнюю полуплоскость z_4-плоскости. Полученное отображение $z_4=\sqrt{(z-a)^2+h^2}$ переводит заданную область в верхнюю полуплоскость. Сдвигом полуплоскости на a получаем искомую функцию $w=\sqrt{(z-a)^2+h^2}+a$. $\triangleleft$

Отметим, что согласно принципу симметрии функция $f(z)=\sqrt{(z-a)^2+h^2}+a$

однолистно и конформно отображает плоскость с прямолинейным разрезом от точки $a-ih$ до точки $a+ih$ на плоскость с прямолинейным разрезом вдоль действительной оси от точки $a-h$ до точки $a+h$.

Пример. Найдем функцию $w=f(z)$, осуществляющую конформное отображение

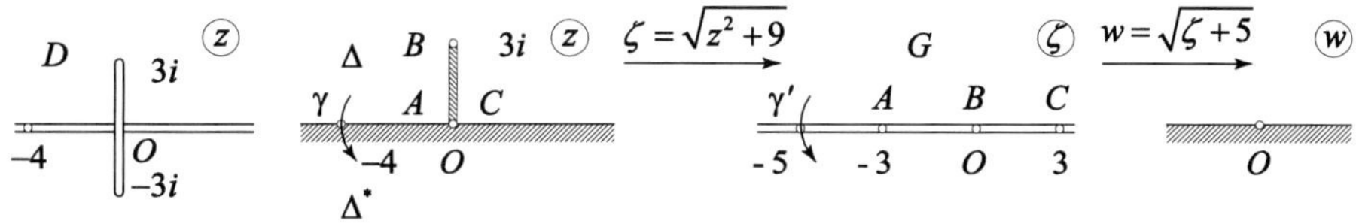

Рис. 11.

области *D*, представляющую собой плоскость $\mathbb{C}$ с исключенным лучом $L=\{z\in\mathbb{C}:\operatorname{Re}z\geq -4,\operatorname{Im}z=0\}$ и отрезком $T=\{z\in\mathbb{C}:\operatorname{Re}z=0,-3\leq\operatorname{Im}z\leq 3\}$ на верхнюю полуплоскость $\Pi_w^+=\{w\in\mathbb{C}:\operatorname{Im}w>0\}$ (рис. 11).

Функция $\zeta=\sqrt{z^2+9}$ осуществляет однолистное конформное отображение области Δ, представляющей собой полуплоскость Π_z^+ с прямолинейным разрезом от точки $z=0$ до точки $z=3i$, на верхнюю полуплоскость Π_ζ^+. При этом отображении интервал $\gamma=(-\infty,-4)$ действительной оси *z*-плоскости переходит в интервал $\gamma'=(-\infty,-5)$ действительной оси ζ-плоскости. В силу принципа симметрии функция $\zeta=F(z)=\sqrt{z^2+9}$ однолистно и конформно отображает область $D=\Delta\cup\gamma\cup\Delta^*$ на область $G=G_0\cup\gamma'\cup G_0^*$, где область $G_0=F(\Delta)$ и область G – ζ-плоскость с исключенным интервалом $(-5,+\infty)$ действительной оси ζ-плоскости. Отображая область G_0 функцией $w=\sqrt{\zeta+5}$ на Π_w^+, приходим к функции $w=\sqrt{5+\sqrt{z^2+9}}$, реализующей конформное отображение области *D* на полуплоскость Π_w^+. $\triangleleft$

§ 2. Функция Жуковского $w=J(z)$

2.1. Риманова поверхность для $z=J^{-1}(w)$. Функция Жуковского $w=J(z)=\dfrac{1}{2}\left(z+\dfrac{1}{z}\right)$ и обратная функция $z=w+\sqrt{w^2-1}$ устанавливают взаимно однозначное соответствие между *z*-плоскостью и римановой поверхностью, состоящей из лежащих одна над другой *w*-плоскостей, соединенных краями разреза по действительной оси от точки $w=-1$ до точки $w=1$, так, что верхний (нижний) край одной плоскости соединен с нижним (верхним) краем другой плоскости. Точка *w* при движении по замкнутой жордановой кривой, во внутренности которой остается отрезок $[-1,1]$, возвращается в исходную точку на том же листе, на котором она была в начале движения, и значение функции $z = z(w)$ после обхода такой кривой совпадает со значением функции в начальной точке движения по кривой. Результат будет иным, если при своем движении точка w перейдет через отрезок $[-1,1]$. Тогда она окажется на другом листе поверхности, а значение функции $z = z(w)$ изменится. Если в начальной точке оно было равно z, то для того же w, но по окончанию указанного перемещения точки w, оно станет равным $1/z$.

В ч. 1, гл. III, n^0 2.3 отмечалось, что любая область на z-плоскости, не содержащая вместе с точкой z точку $1/z$, является областью однолистности функции Жуковского. Примерами областей однолистности для функции Жуковского являются: единичный круг $E = \{z \in \mathbb{C} : |z| < 1\}$, его внешность $\{z \in \mathbb{C} : |z| > 1\}$, верхняя полуплоскость $\Pi^+ = \{z \in \mathbb{C} : \operatorname{Im} z > 0\}$, нижняя полуплоскость $\Pi^- = \{z \in \mathbb{C} : \operatorname{Im} z < 0\}$.

2.2. Образы кривых. Рассмотрим преобразования некоторых семейств кривых при их отображении функцией $w = J(z)$, $w = u + iv$. Образом окружности $\{z \in \mathbb{C} : |z| < r\}$, $0 < r < \infty$, представленной параметрическим уравнением

$$z = r(\cos t + i \sin t),\ 0 \le t \le 2\pi$$

(то есть траекторией) и проходимой точкой z в направлении против хода часовой стрелки при росте t от 0 до 2π, является кривая (траектория), представленная параметрическим уравнением (рис. 12)

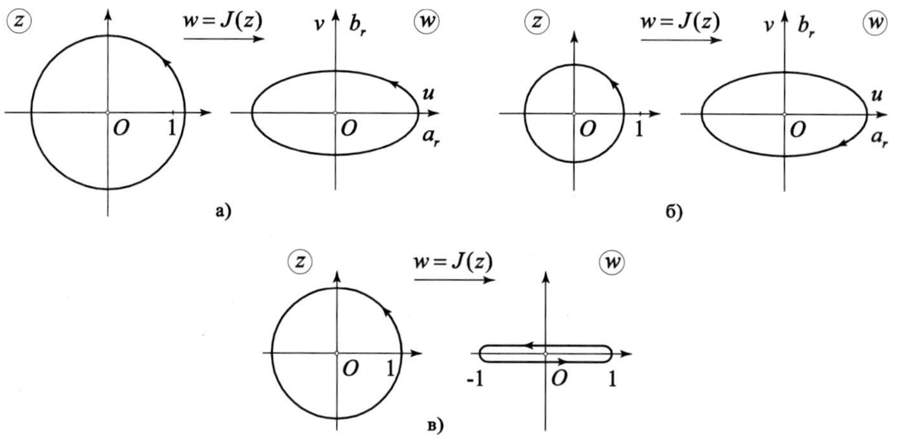

Рис. 12.

$$w = \frac{1}{2}\left[r(\cos t + i \sin t) + \frac{1}{r}(\cos t - i \sin t)\right],\ 0 \le t \le 2\pi.$$

Полагая

$$a_r=\frac{1}{2}\left(r+\frac{1}{r}\right),\ b_r=\frac{1}{2}\left(r-\frac{1}{r}\right),$$

после отделения в уравнении действительной и мнимой частей, получим

$$u=a_r\cos t\,,\ v=b_r\sin t\,,\ 0\le t<2\pi\,.$$

На декартовой плоскости Ouv этим уравнениям при $r>1$ $(b_r>1)$ соответствует эллипс

$$\frac{u^2}{a_r^2}+\frac{v^2}{b_r^2}=1,$$

проходимый точкой (u,v) в направлении против хода часовой стрелки, а при $0<r<1$ $(b_r<0)$ – тот же эллипс, но с противоположным направлением обхода. Если $r=1$, то траектория $z=\cos t+i\sin t$, $0\le t\le 2\pi$, переходит в траекторию $\{[0,2\pi],\cos t,\mathbb{C}\}$. Она состоит из отрезка действительной оси от точки $w=1$ (здесь $0\le t\le\pi$) и из этого же отрезка, но с противоположным направлением $(\pi\le t\le 2\pi)$.

Образом луча $\{z\in\mathbb{C}:|z|\ge 0,\arg z=\alpha\}$, $0\le\alpha\le 2\pi$, представленного параметрическим уравнением (рис. 13)

$$z=t(\cos\alpha+i\sin\alpha),\ 0\le t<\infty,$$

(то есть траектории), проходимой точкой z от нуля до бесконечности, является кривая (траектория), представленная параметрическим уравнением

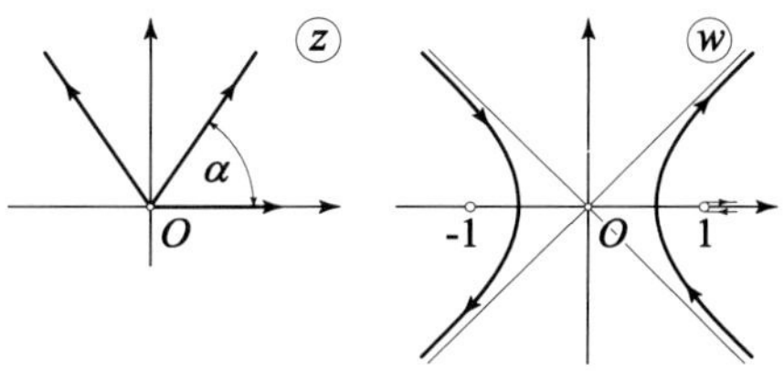

Рис. 13.

$$w=\frac{1}{2}\left(t+\frac{1}{t}\right)\cos\alpha+\frac{i}{2}\left(t-\frac{1}{t}\right)\sin\alpha\,,\ 0\le t<\infty\,.$$

При $\alpha=0$ траектория состоит из проходимого дважды луча $[1,\infty)$, лежащего на действительной оси. При t, растущем от 0 до 1, точка w движется от ∞ к 1, а при t, растущем от 1 до ∞, точка w движется от 1 к ∞ (рис. 14).

При $\alpha\in(0,\pi/2)$

$$\frac{u}{\cos\alpha}=\frac{1}{2}\left(t+\frac{1}{t}\right),\ \frac{v}{\sin\alpha}=\frac{1}{2}\left(t-\frac{1}{t}\right),$$

$$0\le t\le\infty,$$

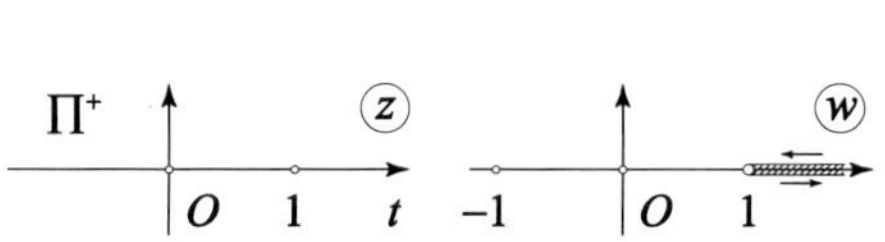

Рис. 14.

и поэтому

$$\frac{u^2}{\cos^2\alpha}-\frac{v^2}{\sin^2\alpha}=1\,.$$

Значит, траектория представляет правую ветвь гиперболы с фокусами в точках $w=-1$, $w=1$ и асимптотами $v=\pm u\,\mathrm{tg}\,\alpha$, проходимую снизу вверх (то есть $v(t)$ растет с ростом t).

Лучи, для которых $\alpha\in(\pi/2,\pi)$, преобразуются в левую часть этой же гиперболы, проходимую также снизу вверх.

Случай $\pi < \infty \le 2\pi$ сводится к рассмотренному заменой α на $2\pi - \alpha$.

Каждый эллипс пересекается с любой гиперболой под прямым углом. Значит, ортогональная сетка из концентрических окружностей с центром в нуле и лучей, выходящих из этой же точки, функцией Жуковского преобразуется в ортогональную сетку из эллипсов и гипербол с фокусами в точках $w = 1$, $w = -1$.

2.3. Отображение областей. Функция Жуковского неоднолистна в областях, содержащих вместе с точкой *z* еще и точку $1/z$.

Рассмотрим несколько простейших примеров отображений, реализуемых функцией Жуковского. Будем пользоваться теоремой о соответствии границ при конформных отображениях областей. Верхняя полуплоскость $\Pi^+ = \{z \in \mathbb{C} : \operatorname{Im} z > 0\}$ отображением $w = J(z) = \dfrac{1}{2}\left(z + \dfrac{1}{z}\right)$ переводится в *w*-плоскость с двумя разрезами по лучам, лежащим на действительной оси вне интервала $(-1,1)$

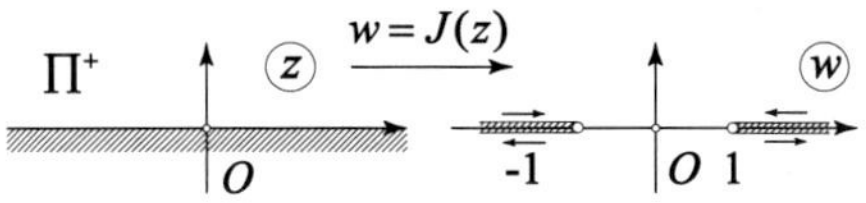

Рис. 15.

(рис.15). Действительно, траектория $\{(-\infty,-1],t,\mathbb{C}\}$ отображается на траекторию $\left\{(-\infty,-1],\dfrac{1}{2}\left(t+\dfrac{1}{t}\right),\mathbb{C}\right\}$, представляющую собой часть действительной прямой от точки $-\infty$ до точки -1. Траектория $\{[-1,0],t,\mathbb{C}\}$ соответствует этот же луч, но проходимый от точки -1 до точки $-\infty$. Аналогичные рассмотрения показывают, что траекториям $\{[0,1],t,\mathbb{C}\}$, $\{[1,\infty],t,\mathbb{C}\}$ соответствуют при отображении $w = J(z)$ два совпадающих луча, лежащих на действительной оси *w*-плоскости, начинающихся в точке 1.

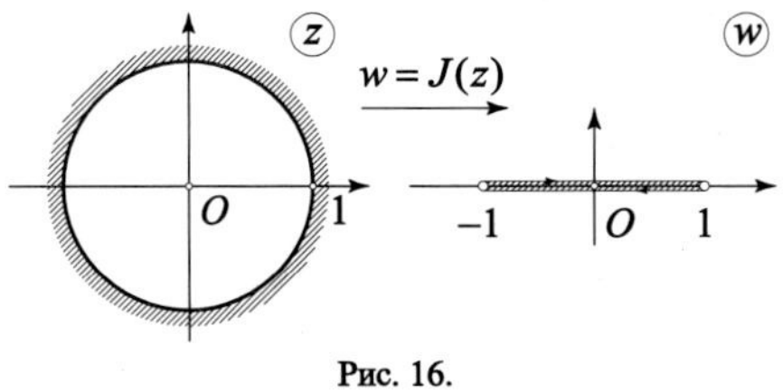

Рис. 16.

Единичный круг $E = \{z \in \mathbb{C} : |z| < 1\}$ с границей, представленной траекторией $\{[0,2\pi],e^{it},\mathbb{C}\}$, отображением $w = \dfrac{1}{2}\left(z + \dfrac{1}{z}\right)$ переводится в *w*-плоскость, из которой исключен отрезок действительной оси от точки -1 до точки 1 (рис. 16). Действительно, траекториям $\{[0,\pi],e^{it},\mathbb{C}\}$, $\{[\pi,2\pi],e^{it},\mathbb{C}\}$ соответствуют траектории $\{(0,\pi),\cos t,\mathbb{C}\}$, $\{[\pi,2\pi],\cos t,\mathbb{C}\}$, представляющие первая – отрезок от 1 до -1, а вторая – тот же отрезок, но проходимый в противоположном направлении.

Пример. Функция $k(z)=\dfrac{1}{2J(z)-2}$ реализует однолистное конформное отображение круга E на w-плоскость, разрезанную вдоль отрицательной части действительной оси от точки $w=-\dfrac{1}{4}$ до бесконечности. Разложение функции $k(z)$ в ряд по степеням z дается формулой

$k(z)=z+2z^2+3z^3+...=z+\sum\limits_{k=2}^{\infty}kz^k$. ◁

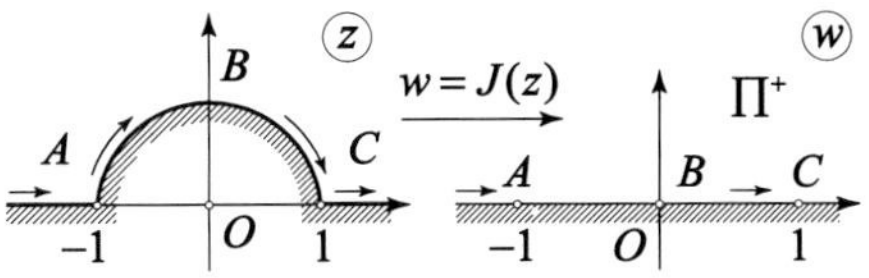

Рис. 17.

Область $D=\{z\in\mathbb{C}:|z|>1,\operatorname{Im}z>0\}$ отображением $w=\dfrac{1}{2}\left(z+\dfrac{1}{z}\right)$ переводится в верхнюю полуплоскость $\Pi^+=\{w\in\mathbb{C}:\operatorname{Im}w>0\}$ (рис. 17). Действительно, траектория $\{[-\infty,-1],t,\mathbb{C}\}$ переводится в траекторию $\left\{[-\infty,-1],\dfrac{1}{2}\left(t+\dfrac{1}{t}\right),\mathbb{C}\right\}$, представляющую ориентированную полупрямую, идущую из $-\infty$ по действительной оси до -1. Траектория $\{[-\pi,\pi],e^{it},\mathbb{C}\}$ переходит в траекторию $\{[-\pi,\pi],\cos t,\mathbb{C}\}$, представляющую собой отрезок действительной оси от точки -1 до точки 1. Наконец, траектория $\{[1,\infty],t,\mathbb{C}\}$ переводится в траекторию, представляющую собой полупрямую, лежащую на действительной оси, начинающуюся в точке 1 и оканчивающуюся в бесконечности. Таким образом, ориентированной границе ∂D области D соответствует ориентированная граница $\partial\Pi$ верхней полуплоскости Π^+. Значит, $J(D)=\Pi^+$.

Пример. Область $D=\{z\in\mathbb{C}:|z|>1,\operatorname{Re}z>0\}$ функцией $w=\dfrac{i}{2}\left(z+\dfrac{1}{z}\right)$ преобразуется в верхнюю полуплоскость. ◁

Функция $z=w+\sqrt{w^2-1}$, обратная функции Жуковского $w=J(z)$, однозначна и голоморфна на каждом из составляющих её двух листов плоскости, соединенных известным образом по отрезкам $[-1,1]$ действительной оси. Над каждой точкой w, кроме точек разреза, имеются две голоморфные функции $\varphi_1(w),\varphi_2(w)$, связанные условием $\varphi_1(w)=1/\varphi_1(w)$.

Пример. Отображение w-плоскости с двумя разрезами по лучам $(-\infty,-1]$, $[1,+\infty)$, функцией $\varphi_1(w)=w+\sqrt{w^2-1}$, $\varphi_1(0)=i$, осуществляется на верхнюю полуплоскость $\Pi^+=\{z\in\mathbb{C}:\operatorname{Im}z>0\}$, а функцией $\varphi_2(w)=\dfrac{1}{w+\sqrt{w^2-1}}=w-\sqrt{w^2-1}$, $\varphi_2(0)=-i$, – на нижнюю полуплоскость $\Pi^-=\{z\in\mathbb{C}:\operatorname{Im}z<0\}$. ◁

§ 3.Показательная и логарифмическая функции

3.1. Интегральное представление логарифма. Функция $w = e^z$ и обратная функция $z = \ln w$ устанавливают взаимно однозначное соответствие между z-плоскостью с исключенным нулем и римановой поверхностью логарифма над w-плоскостью. Эта поверхность состоит из бесконечного числа экземпляров w-плоскости, соединенных друг с другом подобно тому, как соединены листы римановой поверхности для корня $z = \sqrt[n]{w}$, $n \in \mathbb{N}$, если не рассматривать соединение верхнего листа поверхности с нижним. На своей поверхности $\ln w$ является однозначной функцией, продолжаемой по любой кривой, не проходящей через точки $w = 0$. $w = \infty$. Обе точки являются точками ветвления римановой поверхности логарифма. Их называют *логарифмическими* точками ветвления. Если при определённом конечном числе обходов алгебраической точки ветвления, например, точки $w = 0$ для функции $z = \sqrt[n]{w}$, значение функции возвращает к исходному значению, то при обходе в одном направлении точки $w = 0$ по римановой поверхности логарифма значение функции $z = \ln w$ не возвращается к начальному значению. Можно считать риманову поверхность логарифма одной из самых простых.

3.2. Отображение $w = e^z$. Показательная функция $w = e^z$ переводит прямую $\{z \in \mathbb{C} : \operatorname{Im} z = b\}$, $0 \le b < 2\pi$, в луч $\{w \in \mathbb{C} : 0 < |w| < \infty, \arg w = b\}$, а горизонтальную полосу $\{z \in \mathbb{C} : 2k\pi < \operatorname{Im} z < 2(k+1)\pi\}$, $k \in \mathbb{Z}$, шириной 2π в w-плоскость с разрезом по положительной части действительной оси (рис. 18). Каждый отрезок $\{z \in \mathbb{C} : \operatorname{Re} z = 0, 2k\pi < \operatorname{Im} z < 2(k+1)\pi\}$ длиной 2π, лежащий на вертикальной прямой, преобразуется функцией $w = e^z$ в окружность, а вся прямая – в бесконечное множество наложенных друг на друга окружностей. Ортогональная декартова сеть z-плоскости преобразуется в сеть полярных координат.

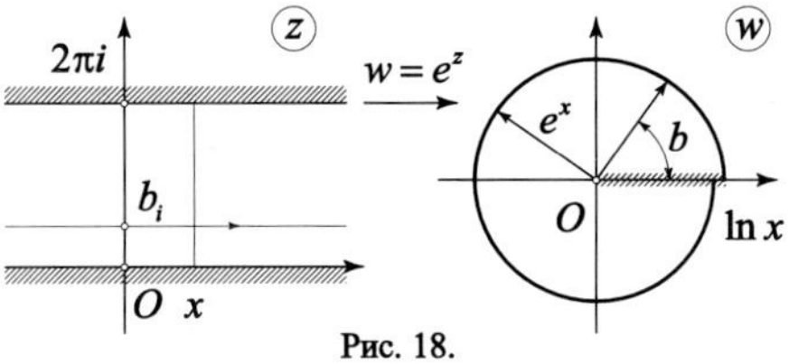

Рис. 18.

Прямая с уравнением $z = tz_0$, $-\infty < t < \infty$, проходящая через точки $z = 0$, $z_0 = x_0 + iy_0$, преобразуется функцией $w = e^z$, $w = \rho e^{i\psi}$, в логарифмическую спираль с уравнением $\rho = e^{tx_0}$, $\psi = ty_0$, то есть в кривую с уравнением $\rho = e^{\frac{x_0}{y_0}\psi}$, $-\infty < \psi < \infty$. Декартова координатная сеть, повернутая по отношению к действительной оси w-плоскости, преобразуется в сетку логарифмических спиралей.

Пример. Отобразим однолистно и конформно полосу $K = \{z \in \mathbb{C} : 0 < \operatorname{Im} z < \pi\}$ на единичный круг $E = \{w \in \mathbb{C} : |w| < 1\}$. Функция $z_1 = e^z$ отображает область K на верхнюю полуплоскость $\Pi^+ = \{z_1 \in \mathbb{C} : \operatorname{Im} z_1 > 0\}$. Функция $w = e^{i\alpha}\dfrac{z_1 - a}{z_1 + \overline{a}}, a \in \Pi^+, 0 \le \alpha < 2\pi$, реализует конформное отображение полуплоскости Π^+ на круг E. Композиция функций $w(z)=e^{i\alpha}\dfrac{e^z-a}{e^z-\overline{a}}$ конформно отображает K на E.

§ 4. Степенная функция с произвольным показателем

4.1. Связь римановых поверхностей. Согласно определению (ч.I, гл.III, § 4) степенная функция $w=z^{\mu}$ с действительным или комплексным показателем μ вводится равенством $w=e^{\mu\ln z}$, где $\ln z=\int\limits_1^z\dfrac{dt}{t}$, показывающим, что она является однозначной функцией логарифма. Её можно представить в параметрическом виде (униформизировать) с помощью однозначных функций $z=e^t$, $w=e^{\mu t}$, а также предварительно прологарифмировав, в виде $\ln w=\mu\ln z$. Положив $\ln w=t$, $\ln z=\tau$, получаем линейную связь $t=\mu\tau$ между римановой поверхностью логарифма над плоскостью w и римановой поверхностью логарифма над плоскостью z.

4.2. Степенная функция с действительным показателем. Сначала остановимся на наиболее часто используемых отображениях $w=z^{\mu}$ с действительным показателем μ_1. Полагая $z=re^{i\varphi}$, $w=\rho e^{i\theta}$, получаем из равенства $\rho e^{i\theta}=\left(re^{i\varphi}\right)^{\mu}$ формулы $\rho=r^{\mu}$, $\theta=\mu\varphi$, показывающие, что угловая область с вершиной в точке $z=0$ переходит в угловую w-область плоскости с углом, отличающимся от исходного в $|\mu|$ раз. Отображение не конформно в точке $z=0$, соответственно $w=0$, так как углы умножаются на μ.

Если показатель $\mu=\dfrac{p}{q}$ – положительное рациональное число, отличное от целого числа, то для установления взаимно однозначного соответствия не обязательно использовать полную риманову поверхность логарифмической функции. Легко видеть, что при увеличении угла φ на $2\pi q$ угол θ увеличивается на $2\pi p$. Это означает, что q полным оборотам вокруг точки $z=0$ соответствует p оборотов вокруг точки $w=0$ и что точки возвращаются к исходным точкам как в z-плоскости, так и в w-плоскости. Поэтому, соединив

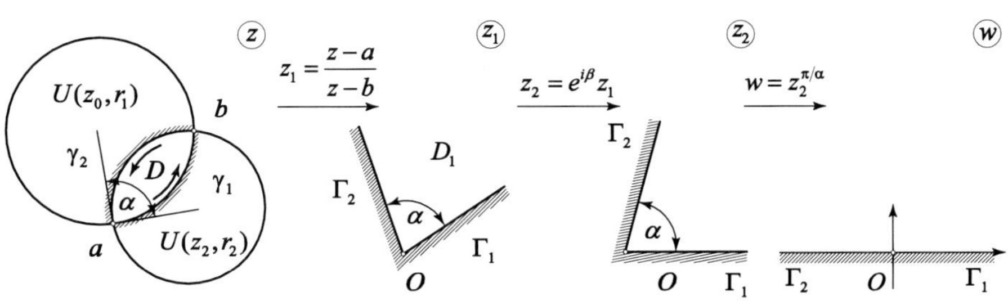

Рис. 19.

q-й лист над z-плоскостью с первым и p-й лист над w-плоскостью с первым (при этом приходится пересекать остальные листы), приходим к взаимно однозначному отображению q-листной поверхности над z-плоскостью на риманову поверхность над w-плоскостью. При $q=1$ функция $w=z^p$ при натуральном p, $p>1$, отображает z-плоскость на p-листную поверхность указанного типа.

Пример. Пусть $U(z_0,r_1),U(z_2,r_2)$ – два пересекающихся круга в z-плоскости и D – их общая часть. Очевидно, D – круговой двуугольник (луночка) с вершинами пусть в точках $z=a, z=b$ (рис. 19). Ориентированная граница ∂D области D состоит из круговой дуги γ_1, начинающейся в точке a и оканчивающейся в точке b и проходимой так, что область D остается слева, и круговой дуги γ_2, соединяющей точку b сточкой a. Обозначим через α угол области D в точке a.

Отобразим однолистно и конформно область D на верхнюю полуплоскость w-плоскости.

Применим дробно-линейное отображение $z_1=\varphi(z)=\dfrac{z-a}{z-b}$, переводящее область D в угловую область D_1, ограниченную двумя выходящими из точки $z_1=0$ лучами $\Gamma_1=\varphi_1(\gamma_1),\Gamma_2=\varphi_2(\gamma_2)$. Угол между ними в силу конформности отображения равен α. Поворотом $z_2=e^{i\beta}z_1$ вокруг точки $z_1=0$ на соответствующий угол β добьемся того, чтобы сторона Γ_1 перешла в положительную часть действительной оси z_2-плоскости. Теперь остается применить преобразование $w=z_2^{\pi/\alpha}$, разворачивающее угол в верхнюю полуплоскость. Таким образом, область D в верхнюю полуплоскость отображением

$$w=\left(e^{i\beta}\frac{z-a}{z-b}\right)^{\frac{\pi}{\alpha}}. \lhd$$

4.3. Степенная функция с комплексным показателем. В этом случае геометрическая картина отображения существенно отличается от той, которая получается при действительном показателе. Рассмотрим для примера отображение $w=z^i$. Полагаем, что $z=re^{i\varphi}$, $w=\rho e^{i\theta}$. Тогда $\rho=e^{-\varphi+2k\pi}$, $k\in\mathbb{Z}$, $\theta=\ln r$. Лучи $\{z\in\mathbb{C}:\arg z=\varphi\}$, $0\le\varphi<2\pi$, переходят при отображении $w=z^i$ в окружности $\{w\in\mathbb{C}:|w|=e^{-\varphi}\}$ (покрываемые бесконечное число раз) , а окружности $\{z\in\mathbb{C}:|z|=r\}$ – в лучи $\{w\in\mathbb{C}:\arg w=\ln r\}$. В частности, лучи $\{z\in\mathbb{C}:\arg z=0\}$, $\{z\in\mathbb{C}:\arg z=\pi\}$, образующие границу полуплоскости $\Pi^+=\{z\in\mathbb{C}:\operatorname{Im} z>0\}$, переходят в окружности $\{w\in\mathbb{C}:|w|=1\}$, $\{w\in\mathbb{C}:|w|=e^{-\pi}\}$. Нетрудно видеть, что образом полуплоскости Π^+ при отображении $w=z^i$ будет круговое кольцо $\{w\in\mathbb{C}:e^{-\pi}<|w|<1\}$. Это отображение не является однолистным. Оно взаимно однозначно отображает область Π^+ на часть римановой поверхности логарифма, расположенной над кольцом $K(0;e^{-\pi},1)$.

Аналогично можно исследовать отображение $w = z^{\mu}$, где $\mu = \mu_1 + i\mu_2$. Читатель самостоятельно может убедиться в том, что образами лучей и окружностей будут два семейства логарифмических спиралей.

§ 5. Тригонометрические функции

5.1. Косинус и арккосинус. В ч.I, гл. III, § 6 было отмечено, что функцию $\cos z$ можно рассматривать как композицию, составленную из функции Жуковского, показательной функции и линейной функции

$$w = \cos z = J(u) = \frac{1}{2}\left(u + \frac{1}{u}\right),\ u = e^{\zeta},\ \zeta = iz.$$

Сначала декартова сетка z-плоскости преобразуется в декартову сетку ζ-плоскости поворотом на угол $\pi/2$, затем декартова сетка ζ-плоскости преобразуется в полярную сетку u-плоскости. Отображение $w = \frac{1}{2}\left(u + \frac{1}{u}\right)$ переводит полярную сетку u-плоскости в эллиптическую сетку w-плоскости; окружности переходят в эллипсы (единичная окружность – в прямолинейный разрез от точки $w = -1$ до точки $w = 1$), а прямые, проходящие через начало – в гиперболы.

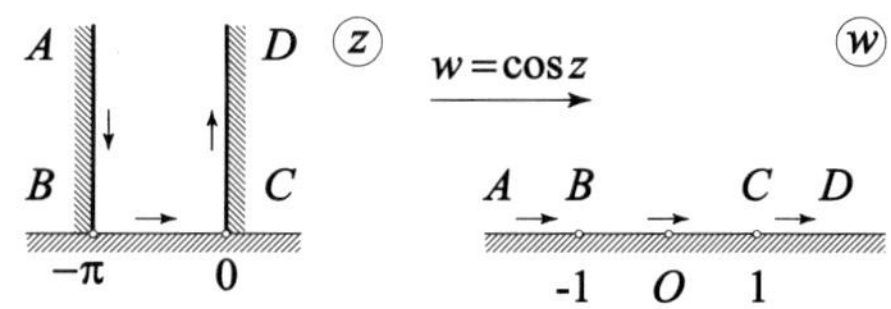

Рис. 20.

Покажем, что функция $w = \cos z$ отображает полуполосу (рис. 20)

$$D = \{z \in \mathbb{C} : -\pi < \operatorname{Re} z < 0, \operatorname{Im} z > 0\}$$

на верхнюю полуплоскость

$$\Pi_w^+ = \{w \in \mathbb{C} : \operatorname{Im} z > 0\}.$$

Отображение $\zeta = iz$ поворачивает область D вокруг начала на прямой угол, а функция $u = e^{-\zeta}$ переводит полученную полуполосу на полукруг

$$K = \{u \in \mathbb{C} : |u| < 1, \operatorname{Im} u < 0\}.$$

Наконец, функция $w = J(u)$ отображает K на Π_w^+.

Учитывая соотношения

$$\sin z = \cos(\pi/2 - z),\ \operatorname{ch} z = \cos iz,$$

$$\operatorname{sh} z = -i \sin iz$$

и с помощью переносов и поворотов позволяют легко получить результаты, аналогичные установленному для $\cos z$. В частности, полуполоса (рис. 21)

$$D = \left\{z \in \mathbb{C} : |\operatorname{Re} z| < \frac{\pi}{2}, \operatorname{Im} z > 0\right\}$$

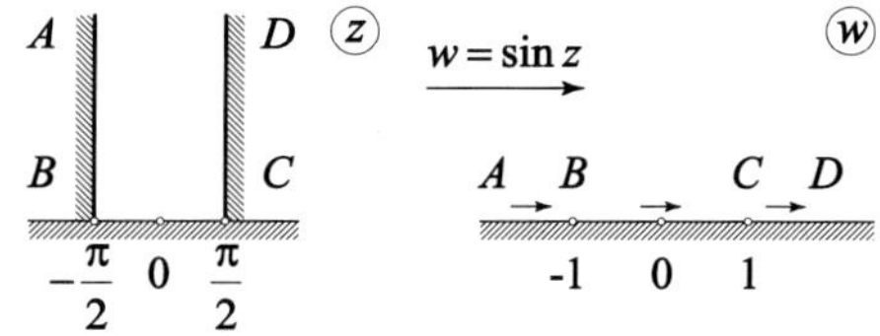

Рис. 21.

функцией $w = \sin z$ отображается на Π_w^+.

Поскольку $\cos(z+2\pi) = -\cos(z+\pi) = \cos z$, то каждая из полуплоскостей

$$D_k = \{z \in \mathbb{C} : (2k-1)\pi < \operatorname{Re} z < 2k\pi, \operatorname{Im} z > 0\},$$

$$D_k' = \{z \in \mathbb{C} : 2k\pi < \operatorname{Re} z < (2k-1)\pi, \operatorname{Im} z > 0\}, k \in \mathbb{Z},$$

функцией $w = \cos z$ отображается на верхнюю полуплоскость. Согласно принципу симметрии смежные полуполосы однолистно и конформно отображаются на нижнюю полуплоскость

$$\Pi_w^- = \{w \in \mathbb{C} : \operatorname{Im} w < 0\}.$$

Функция, обратная к косинусу, $z = \operatorname{Arccos} w$ не является однозначной. Характер многозначности определяется многозначностью логарифма и квадратного корня, поскольку $z = \arccos w = -i \operatorname{Ln}\left(w + \sqrt{w^2 - 1}\right)$.

Можно построить риманову поверхность этой функции и рассматривать на ней

$$\arccos w = \int_0^w \frac{d\omega}{\sqrt{\omega^2 - 1}}$$

как однозначную функцию, получаемую интегрированием по кривой, начинающейся в нуле и не проходящей через точки $\omega = \pm 1$.

5.2. Тангенс и арктангенс. Отображение

$$w = \operatorname{tg} z = i\frac{1 - e^{2iz}}{1 + e^{2iz}}$$

является результатом композиции следующих трех отображений:

$$\zeta = 2iz,\ u = e^{\zeta},\ w(u) = i\frac{1-u}{1+u}.$$

Первое из них поворачивает декартову сетку на угол $\pi/2$ вокруг начала координат против хода часовой стрелки и растягивает сетку в два раза. Затем преобразованием $u = e^{\zeta}$ она переводит всю ζ-плоскость на риманову поверхность логарифма, а полосу $\{t \in \mathbb{C} : \alpha < \operatorname{Im} t < \beta\}$ – на угол $\{u \in \mathbb{C} : \alpha < \arg u < \beta\}$. Наконец, дробно-линейное отображение $w = w(u)$ отображает $\overline{\mathbb{C}}$ на $\overline{\mathbb{C}}$, причем точка $u = 0$ переходит в точку $w = i$, а точка $u = \infty$ в точку $w = -i$. Таким образом, функция $w = \operatorname{tg} z$ взаимно однозначно отображает $\overline{\mathbb{C}}$ на риманову поверхность, аналогичную римановой поверхности логарифма, но имеющую логарифмические точки ветвления над точками $w = -i$ и $w = i$. Эта поверхность склеивается из бесконечного числа листов, каждый из которых представляет собой всю w-плоскость с прямолинейным разрезом от точки $w = i$ до точки $w = -i$. Она оказывается римановой поверхностью функции $z = \operatorname{arctg} w$.

На части z-плоскости отображение $w = \operatorname{tg} z$ может быть взаимно однозначным.

Например, полосу $\{z \in \mathbb{C} : |\operatorname{Re} z| < \pi/4\}$ (рис. 22) функция $\zeta = 2iz$ переводит в полосу $\{\zeta \in \mathbb{C} : |\operatorname{Im} \zeta| < \pi/2\}$. Этой полосе при отображении $u = e^{\zeta}$ соответствует полуплоскость

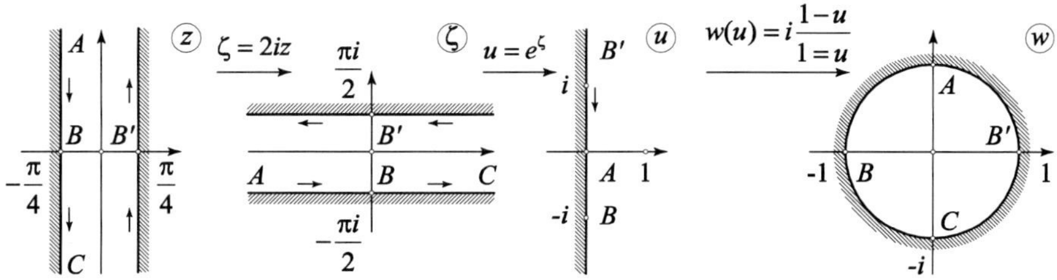

Рис. 22.

$\{u \in \mathbb{C} : \operatorname{Re} u < 0\}$. Функция $w = w(u)$ отображает эту полуплоскость на единичный круг $\{w \in \mathbb{C} : |w| < 1\}$. Следовательно, функция $w = \operatorname{tg} z$ взаимно однозначно и конформно отображает полосу $\{z \in \mathbb{C} : |\operatorname{Re} z| < \pi/4\}$ на единичный круг $\{w \in \mathbb{C} : |w| < 1\}$.

Функция

$$z = \operatorname{Arctg} w = \frac{1}{2i} \operatorname{Ln} \frac{i - w}{i + w},$$

обратная к функции $w = \operatorname{tg} z$, не является однозначной. Характер многозначности определяется многозначностью логарифма. Нетрудно построить риманову поверхность арктангенса и рассматривать на ней

$$\operatorname{arctg} w = \int_0^w \frac{d\omega}{1 + \omega^2}$$

как однозначную функцию, получаемую интегрированием по кривой, начинающейся в нуле и не проходящей через точки $\omega = \pm i$.

§ 6. Отображение областей, ограниченных кривыми второго порядка

6.1. Парабола. Образом траектории $\gamma = \{(-\infty, \infty), t + ic, \mathbb{C}_z\}$, представляющей прямую, параллельную действительной оси z-плоскости, $z = x + iy$, и проходящей через точку $z = ic$, $c > 0$, мнимой оси, является при отображении $w = z^2$, $w = u + iv$, траектория $\Gamma = \{(-\infty, \infty), (t + ic)^2, \mathbb{C}_w\}$ с параметрическим уравнением $u = t^2 - c^2$, $v = 2ct$ (рис. 23). Исключая из этих уравнений параметр *t*, получаем уравнение $v^2 = 4c^2(u + c^2)$, представляющее на w-плоскости *Ouv* параболу, симметричную относительно оси *Ou*. Вершина параболы находится в точке $(-c^2, 0)$, а фокус – в начале координат. Росту параметра *t* от $-\infty$ до $-c$ соответствует

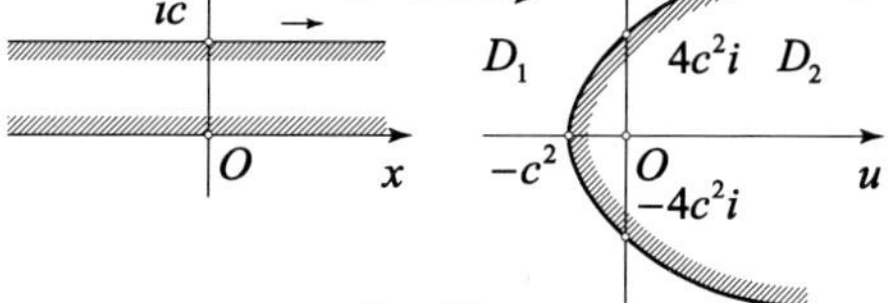

Рис. 23.

движение точки w из бесконечности по нижней ветви параболы до мнимой оси, росту t от $-c$ до нуля – движение точки w от мнимой до действительной оси. При дальнейшем росте t от нуля до c точка w движется по верхней ветви параболы от точки $(-c,0)$ до точки $(0,4c^4)$ и далее до бесконечности.

Отображение $w=z^2$ однолистно в любой области, не содержащей вместе с точкой z и точку $-z$. Очевидно, областями однолистности этого отображения являются верхняя полуплоскость $\Pi^+=\{z\in\mathbb{C}:\operatorname{Im}z>0\}$ и нижняя полуплоскость $\Pi^-=\{z\in\mathbb{C}:\operatorname{Im}z<0\}$. Траектории γ, лежащей в одной из этих полуплоскостей, отвечает траектория Γ на соответствующем листе римановой поверхности для функции $z=\sqrt{w}$. На каждом из двух листов римановой поверхности функции $z=\sqrt{w}$, лежащей над w-плоскостью, траектория Γ ограничивает область D_1, внешнюю для параболы (не содержащую точку $w=0$). Плоскость $\Pi_c^+=\{z\in\mathbb{C}:\operatorname{Im}z>c\}$ однолистно и конформно отображается функцией $w=z^2$ на область D_1.

Рассмотрение случая, когда $c<0$, проводится аналогично изложенному выше и предоставляется читателю.

Переходим к нахождению функции, реализующей отображение внутренности D_2 параболы с уравнением $v^2=4c^2\left(u+c^2\right)$ на верхнюю полуплоскость.

Области D_2 принадлежит точка ветвления римановой поверхности функции $z=\sqrt{w}$, что приходится учитывать как усложняющее обстоятельство при конструировании отображения D_2 на Π^+.

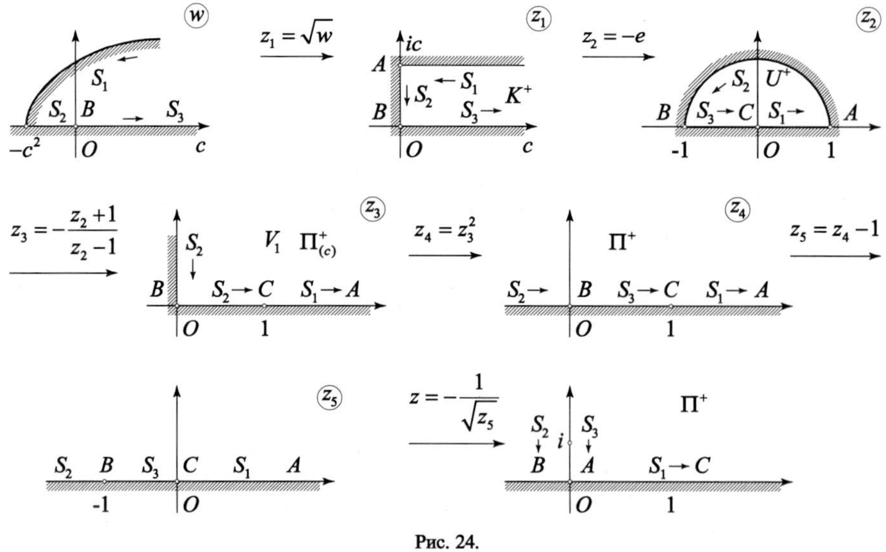

Рис. 24.

Рассмотрим (рис. 24) в w-плоскости область D_2', ограниченную верхней ветвью параболы с уравнением $v^2 = 4c^2\left(u + c^2\right)$, $v > 0$, и лучом, идущим по действительной оси от вершины параболы $\left(-c^2, 0\right)$ через начало, являющееся, как уже отмечалось, фокусом параболы. Разделим ориентированную границу $\partial D_2'$ области D_2' на три части: s_1 – дуга параболы в верхней полуплоскости, $(v > 0)$, s_2 – отрезок действительной оси от вершины параболы до её фокуса, s_3 – луч, начинающийся в нуле и совпадающий с положительной частью действительной оси. Функция $z_1 = \sqrt{w}$ реализует отображение области D_2' на полуполосу K^+ в z-плоскости. Ориентированная граница $\partial\mathrm{K}^+$ области K^+ состоит из лежащего в первом квадранте луча s_1 параллельно действительной оси и лежащего от неё на расстоянии, равном c (образ s_1) отрезка c_2' мнимой оси от точки $z = ic$ до нуля (образ s_2) и положительной части s_3'. (образ s_3).

Функция $z_2 = -e^{-\frac{\pi}{c}z_1}$ реализует однолистное конформное отображение полуполосы K^+ на полукруг $U^+ = \left\{z_1^* \in \mathbb{C} : \left|z_1^*\right| < 1, \operatorname{Im} z_1 > 0\right\}$. Убедимся в этом. Лучу s_1 с параметрическим уравнением $z_1 = 1/t + ic$, $-\infty < t < \infty$, соответствует в z_2-плоскости кривая с уравнением $z_2 = -e^{-\frac{\pi}{tc}}$, $0 < t < \infty$, представляющую собой отрезок действительной оси от точки $z_2 = 0$ до точки $z_2 = 1$, проходимый слева направо. Отрезку s_2 с параметрическим уравнением $z_1 = i\left(1 - t\right)c$, $0 \le t \le 1$, соответствует кривая s_1 с параметрическим уравнением $z_2 = e^{i\pi t}$, $0 \le t \le 1$, представляющая собой дугу единичной полуокружности, лежащей в верхней полуплоскости, начинающуюся в точке $z_2 = 1$ и оканчивающуюся в точке $z_2 = -1$. Лучу s_3 с параметрическим уравнением $z_1 = t$, $0 \le t < \infty$, соответствует отрезок с параметрическим уравнением $z_2 = -e^{-(\pi/c)t}$, начинающаяся в точке $z_2 = -1$ и оканчивающуюся в точке $z_2 = 0$. Согласно теореме о соответствии границ заключаем, что функция $z_1 = -e^{-(\pi/c)z}$ однолистно и конформно отображает полуполосу D_2' на полукруг U^+. Горизонтальным сторонам границы полуполосы K' соответствуют отрезки прямолинейной части границы полукруга U^+.

Дробно-линейной функцией

$$z_2 = -\frac{z_1 + 1}{z_1 - 1}$$

преобразуем полукруг U^+ в первый координатный угол V_1. Прямолинейная часть границы преобразуется в положительную часть действительной оси z_3-плоскости, а круговая часть границы – в луч, идущий от нуля по мнимой оси. Отображение $z_4 = z_3^2$ переводит прямой угол V в верхнюю полуплоскость $\Pi^+ = \left\{z_4 \in \mathbb{C} : \operatorname{Im} z_4 > 0\right\}$, а дуга параболы, входящей в границу области D_2', соответствует луч, выходящий из точки $z_4 = 1$ и лежащий на положительной части действительной оси. Функцию, однолистно и конформно отображающую область D_2' на полуплоскость Π^+, можно продолжить по принципу симметрии до отображения внутренности D_1 параболы на z_4-плоскость, разрезанную по лучу от 1 до ∞. Верхний край разреза соответствует верхней дуге параболы. Остается отобразить ζ-плоскость с указанным разрезом на верхнюю полуплоскость. Воспользуемся отображением

$$z = -\frac{1}{\sqrt{z_4 - 1}},$$

завершающим цепь преобразований, приводящих к однолистному конформному отображению внутренности D_2 параболы на верхнюю полуплоскость.

Запишем итоговый результат, учитывая, что

$$z_1 = \sqrt{w}\,,\; z_2 = -e^{-(\pi/c)z_1}\,,\; z_3 = -\frac{z_2+1}{z_2-1}\,,\; z_4 = z_3^2\,,\; z = -\frac{1}{\sqrt{z_4-1}}\,.$$

Легко видеть, что

$$z_3 = -\frac{-e^{-(\pi/c)\sqrt{w}}+1}{-e^{-(\pi/c)\sqrt{w}}-1} = \operatorname{th}\frac{\pi\sqrt{w}}{2c}\,.$$

Для $z(w)$ имеем

$$W = -\frac{1}{\sqrt{z_3^2-1}} = i\operatorname{ch}\frac{\pi\sqrt{w}}{2c}\,.$$

Таким образом, получено отображение внутренности параболы с уравнением $v^2 = 4c^2\left(u+c^2\right)$, $w = u+iv$, на верхнюю полуплоскость $\Pi^+ = \{z \in \mathbb{C} : \operatorname{Im} z > 0\}$.

6.2. Гипербола. Функция Жуковского

$$w = \frac{1}{2}\left(z+\frac{1}{z}\right),\; w = u+iv\,,\; z = x+iy\,,$$

и обратная функция $z = w+\sqrt{w^2-1}$ устанавливают взаимно однозначное соответствие между z-плоскостью и двулистной римановой поверхностью над w-плоскостью. Эта поверхность состоит из двух плоскостей, разрезанных по прямолинейному отрезку от точки $w=-1$ до точки $w=1$ и соединенных между собой так, что нижний (верхний) край разреза одной плоскости соединен с верхним (нижним) краем разреза другой плоскости.

Функция Жуковского однолистна в любой области, не содержащей вместе с точкой z точку $1/z$, и, следовательно, однолистна в верхней полуплоскости.

Траектории $\gamma_\alpha = \left\{[0,\infty), te^{i\alpha}, \mathbb{C}\right\}$, $0 \le \alpha \le 2\pi$, функция Жуковского ставит в соответствие траекторию $\Gamma_\alpha = \left\{[0,\infty), \frac{1}{2}\left(t+\frac{i}{t}\right)\cos\alpha + \frac{1}{2}\left(t-\frac{1}{t}\right)\sin\alpha, \mathbb{C}\right\}$, представляющую на w-плоскости кривую с параметрическим уравнением

$$u = \frac{1}{2}\left(t+\frac{1}{t}\right)\cos\alpha\,,\; v = \frac{1}{2}\left(t-\frac{1}{t}\right)\sin\alpha\,.$$

Исключая из этих уравнений параметр t, получим уравнение

$$\frac{u^2}{\cos^2\alpha}-\frac{v^2}{\sin^2\alpha}=1$$

гиперболы с полуосями $|\cos\alpha|$, $|\sin\alpha|$. Фокусами гиперболы являются точки $w=-1$, $w=1$. Гипербола делит w-плоскость на три односвязные области: D_1 – внутренняя область, включающая точку $w=0$, D_2, D_3 – внешние области, включающие соответственно точки $w=1$, $w=-1$ (рис. 25). Каждая из этих областей симметрична относительно действительной оси, области D_2, D_3 симметричны друг другу относительно мнимой оси.

Граничным кривым области D_1 при отображении $z=w+\sqrt{w^2+1}$ соответствуют стороны угла с параметрическим представлением $z=te^{\pm i\alpha}$, $t>0$, а области D_1 – угол, ограниченный указанными лучами. Для окончания построения однолистного конформного отображения области D_1 на верхнюю полуплоскость остается однолистно и конформно отобразить угол на верхнюю полуплоскость и записать композицию двух рассмотренных отображений.

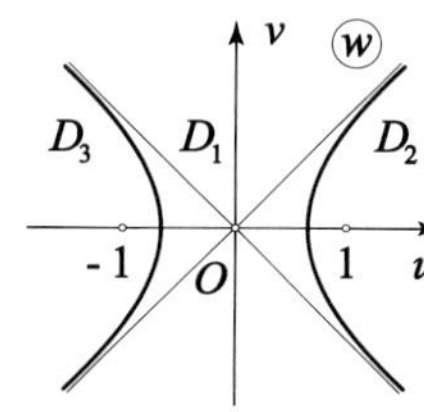

Рис. 25.

Переходим к нахождению однолистного конформного отображения области D_2, ограниченной правой ветвью гиперболы, на верхнюю полуплоскость (рис. 26). В этой области находится точка ветвления римановой поверхности и поэтому воспользоваться функцией Жуковского так, как это сделано для внешней области, не удается. Функция $z=w+\sqrt{w^2-1}$ переводит дугу гиперболы

$$\frac{u^2}{\cos^2\alpha}-\frac{v^2}{\sin^2\alpha}=1,\ 0<\alpha<\frac{\pi}{2},$$

лежащую в первом квадранте, в луч с уравнением $z_1=te^{i\alpha}$, $1\le t\le\infty$. Отрезку от точки $w=\cos\alpha$ до точки $w=1$ соответствует дуга единичной окружности $\{z_1\in\mathbb{C}:|z_1|=1, 0\le\arg z_1\le\alpha\}$, а лучу от точки $w=1$ до ∞ соответствует луч от точки $z_1=1$ до ∞. Оба луча лежат на положительной части действительной оси соответственно в w-плоскости и z_1-плоскости.

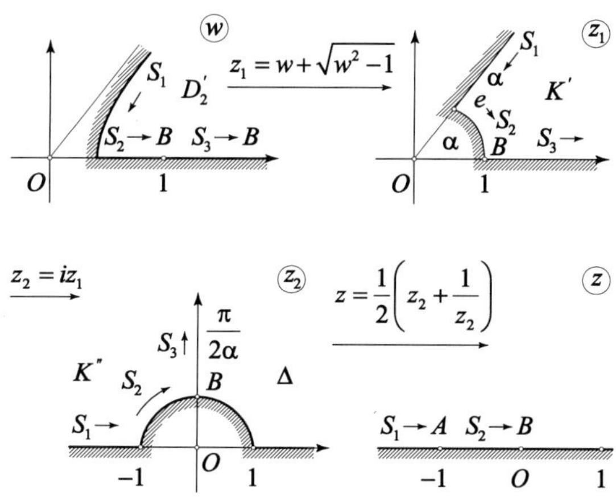

Рис. 26.

Согласно принципу соответствия границ половина D_2' области D_2, лежащая над действительной осью, отображением $z_1 = w + \sqrt{w^2 - 1}$ преобразуется в область K, ограниченную двумя лучами и дугой единичной окружности. Функция $z_2 = iz_1^{\frac{\pi}{2\alpha}}$ преобразует K во второй квадрант z_2-плоскости с исключенной четвертью круга $\left\{z_2 \in \mathbb{C} : |z_2| < 1, \pi < \arg z_2 < \frac{\pi}{2}\right\}$. Применяя принцип симметрии, находим, что образом области D_2 является верхняя полуплоскость z_2-плоскости с исключенной верхней половиной единичного круга, то есть область Δ. Отображение реализуется функцией $z_2 = i\left(w + \sqrt{w^2 - 1}\right)^{\frac{\pi}{2\alpha}}$. Для завершения построения отображения области D_2 на верхнюю полуплоскость $\Pi^+ = \{z \in \mathbb{C} : \operatorname{Im} z > 0\}$ остается воспользоваться известным преобразованием $z = \frac{1}{2}\left(z_2 + \frac{1}{z_2}\right)$.

Таким образом, для отображения внутренности правой ветви гиперболы $\frac{u^2}{\cos^2\alpha} - \frac{v^2}{\sin^2\alpha} = 1$, $0 < \alpha < \pi/2$, на верхнюю полуплоскость z-плоскости имеем формулу

$$z = i\left[\left(w + \sqrt{w^2 - 1}\right)^{\frac{\pi}{2\alpha}} + \left(w + \sqrt{w^2 - 1}\right)^{-\frac{\pi}{2\alpha}}\right].$$

6.3. Эллипс. Траектории $\gamma_r = \{[0, 2\pi], re^{it}, \mathbb{C}\}$, $0 < r < \infty$, функция Жуковского ставит в соответствие траекторию $\Gamma_r = \{[0, 2\pi], a_r \cos t + b_r \sin t, \mathbb{C}\}$, где $a_r = \frac{1}{2}\left(r + \frac{1}{r}\right)$, $b_r = \frac{1}{2}\left(r - \frac{1}{r}\right)$, представляющую при $r \neq 1$ эллипс Q с уравнением

$$\frac{u^2}{a_r^2} - \frac{v^2}{b_r^2} = 1.$$

На каждом из двух листов римановой поверхности функции $z = J^{-1}(w)$,обратной к функции Жуковского $w = J(z)$ эллипс Q является границей неограниченной области – внешности эллипса Q. Функция $z = w + \sqrt{w^2 - 1}$ реализует однолистное конформное отображение одной из этих областей на внешность круга $\{z \in \mathbb{C} : |z| > r\}$, $r > 1$, а другой – на внутренность круга $\left\{z \in \mathbb{C} : |z| < \frac{1}{r}\right\}$. Для нахождения отображения внешности эллипса на верхнюю полуплоскость остается использовать дробно-линейное отображение.

Найдем отображение внутренности эллипса Q на верхнюю полуплоскость.

Рассмотрим область G^+ (рис. 27), ограниченную верхней дугой s_1' эллипса Q, лежащей в верхней полуплоскости w-плоскости, и отрезком действительной оси от точки $w = -a_r$ до точки $w = a_r$, составленного из отрезков $s_2 = [-a_r, -1]$, $s_3 = [-1, 1]$, $s_4 = [1, a_r]$.

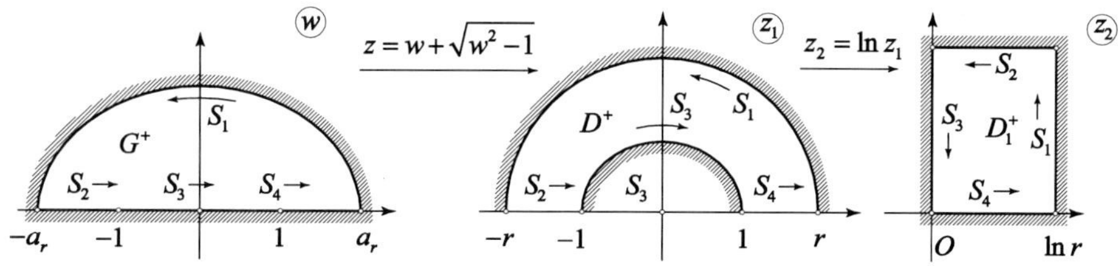

Рис. 27.

Функция $z_1 = w + \sqrt{w^2 - 1}$ переводит G^+ в круговой четырехугольник D^+, ограниченный полуокружностью $\{z_1 \in \mathbb{C} : |z_1| = r, \operatorname{Im} z_1 > 0\}$ (соответствует s_1), отрезком $\{z_1 \in \mathbb{C} : -r \le \operatorname{Re} z \le -1, \operatorname{Im} z_1 = 0\}$ (соответствует s_2), полуокружностью $\{z_1 \in \mathbb{C} : |z_1| = 1, \operatorname{Im} z_1 > 0\}$ (соответствует s_3) и отрезком $\{z_1 \in \mathbb{C} : 1 < \operatorname{Re} z_1 < r, \operatorname{Im} z_1 = 0\}$ (соответствует s_4). Круговой четырехугольник D^+, представляющий собой верхнюю половину кольца, ограниченного концентрическими окружности радиусов 1, r, преобразуем в прямолинейный четырехугольник D_1^+ посредством функции $z_2 = \ln z_1$, $\ln 1 = 0$. Сторонам кругового четырехугольника D^+ s_1, s_2, s_3, s_4, будут соответствовать на z_2-плоскости отрезок вертикальной прямой от точки $z_2 = \ln r$ до точки $z_2 = \ln r + i\pi$, от точки $z_2 = \ln r + i\pi$ до точки $z_3 = i\pi$, от точки $z_2 = i\pi$ до точки $z_2 = \ln r$. Итак, построено отображение области G^+ на D_1^+. По принципу симметрии это отображение распространяется на внутренность эллипса. Остается найти отображение прямолинейного четырехугольника на верхнюю полуплоскость. Способом нахождения отображений полуплоскости на прямолинейные многоугольники посвящается следующая глава.

Задачи

1. Найти образы при отображении $w = z^2$ следующих траекторий:
а) $\{[0,\infty], te^{i\alpha}, \mathbb{C}\}, -\pi < \alpha < \pi$; б) $\{[-1,1], t - a, \mathbb{C}\}, -2 < a < 2$; в) $\{[-\infty, 0], \sin t, \mathbb{C}\}$.

2. Доказать, что любое конформное отображение плоскости $\mathbb{C}$ на себя является линейным отображением.

3. Найти конформное отображение $w(z)$ угла $\{z \in \mathbb{C} : |\arg z| < \pi/4\}$ на круг $\{w \in \mathbb{C} : |w| < 1\}$, удовлетворяющее условиям: $w(1) = 0$, $\arg w'(1) = \pi$.

4. Найти образы следующих областей при отображении $w = \dfrac{1}{2}\left(z + \dfrac{1}{z}\right)$:

а) $\{z \in \mathbb{C} : |z| < 1, \operatorname{Im} z < 0\}, z \notin \left\{-i, -\dfrac{i}{2}\right\}$; б) $\left\{z \in \mathbb{C} : |z| < 1, -\dfrac{3\pi}{4} < \arg z < -\dfrac{\pi}{4}\right\}$.

5. Найти конформное отображение $w(z)$ плоскости $\mathbb{C}$ с разрезом по дуге окружности

$\{z \in \mathbb{C} : |z| = 1, \operatorname{Im} z < 0\}$ на плоскость $\mathbb{C}$ с разрезом по отрезку $[-1,1]$, удовлетворяющее условиям: $w(1) = 1, w(\infty) = \infty$.

6. Найти дробно-линейные функции $w = w(z)$, удовлетворяющие условиям:

а) $w(0) = 4, w(1+i) = 2+2i, w(2i) = 0;$

б) $w(0) = 0, w(1+i) = \infty, w(2i) = 2i;$

в) $w(i) = -2, w(\infty) = 2i, w(-i) = 2.$

7. Найти конформное отображение $w(z)$ круга $E_z = \{z \in \mathbb{C} : |z| < 1\}$ на круг $E_w = \{w \in \mathbb{C} : |w| < 1\}$, удовлетворяющее условиям:

а) $w(z_0) = 0, \arg w'(z_0) = \alpha$, где $z_0 \in E_z$;

б) $w\left(\frac{1}{2}\right) = \frac{1}{2}, \arg w'\left(\frac{1}{2}\right) = \frac{\pi}{2}$.

8. Найти конформное отображение верхней полуплоскости $\Pi^+ = \{z \in \mathbb{C} : \operatorname{Im} z > 0\}$ на круг $E = \{w \in \mathbb{C} : |w| < 1\}$, удовлетворяющее условиям:

а) $w(z_0) = w_0, \arg w'(z_0) = \alpha$, где $z_0 \in \Pi^+, w_0 \in E$;

б) $w(1+i) = 0, \arg w'(1+i) = \pi$.

9. Конформно отобразить полукруг $E^+ = \{z \in \mathbb{C} : |z| < 1, \operatorname{Im} z > 0\}$ на полуплоскость $\Pi^+ = \{z \in \mathbb{C} : \operatorname{Im} w > 0\}$.

10. Конформно отобразить полуполосу $D = \{z \in \mathbb{C} : \operatorname{Re} z > 0, 0 < \operatorname{Im} z < \pi\}$ на полуплоскость $\Pi^+ = \{w \in \mathbb{C} : \operatorname{Im} w > 0\}$

11. Конформно отобразить полосу $\{z \in \mathbb{C} : 0 < \operatorname{Im} z < 2H\}$ с разрезом по лучу $\{z \in \mathbb{C} : -\infty < \operatorname{Re} z < a, \operatorname{Im} z = H\}$ на полосу $\{w \in \mathbb{C} : 0 < \operatorname{Im} w < 2H\}$.

12. Конформно отобразить единичный круг $E = \{z \in \mathbb{C} : |z| < 1\}$ с разрезом по отрезку радиуса с концами в точках $re^{i\varphi}, e^{i\varphi}$, где $0 < r < 1$, $0 \le \varphi < 2\pi$ на единичный круг $\{w \in \mathbb{C} : |w| < 1\}$ с условием неподвижности нуля.

13. Пусть $L_k(z) = \dfrac{a_k z + b_k}{c_k z + d_k z}$, где a_k, b_k, c_k, d_k – комплексные числа, $a_k d_k - b_k c_k \neq 0$. Преобразование $L_1(L_2(z)) = L_1 L_2$ будем называть *произведением* дробно-линейного преобразования $L_2(z)$ на преобразование $L_1(z)$. Доказать: а) $L_1 L_2$ – дробно-линейное преобразование; б) $L_1(L_2 L_3) = (L_1 L_2) L_3$.

14. Показать на примере, что $L_1 L_2 \neq L_2 L_1$.

Глава IV

ОТОБРАЖЕНИЯ ПРЯМОЛИНЕЙНЫХ МНОГОУГОЛЬНИКОВ

Плоскую односвязную область, ограниченную конечным числом прямых, лучей, отрезков прямых, называют прямолинейным многоугольником. Теорему Римана можно существенно дополнить указанием вида конформного отображения круга (полуплоскости) на прямолинейный многоугольник. Аналитические представления для таких отображений, вообще говоря, не решают до конца рассматриваемую общую задачу, но они позволяют произвести глубокие исследования отображающих функций и быть основой для продолжения исследований при дополнительных предположениях о виде прямолинейного многоугольника.

§ 1. Формула Шварца - Кристоффеля

1.1. Обозначения. Пусть $D \subset \mathbb{C}$ – прямолинейный многоугольник в *w*-плоскости. Его вершины разделяют ориентированную границу ∂D многоугольника на прямолинейные участки. Обозначим вершины в порядке их следования на ∂D, начиная с некоторой, через $w_1, w_2, ..., w_n$: $w_{n+1} = w_1$, $n \in \mathbb{N}$, а сторону многоугольника между вершинами w_k, w_{k+1} – через q_k. Будем сначала рассматривать ограниченные многоугольники (рис. 28). Для них вершины w_k, $k = 1,...,n$, – конечные точки *w*-плоскости и стороны q_k имеют конечную длину $|q_k| = |w_{k-1} - w_k|$. Внутренний угол многоугольника в точке w_k будем обозначать через $\pi\alpha_k$, $0 < \alpha_k \le 2$, $\alpha_k \ne 1$. Известно из элементарной геометрии, что $\alpha_1 + ... + \alpha_n = n - 2$. Отображение верхней полуплоскости $\Pi^+ = \{z \in \mathbb{C} : \operatorname{Im} z > 0\}$ можно продолжить по непрерывности на действительную ось. При этом $\partial D = f(\partial \Pi^+)$. Обозначим точки действительной оси *z*-плоскости, переходящие при отображении $w = f(z)$ в вершины области *D* через a_k, полагая $w_k = f(a_k)$. Множество точек a_k, $k = 1,...,n$, можно считать лежащими в ограниченной части границы $\partial \Pi^+$. Оно удовлетворяет условиям $-\infty < a_1 < a_2 < ... < a_n = a_{n+1} < +\infty$. Отрезок $[a_k, a_{k+1}]$ отображается на сторону q_k многоугольника *D*, то есть на отрезок с концами в точках w_k, w_{k+1}. Дополнительная к отрезку $[a_1, a_n]$ часть действительной оси отображается на сторону многоугольника с вершинами в точках w_1, $w_{n+1} = w_1$. Точка $z = \infty$ переходит в некоторую точку этой стороны многоугольника.

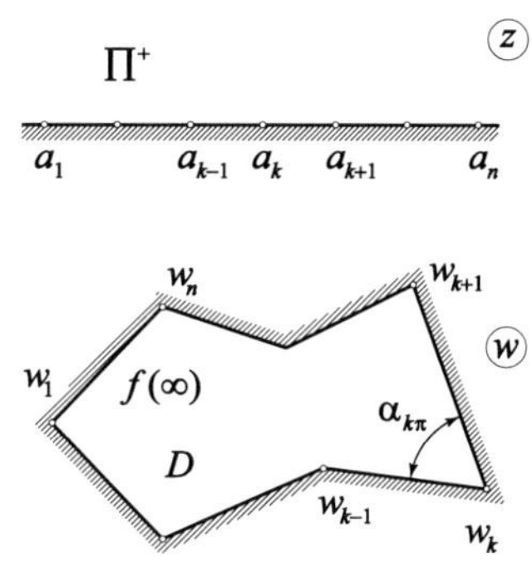

Рис. 28.

Функцию $w = f(z)$ можно согласно принципу симметрии продолжить через отрезок $\gamma_k = [a_k, a_{k+1}]$ действительной оси z-плоскости в нижнюю полуплоскость $\Pi^- = \{z \in \mathbb{C} : \operatorname{Im} z < 0\}$ так, что точкам $z \in \Pi^+$ и $\overline{z} \in \Pi^-$ будут соответствовать точки $w = f(z)$ и w^*, симметричные относительно прямой, проходящей через точки w_k, w_{k+1}.

Полуплоскость Π^- отобразится на область D_k, симметричную D относительно γ_k, с помощью функции

$$f_k(z) = A_k \overline{f(\overline{z})} + B_k, \ z \in \Pi^-,$$

где A_k, B_k – постоянные. Функция

$$F_k(z) = \begin{cases} f(z), z \in \Pi^+ \cup \gamma_k, \\ f_k(z), z \in \Pi^-, \end{cases}$$

голоморфна в области $D_k = D \cup \gamma_k \cup D^*$, получающейся удалением из z-плоскости части действительной оси, дополнительной до γ_k. Отображение $w = F_k(z)$ может не быть взаимно однозначным в области D_k, так как многоугольники D и D_k могут перекрываться, но в окрестности точек отрезка γ_k отображение конформно. Следовательно, производная функции $F_k(z)$ не обращается в нуль в области D_k (за исключением, может быть, точки $z = \infty$, принадлежащей одной из областей D_k).

1.2. Функция $\Phi(z)$. Выясним, как связаны между собой функции $f_k(z)$, $f_l(z)$, $k \neq l$. Исключая из уравнений

$$f_k(z) = A_k \overline{f(\overline{z})} + B_k, \quad f_l(z) = A_l \overline{f(\overline{z})} + B_l$$

величину $\overline{f(\overline{z})}$, получаем соотношение

$$f_k(z) = p f_l(z) + q, \text{ где } p = \frac{A_k}{A_l}, \ q = \frac{B_k A_l - B_l A_k}{A_l}.$$

Из этого соотношения следует, что

$$\frac{f_k''(z)}{f_k'(z)} = \frac{f_l''(z)}{f_l'(z)}, \ k = 1,...,n, \ l = 1,...,n.$$

Это означает, что функция $\Phi(z) = \dfrac{f''(z)}{f'(z)}$, которая, как и функция $f(z)$, продолжается из Π^+ в Π^- через любой отрезок γ_k однозначным образом. Она имеет производную во всех конечных точках области D_k и голоморфна в $\mathbb{C} \setminus \{a_1, ..., a_n\}$.

Точки $a_1, ..., a_n, \infty$ являются для $\Phi(z)$ изолированными особыми точками. Проведем их исследование.

Точке $z = \infty$ при отображении $w = f(z)$ соответствует точка на стороне многоугольника D, соединяющей вершины w_0, w_n, следовательно, $f(z)$ голоморфна в окрестности точки $z=\infty$. Разложение $f(z)$ в проколотой окрестности $\overset{\circ}{U}(\infty,\varepsilon)$, $\varepsilon>0$ в ряд будет иметь вид

$$f(z)=c_0+\frac{c_1}{z}+\frac{c_2}{z^2}+\ldots,\ c_1\neq 0.$$

Отсюда находим разложения в $\overset{\circ}{U}(\infty,\varepsilon)$:

$$f'(z)=-\frac{c_1}{z^2}-\frac{2c_2}{z^3}+\ldots,\quad f''(z)=\frac{2c_1}{z^3}+\frac{6c_2}{z^4}+\ldots\quad \Phi(z)=-\frac{1}{z}\frac{2c_1+\dfrac{6c_2}{z}+\ldots}{c_1+\dfrac{2c_2}{z}+\ldots}=-\frac{2}{z}+\frac{c_2}{z^2}+\ldots\ .$$

Видим, что $\Phi(z)$ имеет на бесконечности устранимую особенность. При непрерывном продолжении $\Phi(z)$ в точку $z=\infty$ получим $\Phi(\infty)=0$.

Для исследования функции $\Phi(z)$ в проколотой окрестности $\overset{\circ}{U}(a_k,\varepsilon)$, $\varepsilon>0$, точки a_k, произведем сначала отображение области $\Delta_k=D\bigcap\overset{\circ}{U}(w_k,\varepsilon)$, представляющей собою часть прямоугольника, ограниченную двумя отрезками сторон γ_{k-1},γ_k и дугой окружности, на часть верхней половины окрестности точки $t=0$ t-плоскости (рис. 29). Такое отображение реализуется функцией

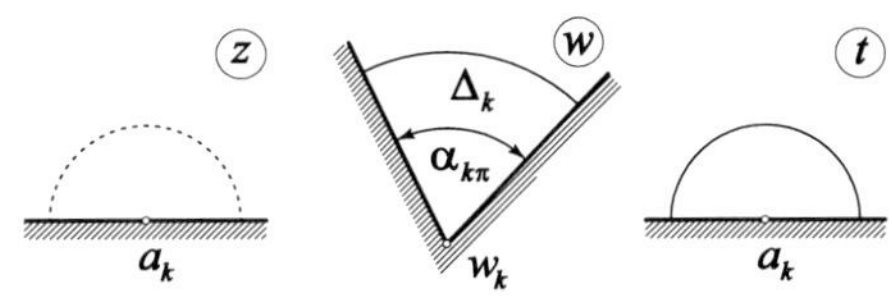

Рис. 29.

$$t=\psi_k(w)=e^{i\theta_k}(w-w_k)^{\frac{1}{\alpha_k}},$$

где число θ_k подбирается так, чтобы отображением объединения прямолинейных сторон области Δ_k был отрезок действительной оси t-плоскости. Функцию $\chi_k(я)=\psi_k(f(z))$ согласно принципу симметрии можно продолжить из верхней половины окрестности точки $z=a_k$ в нижнюю половину этой окрестности. Тогда функция

$$\chi_k(z)=e^{i\theta_k}(f(z)-w_k)^{\frac{1}{\alpha_k}}$$

будет голоморфной в окрестности точки a_k и в силу конформности $\chi_k'(t)\neq 0$. Разложение функции $\chi_k(t)$ в окрестности точки a_k будет иметь вид $\chi_k(z)=(z-a_k)\lambda_k(z)$, где $\lambda_k(z)$, $\lambda_k(a_k)\neq 0$, – голоморфная функция. Из соотношения

$$e^{i\theta_k}(f(z)-w_k)^{\frac{1}{\alpha_k}}=(z-a_k)\lambda_k(z)$$

находим, что в окрестности точки $z=a_k$

$$f(z)=w_k+(z-a_k)^{\alpha_k}\mu_k(z),$$

где $\mu_k(z)=e^{i\alpha_k a_k}\lambda_k^{\alpha_k}(z)$, $\mu_k(a_k)\neq 0$, – голоморфная функция. Отсюда имеем в окрестности точки $z=a_k$

$$f'(z)=(z-a_k)^{\alpha_k-1}\mu_1(z),$$

где $\mu_1(z)$, $\mu_1(a_k)\neq 0$ – голоморфная функция и, значит,

$$\Phi(z)=\frac{d}{dz}f'(z)=\frac{\alpha_k-1}{z-a_k}+\frac{\mu_1'(z)}{\mu_1(z)}.$$

Так как функция $\frac{\mu_1'(z)}{\mu_1(z)}$ голоморфна в точке $z=a_k$, то видим, что $\Phi(z)$ имеет полюс первого порядка с вычетом α_k-1.

1.3. Формула для $f(z)$. Разность $\Phi(z)-\sum_{k=1}^{n}\frac{\alpha_k-1}{z-a_k}$ голоморфна в $\mathbb{C}$ и равна нулю на бесконечности. Согласно теореме Лиувилля имеем

$$\Phi(z)=\sum_{k=1}^{n}\frac{\alpha_k-1}{z-a_k},$$

откуда для отображения Π^+ на D следует уравнение

$$\frac{f''(z)}{f'(z)}=\sum_{k=1}^{\infty}\frac{\alpha_k-1}{z-a_k}.$$

Интегрируя это уравнение вдоль любой кривой, лежащей в Π^+, и затем потенцируя, получим

$$f'(z)=c\prod_{k=1}^{n}(z-a_k)^{\alpha_k-1}.$$

Интегрируя еще раз приходим к формуле для $f(z)$. Сформулируем полученный результат.

Теорема 1 (Шварц, Кристоффель). *Если функция $w=f(z)$ реализует однолистное конформное отображение верхней полуплоскости $\Pi^+=\{z\in\mathbb{C}:\operatorname{Im}z>0\}$ на внутренность ограниченного многоугольника D с углами $\alpha_k\pi$, $(0<\alpha_k\leq 2, \alpha_k\neq 1, k=1,2,...,n)$ при вершинах w_k, которые соответствуют точкам a_k действительной оси $-\infty<a_1<...<a_n<\infty$, то $f(z)$ представляется интегралом*

$$f(z)=c\int_{z_0}^{z}\prod_{k=0}^{\infty}(z-a_k)^{\alpha_k-1}dz+c_1,$$

где z_0 – точка полуплоскости $\overline{\Pi}^+$, с и c_1 – некоторые постоянные.

Формулу, приведенную в формулировке теоремы 1, называют формулой Шварца – Кристоффеля. Доказанная теорема может быть сформулирована с заменой верхней полуплоскости на единичный круг.

Теорема 2. *Если функция $w=f(\zeta)$ реализует однолистное конформное отображение единичного круга $E=\{\zeta\in\mathbb{C}:|\zeta|<1\}$ на внутренность ограниченного многоугольника* D *с* *углами* $\alpha_k\pi$, $\left(0<\alpha_k\le 2,\alpha_k\ne 1,k=1,2,...,n\right)$ *при вершинах* w_k, *которые соответствуют точкам* $b_k=e^{i\beta_k}$ *единичной окружности, то* $f(\zeta)$ *представляется интегралом*

$$f(\zeta)=c\int\limits_{\zeta_0}^{\zeta}\prod_{k=0}^{n}\left(\zeta-e^{i\beta_k}\right)^{\alpha_k-1}d\zeta+c_1,$$

где $\zeta_0\in\overline{E}$, c *и* c_1 *– некоторые постоянные.*

▷ Дробно-линейная функция

$$\zeta=s\frac{z-a}{z-\overline{a}},\ |s|=1,\ a\in\Pi_z^+,$$

реализует однолистное конформное отображение области Π_z^+ на круг E. Сделаем в интеграле, указанном в теореме 1, замену

$$z=L(\zeta)=\frac{\overline{a}\zeta-sa}{\zeta-a}.$$

Получим

$$f\left(L(\zeta)\right)=c\int\limits_{\zeta_0}^{\zeta}\prod_{k=1}^{n}\left(\frac{\overline{a}\zeta-sa}{\zeta-s}-\frac{\overline{a}b_k-sa}{b_k-s}\right)^{\alpha_k-1}\frac{a-\overline{a}}{\left(\zeta-s\right)^2}d\zeta+c_1=$$

$$=c\int\limits_{\zeta_0}^{\zeta}\prod_{k=1}^{n}\left[\frac{s\left(a-\overline{a}\right)\left(\zeta-b_k\right)}{\left(\zeta-s\right)\left(b_k-s\right)}\right]^{\alpha_k-1}\frac{a-\overline{a}}{\left(\zeta-s\right)^2}d\zeta+c_1=c^*\int\limits_{\zeta_0}^{\zeta}\prod_{k=1}^{n}\frac{\left(\zeta-b_k\right)^{\alpha_k-1}}{\left(\zeta-s\right)^{\alpha_k-1}}\frac{d\zeta}{\left(\zeta-s\right)^2}+c_1=$$

$$=c^*\int\limits_{\zeta_0}^{\zeta}\prod_{k=1}^{n}\left(\zeta-b_k\right)^{\alpha_k-1}\frac{d\zeta}{\left(\zeta-s\right)^{\alpha_1+...+\alpha_n-n-2}}+c_1.$$

Поскольку согласно элементарному свойству многоугольников $\alpha_1+...+\alpha_n=n-2$, то окончательно имеем

$$f(\zeta)=c\int\limits_{\zeta_0}^{\zeta}\prod_{k=1}^{n}\left(\zeta-e^{i\beta_k}\right)^{\alpha_k-1}d\zeta+c_1.\ \lhd$$

Видим, что при отображении полуплоскости или круга на прямолинейный ограниченный прямоугольник вид формулы Шварца – Кристоффеля одинаковый.

1.4. Случай $a_n=\infty$**.** В дополнении к теореме 1 рассмотрим случай, когда прообразом вершины w_n является бесконечность. Запишем формулу Шварца – Кристоффеля, принимаемую за исходную, в виде

$$f(\zeta)=c\int\limits_{\zeta_0}^{\zeta}\left(\zeta-a_1'\right)^{\alpha_1-1}...\left(\zeta-a_n'\right)^{\alpha_n-1}d\zeta+c_1,$$

где $-\infty<a_1'<...<a_n'<\infty$ - точки границы верхней полуплоскости $\Pi_\zeta^+=\left\{\zeta\in\mathbb{C}:\operatorname{Im}\zeta>0\right\}$. Перейдем от полуплоскости Π_ζ^+ к полуплоскости Π_z^+, воспользовавшись дробно-линейным отображением $\zeta=L(z)=a_n'-1/z$. Если среди чисел a_k' имеется число, равное нулю, вместо z

можно взять $z-a$, где $a \neq a_k$, $k=1,...,n$. Заменяя в интеграле переменную ζ на z по формуле $\zeta = L(z)$, получим

$$f\left(L(z)\right) = c\int_{z_0}^{z}\left(a_n' - a_1' - \frac{1}{z}\right)^{\alpha_1 - 1} \dots \left(a_n' - a_n' - \frac{1}{z}\right)^{\alpha_n - 1}\frac{dz}{z^2} + c_1 =$$

$$= c\prod_{k=1}^{n-1} a_k \int_{z_0}^{z}\prod_{k=1}^{n-1}\left(z-a_k\right)^{\alpha_k - 1}\frac{dz}{z^{\alpha_1+\dots+\alpha_n - n + 2}} + c_1 = c^*\int_{z_0}^{z}\prod_{k=1}^{n-1}\left(z-a_k\right)^{\alpha_k-1}dz,$$

где $a_k = \dfrac{1}{a_n' - a_k'}$ – точки на границе полуплоскости Π_z^+, $-\infty < a_1 < \dots < a_{n+1} < a_n = \infty$.

Таким образом, если одной из вершин многоугольника D соответствует бесконечно удаленная точка, то относящийся к этой точке множитель в формуле Шварца - Кристоффеля заменяется единицей.

1.5. Бесконечные вершины. Пусть вершина w_k прямолинейного многоугольника $D \subset \mathbb{C}$ лежит в бесконечно удаленной точке (рис. 30). Возьмем на его стороне q_k, соединяющей точку w_{k-1} с $w_k = \infty$ некоторую точку w_{k-1}'. Аналогично поступая, отметим точку w_k' на стороне q_{k+1} и соединим точки w_{k-1}', w_k' прямолинейным отрезком. Можно считать, что он принадлежит многоугольнику D. Тогда многоугольник D' с вершинами $w_1,\dots,w_{k-1}, w_{k-1}', w_k', w_{k+1},\dots,w_n$ является частью многоугольника D. В общих для D и D' вершинах углы совпадают. Обозначим через α_{k-1}', α_k' углы, измеренные в долях π многоугольника D' с вершинами соответственно в точках w_{k-1}', w_k'. Отображение полуплоскости Π^+ на многоугольник D' дается формулой

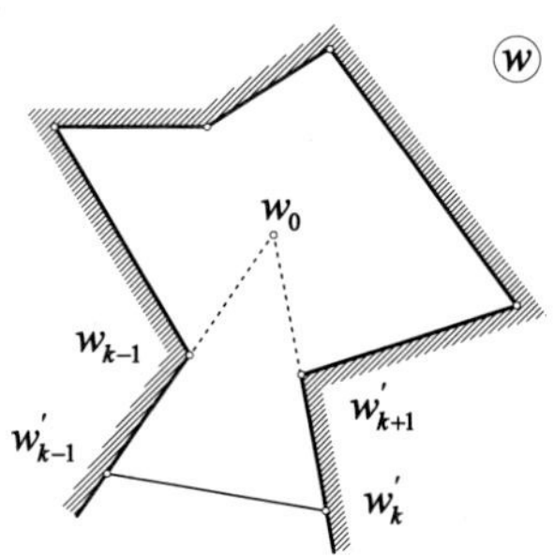

Рис. 30.

$$w = c\int_{z_0}^{z}\left(z-a_1\right)^{\alpha_1-1}\dots\left(z-a_{k-1}\right)^{\alpha_{k-1}-1}\left(z-a_{k-1}'\right)^{\alpha_{k-1}'-1}\cdot\left(z-a_k'\right)^{\alpha_k'-1}\left(z-a_{k+1}\right)^{\alpha_{k+1}-1}\dots\left(z-a_n\right)^{\alpha_n-1}dz + c_1.$$

Устремим отрезок с концами w_{k-1}', w_k' параллельно самому себе к бесконечности. При этом обе точки a_{k-1}', a_k' стремятся к точке a_k, соответствующей вершине w_k, а произведение $\left(z-a_{k-1}'\right)^{\alpha_{k-1}'-1}\left(z-a_k'\right)^{\alpha_k'-1}$ переходит в $\left(z-a_k\right)^{\alpha_{k-1}'+\alpha_k'-2}$. Продолжим отрезок с концами w_{k-1}', w_{k-1} и отрезок w_k', w_{k+1} до пересечения, пусть в точке w_0. Они вместе с отрезком с концами w_{k-1}', w_k' образуют треугольник с вершинами w_{k-1}', w_k', w_0 и углом в w_0, равным $\alpha\pi$. Очевидно, $\alpha = 2 - \alpha_{k-1}' - \alpha_k'$. Обозначим через $\alpha_k\pi$ угол с вершиной $w_k = \infty$, полагая $\alpha_k = -\alpha$. Формула примет вид

$$w = c\int_{z_0}^{z}(z-a_1)^{\alpha_1-1}\dots(z-a_k)^{\alpha_k-1}\dots(z-a_n)^{\alpha_n-1}dz + c\,.$$

Она сохраняет свой вид и в случае, когда многоугольник D имеет более одной вершины в бесконечности. Итак, доказана

Теорема 3. *Формула, указанная в теореме 1, справедлива и для многоугольников, у которых одна или несколько вершин лежат в бесконечно удаленной точке, если угол между двумя прямыми с вершиной в бесконечности определяется как угол в конечной точке их пересечения, взятый со знаком минус.*

1.6. Отображение внешности многоугольника. Формула Щварца – Кристоффеля легко распространяется на случай, когда рассматривается отображение полуплоскости Π^+ на внешность D_0 ограниченного многоугольника D (рис. 31). При этом некоторая точка $a \in \Pi^+$ функцией $w = f(z)$, реализующей отображение полуплоскости Π^+ на прямолинейный многоугольник D_0, принимает значение ∞. В силу однолистности и конформности отображения функции в точке $z = a$ имеет полюс первого порядка. Разложение в ряд Лорана в окрестности этой точки имеет вид

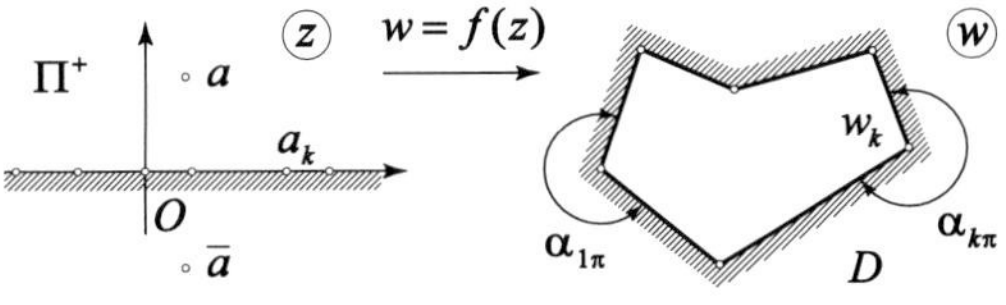

Рис. 31.

$$f(z) = \frac{c_{-1}}{z-a} + c_0 + c_1(z-z_0) + \dots = \frac{\varphi(z)}{z-a},\quad \varphi(a) \neq c_1 \neq 0\,.$$

Построенная как и в n^0 1.2. функция $\Phi(z) = \dfrac{f''(z)}{f'(z)}$, кроме полюсов первого порядка в точках $a_1,\dots,a_n$, имеет полюс первого порядка в точке a с вычетом –2 и такую же особенность в точке $\overline{a}$. Таким образом , для $\Phi(z)$ будет иметь место разложение

$$\Phi(z) = \sum_{k=1}^{n}\frac{\alpha_k - 1}{z-a_k} - \frac{2}{z-a} - \frac{2}{z-\overline{a}}\,.$$

Отсюда для $f(z)$ получим формулу

$$f(z) = c\int_{0}^{z}\prod_{k=1}^{n}\frac{(z-a_k)^{\alpha_k-1}dz}{(z-a)^2(z-\overline{a})^2} + c_1\,.$$

Здесь α_k – измеренные в долях π внешние углы многоугольника D_1, a_k – точки действительной оси, соответствующие его вершинам, $a \in \Pi^+$ – точка, соответствующая бесконечно удаленной точке, c и c_1 – постоянные.

§ 2. Функции прямолинейного треугольника

2.1. Отображение полуплоскости на треугольник. Пусть D – треугольник в w-плоскости с вершинами w_1, w_2, w_3 и углами в них $\alpha_1\pi, \alpha_2\pi, \alpha_3\pi$ (рис 32). Пусть угловым точкам области D соответствуют при отображении $w = f(z)$ верхней полуплоскости $\Pi^+ = \{z \in \mathbb{C} : \operatorname{Im} z > 0\}$ точки $a_1 = 0$, $a_2 = 1$, $a_3 = \infty$ действительной оси. Отображение Π^+ на D имеет вид $f(z) = c\varphi(z) + c_1$, где $w = \varphi(z) = \int\limits_0^z \zeta^{\alpha_1 - 1}(1-\zeta)^{\alpha_2 - 1} d\zeta$ – *функция прямолинейного треугольника* с углами $\alpha_1\pi, \alpha_2\pi, (1-\alpha_1-\alpha_2)\pi$.

Функцию $\varphi(z)$ можно согласно принципу симметрии продолжить через каждый из трех промежутков $\gamma_1 = (-\infty, 0)$, $\gamma_2 = (0,1)$, $\gamma_3 = (1, \infty,)$ действительной оси, распространив её на нижнюю полуплоскость $\Pi^- = \{z \in \mathbb{C} : \operatorname{Im} z < 0\}$ по правилу: $\varphi(\overline{z}) = w_k^*$, где $\overline{z} \in \Pi^-$ и w_k^* – точка w-плоскости, симметричная точке $w = \varphi(z)$ относительно соответствующей γ_k стороны треугольника.

Функция

$$\varphi_k(z) = \begin{cases} \varphi(z), z \in D, \\ \varphi(z) = \varphi_k^*(z), z \in \gamma_k, \\ \varphi^*(z), z \in D_k, \end{cases}$$

однолистно и конформно отображает область $D \cup \gamma_k \cup D^*$ на четырехугольник, полученный объединением D с треугольником D_k, симметричным относительно γ_k.

Функцию $\varphi_k^*(z)$ можно продолжить через отрезок γ_l, $l \neq k$, в верхнюю полуплоскость и получить отображение области D_k на область D_{kl}, представляющую собой область D подвергнутую линейному преобразованию. Продолжая указанные построения, заменив D на D_k, получим риманову поверхность над w-плоскостью, состоящую из бесконечного числа листов над каждой точкой z-плоскости, за исключением точек ветвления $z = 0, z = 1, z = \infty$. Каждый лист римановой поверхности – это z-плоскость, разрезанная по дополнению до действительной оси одного из промежутков γ_k. Каждый лист этой поверхности однолистно отображается на четырехугольник, составленный из двух треугольников, с общей стороной и симметричных друг с другом относительно этой стороны. Легко видеть, что один из этих треугольников получается из D четным числом зеркальных симметрий относительно сторон треугольников, возникающих при этих отображениях. Множество всех этих четырехугольников не обязано покрывать z-плоскость

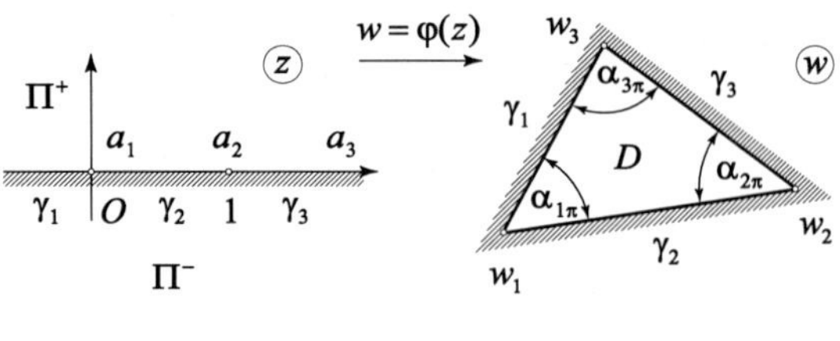

Рис. 32.

однократно. Оно образует, вообще говоря, довольно сложную риманову поверхность для функции $z=\varphi^{-1}(w)$.

2.2. Условия однозначности функции $\varphi^{-1}(w)$. В общем случае риманова поверхность над *w*-плоскостью функции $\varphi^{-1}(w)$ будет иметь над *w* более одной точки и, следовательно, $\varphi^{-1}(w)$ на плоскости *D* не будет однозначной. Однако для некоторых треугольников однозначность будет иметь место. Это произойдет тогда и только тогда, когда после некоторого четного числа зеркальных отражений, сохраняющих на месте вершину, треугольник возвращается в исходное положение. Это означает, что число 2π является целым четным кратным угла в любой вершине треугольника *D*, то есть что числа $r_k=2\pi/(2\pi\alpha_k), k=1,2,3$, целые. Так как $\alpha_1+\alpha_2+\alpha_3=1$, то целые числа r_1,r_2,r_3 должны удовлетворять соотношению

$$\frac{1}{r_1}+\frac{1}{r_2}+\frac{1}{r_3}=1,$$

являющемуся диафантовым уравнением. Найдем его решение. Чтобы избежать симметричных решений естественно ограничиться теми решениями, для которых $r_1\le r_2\le r_3$. Очевидно, всегда должно быть $r_1\le 3$.

Если $r_1=1$, то $\dfrac{1}{r_2}+\dfrac{1}{r_3}=0$ и тогда $r_2=r_3=\infty$. Этому случаю отвечает треугольник, у которого два угла равны нулю, а третий равен π (рис. 33). Такой вырожденный треугольник представляет собой полосу между двумя параллельными прямыми, а отображение

$$w=\varphi(z)=\int_0^z\frac{d\zeta}{1-\zeta}=\ln\frac{1}{1-z}$$

отвечает проведенному ранее исследованию логарифмического отображения.

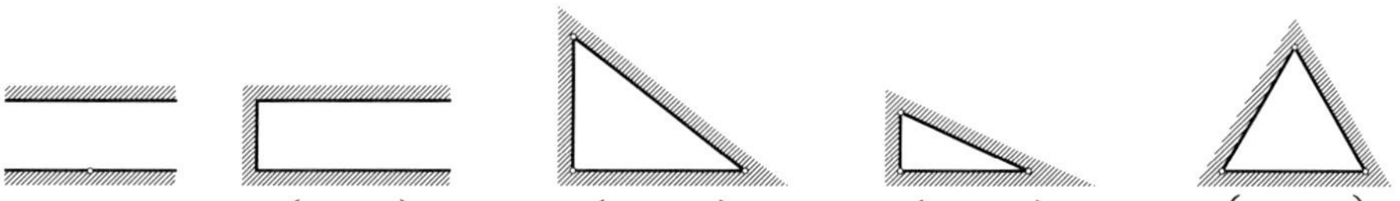

$(0,\pi,0)$ $\left(\frac{\pi}{2},0,\frac{\pi}{2}\right)$ $\left(\frac{\pi}{2},\frac{\pi}{4},\frac{\pi}{4}\right)$ $\left(\frac{\pi}{2},\frac{\pi}{3},\frac{\pi}{6}\right)$ $\left(\frac{\pi}{3},\frac{\pi}{3},\frac{\pi}{3}\right)$

Рис. 33.

Если $r_1=2$, то $\dfrac{1}{r_2}+\dfrac{1}{r_3}=\dfrac{1}{2}$, что возможно в трех случаях. Один из них, когда $r_2=2, r_3=\infty$, относится к вырожденному треугольнику с углами $\pi/2,\pi/2,0$, то есть к полуполосе. Отображение имеет вид

$$w = \varphi(z) = \int_0^z \frac{d\zeta}{\sqrt{\zeta(1-\zeta)}} = \arcsin 2z .$$

В двух других, когда $r_1 = 2, r_2 = 4, r_3 = 4$ и когда $r_1 = 2, r_2 = 3, r_3 = 6$, отображающие функции имеют соответственно вид

$$w = \varphi(z) = \int_0^z \frac{d\zeta}{\sqrt[4]{\zeta^2(1-\zeta)^3}}, \quad w = \varphi(z) = \int_0^z \frac{d\zeta}{\sqrt[6]{\zeta^3(1-\zeta)^4}} .$$

Если $r_1 = 3$, то $\frac{1}{r_2} + \frac{1}{r_3} = \frac{2}{3}$ и, значит, $r_2 = r_3 = 3$. Отображение представляется интегралом

$$w = \varphi(z) = \int_0^z \frac{d\zeta}{\sqrt[3]{\zeta^2(1-\zeta)^2}} .$$

В отличие от случаев вырожденных треугольников интегралы для отображающих функций не берутся в элементарных функциях.

§ 3. Прямолинейные счетноугольники с симметрией переноса

3.1. Область с симметрией переноса. Область $D \subset \mathbb{C}, D \neq \mathbb{C}$, называют областью с *симметрией переноса* вдоль действительной оси, если $D = L(D)$, где $L(w) = w + T$, $T > 0$. Такая область является неограниченной и конечной $(\infty \notin D)$, а также либо односвязной, либо многосвязной.

При преобразованиях $L(w) = w + T$ односвязной области D возможны только два варианта: для любой последовательности $\{w_k\}_{k=1}^{\infty}$, $w_k = u_0 + kT + iv_0$, $v_0 > 0$, образом при однолистном конформном отображении области D на единичный круг будет множество либо с одной предельной точкой, либо с двумя предельными точками на единичной окружности. В первом случае область D называют областью типа полуплоскости, во втором – типа полосы.

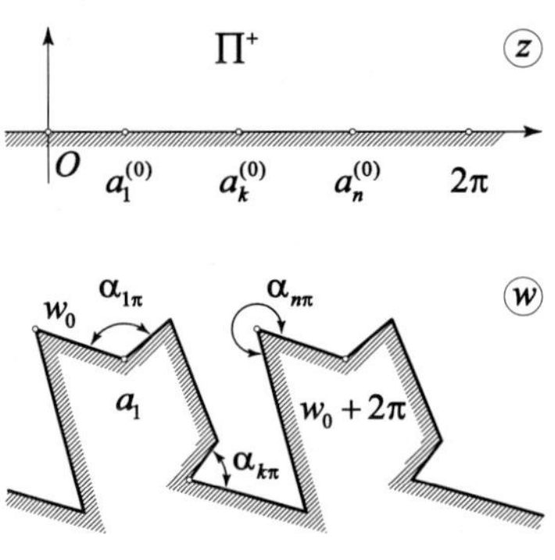

Рис. 34.

Далее будем рассматривать области с симметрией переноса вдоль действительной оси, ограничиваясь областями типа полуплоскости и предполагая, что граница frD этой области состоит из отрезков и лучей и удовлетворяет следующему условию: если точка $w_0 \in frD$, $w_0 \neq \infty$, то дуга $(w_0, w_0 + T)$ границы, начинающаяся в точке w_0 и оканчивающаяся в точке $w_0 + T$, состоит из конечного числа отрезков и лучей (рис. 34). Двигаясь от w_0 к $w_0 + T$ вдоль границы области D в положительном направлении (то есть в том, при котором область остается слева) будем обозначать последовательно встречающиеся угловые точки границы через $A_1^{(0)}, A_2^{(0)}, \ldots, A_n^{(0)}$, $A_n^{(0)} \neq A_1^{(0)} + T$, $n = 1, 2, \ldots$, а углы области D – соответственно через $\alpha_1\pi, \alpha_2\pi, \ldots, \alpha_n\pi$. Если $A_s^{(0)} \in \mathbb{C}$, то $0 < \alpha_s \leq 2$; если же $A_s^{(0)} = \infty$, то $\alpha_s = 0$.

Предположим, что множество

$$\bigcup_{k=-\infty}^{\infty} \left[w_0 + kT, w_0 + (k+1)T \right]$$

совпадает с границей области *D*. Видим, что $\alpha_1 + \ldots + \alpha_n = n$.

Назовем область D с указанными выше свойствами прямолинейным счетноугольником.

3.2. Отображение с симметрией переноса. Обозначим через $w = f(z)$ функцию, реализующую однолистное конформное отображение верхней полуплоскости $\Pi^+ = \{z \in \mathbb{C}, \operatorname{Im} z > 0\}$ на область *D* (счетноугольник *D*) с условиями $f(0) = w_0$, $f(\lambda_1) = w_1$, $f(\infty) = \infty$, где λ_1 – некоторая фиксированная точка $z = \lambda_1$, $0 < \lambda_1 < +\infty$. Согласно теореме Римана такая функция существует и единственна. Она непрерывно продолжается на $\overline{\Pi^+}$ и, кроме того, продолженная функция голоморфна на интервалах $\left(a_s^{(0)}, a_{s+1}^{(0)}\right)$, $s = 1, \ldots, n-1$, действительной оси и конгруентных им интервалах, получающихся при переносе $\left(a_s^{(0)}, a_{s+1}^{(0)}\right)$ на *kT*, $k = \pm 1, \pm 2, \ldots$. Здесь $a_s^{(0)}$ – прообраз $A_s^{(0)}$ при отображении *f*. Если переменная *x* возрастает от $a_s^{(0)}$ до $a_{s+1}^{(0)}$, то точка $w = f(x)$ пробегает отрезок, соединяющий точки $A_s^{(0)}$, $A_{s+1}^{(0)}$ границы области *D*. Этот отрезок можно представить параметрическим уравнением вида $\omega = f(x) = A_s^{(0)} + \rho(x) e^{i\gamma_s}$, где γ_s – угол, образованный отрезком с концами $A_s^{(0)}$, $A_{s+1}^{(0)}$ с действительной осью. Отношение $\omega''(x)/\omega'(x) = \rho''(x)/\rho'(x)$ и, значит, отношение $f''(z)/f'(z)$ имеет действительные значения на каждом интервале действительной оси, не содержащем точек $z = a_s^{(0)} + kT$, $s = 1, \ldots, n$, $k \in \mathbb{Z}$.

Пусть $z = \varphi(w)$ – функция, обратная к $f(z)$: $\varphi(f(z)) = z$ в Π^+. Обозначим $\varphi(w_0 + T) = t$. В указанных условиях и обозначениях $f(z+t) = f(z) + T$ для любого $z \in \Pi^+$. Действительно, функция $f(z) + T$ отображает Π^+ на *D* и поэтому функция $\varphi(f(z) + T)$, реализующая однолистное конформное отображение Π^+ на себя, линейно и имеет вид $\varphi(f(z) + T) = az + b$, где a и b – действительные постоянные, $a > 0$, $b \neq 0$. Так как $\varphi(f(z) + T) = z + t = az + b$, то $a = 1$, $b = t$ и, следовательно, $f(z+t) = f(z) + T$. Видим, что функция $f'(z)$ периодическая, с периодом *t*, а функция $\varphi'(w)$ периодическая с периодом *T*.

3.3. Формула для $f(z)$. Повторяя рассуждения, использованные в предыдущем параграфе при выводе формулы Шварца – Кристоффеля, устанавливаем, что функция

$f''(z)/f'(z)$ имеет в точке $a_s^{(0)}+kt$ $(s=1,...,n;\,k=0,\pm1,...)$ простой полюс с вычетом, равным α_s-1. В окрестности точки $a_s^{(0)}$ имеет место разложение

$$\frac{f''(z)}{f'(z)}=\frac{\alpha_s-1}{z-a_s^{(0)}}+g_{s,0}(z),$$

а в окрестности точки $a_s^{(0)}+kt$ $(k=\pm1,\pm2,...)$ –

$$\frac{f''(z)}{f'(z)}=\frac{\alpha_s-1}{z-\left(a_s^{(0)}+kt\right)}+\frac{\alpha_s-1}{kt}+g_{s,k}(z),$$

где $g_{s,k}(z)\,(s=1,...,n;\,k\in\mathbb{Z})$ - некоторая голоморфная функция. В точках, отличных от $a_s^{(0)}+kt\,(s=1,...,n;k\in\mathbb{Z})$ функция $f''(z)/f'(z)$ голоморфна. Ряд

$$\sum_{s=1}^{n}\frac{\alpha_s-1}{z-a_s^{(0)}}+\sum_{s=1}^{n}\sum_{k=-\infty}^{\infty}\left[\frac{\alpha_s-1}{z-\left(a_s^{(0)}+kt\right)}+\frac{\alpha_s-1}{kt}\right]$$

равномерно сходится на любом замкнутом ограниченном множестве, не содержащем точек $a_s^{(0)}+kt\,(s=1,...,n;k\in\mathbb{Z})$. Обозначим сумму ряда через $F(z)$. Она представляет собой потенциальную функцию для n систем диполей. Диполи одной из систем расположены в точках $a_s^{(0)}\pm t, a_s^{(0)}\pm 2t,...$; момент таких диполей положителен, если угол с вершиной $A_s^{(0)}$ многоугольника D больше развернутого угла $(1<\alpha_s<2)$, и отрицателен, если угол с вершиной $A_s^{(0)}$ меньше развернутого угла $(0<\alpha_s<1)$. Очевидно, $F(\overline{z})=\overline{F(z)}$ и, значит $F(z)$ имеет действительные значения на действительной оси с исключенными точками $a_s^{(0)}+kt\,(s=1,...,n;k\in\mathbb{Z})$.

Разность $f''(z)/f'(z)-F(z)$ не имеет особенностей в $\mathbb{C}$ и представляет собой некоторую целую периодическую функцию с периодом t. Обозначим её через $q(z)$. Функция $q(z)$ имеет действительные значения на действительной оси. Интегрируя уравнение

$$\frac{d}{dz}\ln f'(z)=F(z)+g(z)$$

вдоль простой дуги, соединяющей в Π^+ точку z с фиксированной точкой z_0 из замыкания Π^+, из которого исключены точки $a_s^{(0)}+kt\,(s=1,...,n;k\in\mathbb{Z})$, если $a_s=0$, получим, (ч.I, гл. V, n^0 1.10),

$$\ln\frac{f'(z)}{f'(z_0)}=\int_{z_0}^{z}g(\zeta)d\zeta+\ln\prod_{s=1}^{n}\left(\frac{z-a_s^{(0)}}{z_0-a_s^{(0)}}\right)^{\alpha_s-1}+\ln\prod_{s=1}^{n}\prod_{\substack{k=-\infty\\k\neq0}}^{\infty}\left[\frac{\left(1-\frac{z-a_s^{(0)}}{kt}\right)e^{\frac{z-a_s^{(0)}}{kt}}}{\left(1-\frac{z_0-a_s^{(0)}}{kt}\right)e^{\frac{z_0-a_s^{(0)}}{kt}}}\right]^{\alpha_s-1}.$$

Воспользуемся представлением $\sin z$ в виде бесконечного произведения (ч.I, гл. V, n^0 1.10). После потенцирования и повторного интегрирования полученного соотношения имеем

$$f(z)=f'(z_0)\int_{z_0}^{z}G(\zeta)\prod_{s=1}^{n}\left[\frac{\sin\frac{\pi}{t}\left(\zeta-a_s^{(0)}\right)}{\sin\frac{\pi}{t}\left(z_0-a_s^{(0)}\right)}\right]^{\alpha_s-1}d\zeta+f(z_0),$$

где $G(z)=\exp\int_{z_0}^{z}g(\zeta)d\zeta$ – целая функция, не обращающаяся в нуль. Если z_0 и $G(z_0)$ действительны, то функция $G(z)$ имеет действительные значения на действительной оси.

Таким образом, функция $f(z)$, однолистно и конформно отображающая верхнюю полуплоскость $\Pi^+=\{z\in\mathbb{C}:\operatorname{Im}z>0\}$ на прямолинейный счетноугольник D, принадлежащий семейству функций вида

$$f(z)=c\int_{z_0}^{z}G(\zeta)\prod_{s=1}^{n}\left[\sin\frac{\pi}{t}\left(\zeta-a_s^{(0)}\right)\right]^{\alpha_s-1}d\zeta+c_0,$$

где c,c_0 – постоянные.

Функция $G(z)$, постоянные $c,c_0,t,a_1^{(0)},...,a_s^{(0)}$, участвующие в записи формулы для $f(z)$ подлежат определению из условий конкретной задачи. Заметим, что прообразы двух вершин области D могут быть взяты заранее.

3.4. Примеры. Рассмотрим примеры нахождения отображения верхней полуплоскости $\Pi^+=\{z\in\mathbb{C}:\operatorname{Im}z>0\}$ на простейшие счетноугольники.

Пусть D – верхняя полуплоскость w-плоскости с исключенными вертикальными отрезками $\{w\in\mathbb{C}:\operatorname{Re}w=k\pi,\operatorname{Im}w\le h\}$, $0<h<\infty$. Найдем однолистное конформное отображение $w=f(z)$ верхней полуплоскости Π^+ на область D (рис. 35), удовлетворяющее условиям

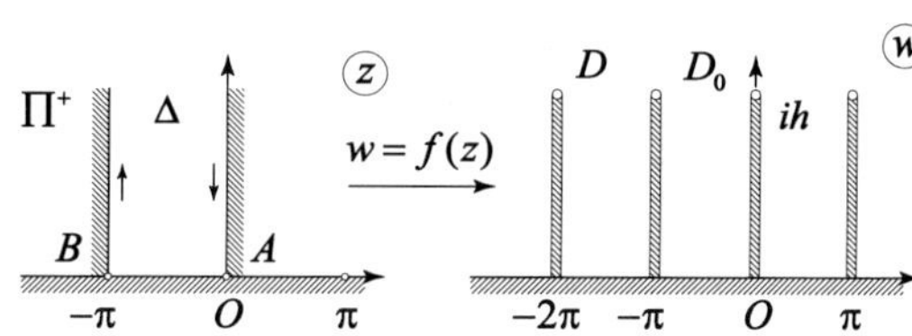

Рис. 35.

$$f(-\pi)=-\pi+ih,\ f(0)=ih,\ f(\infty)=\infty.$$

Отображение $\zeta=\zeta(z)=\cos z$ переводит полуполосу $\Delta=\{z\in\mathbb{C}:-\pi<\operatorname{Re}z<0,\operatorname{Im}z>0\}$ в верхнюю полуплоскость $\Pi_\zeta^+=\{\zeta\in\mathbb{C}:\operatorname{Im}\zeta>0\}$, причем $\zeta(-\pi)=-1$, $\zeta\left(-\frac{\pi}{2}\right)=0$, $\zeta(0)=1$. Функция $\omega=\omega(w)=\cos w$ реализует однолистное конформное отображение полуполосы р $D_0=\{w\in\mathbb{C}:-\pi<\operatorname{Re}w<0\}$ на вехнюю полуплоскость $\Pi_w^+=\{w\in\mathbb{C}:\operatorname{Im}w>0\}$, причем $\omega(-\pi+i\alpha)=-\operatorname{ch}\alpha$, $\omega\left(-\frac{\pi}{2}\right)=0$, $\omega(i\alpha)=\operatorname{ch}\alpha$. Легко видеть, что уравнение $\varphi(z)=\frac{\omega(w)}{\operatorname{ch}\alpha}$ устанавливает однолистное конформное отображение области Δ на D_0. Пользуясь принципом симметрии относительно соответствующих друг другу вертикальных лучей, входящих в границы областей Δ и D_0, получаем, что однолистное конформное отображение области Π^+ на D реализуется функцией $w = \arccos(\operatorname{ch}\alpha \cos z)$.

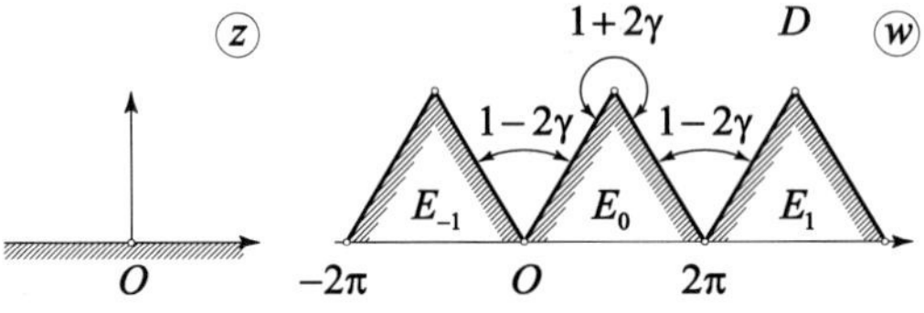

Рис. 36.

Обратимся к другому примеру. Пусть D – верхняя полуплоскость w-плоскости с исключенными равнобедренными треугольниками $E_k = E_0 + 2k\pi, \quad k \in \mathbb{Z}$, получающимися из треугольника E_0 с вершинами $w_0 = 0$, $w_1 = \pi + ih, h > 0$, $w_2 = 2\pi$ сдвигом вдоль вещественной оси на $2k\pi$ (рис. 36). Обозначим углы области D с вершинами в точках w_0, w_1, w_2 соответственно $\alpha_0 = 1 - 2\gamma, \quad \alpha_1 = -1 + 2\gamma, \quad \alpha_2 = 1 - 2\gamma$. Формула Шварца - Кристоффеля примет вид

$$f(z) = c\int_0^z \operatorname{ctg}^{2\gamma}\frac{\zeta}{2}dy + c_1.$$

Если $\gamma = \dfrac{1}{4}$, то отображение записывается в явном виде

$$f(z) = c_2\left[\ln\left(\sin\frac{z}{2} + \cos\frac{z}{2} - \sqrt{\sin z}\right) + \arcsin\left(\sin\frac{z}{2} - \cos\frac{z}{2}\right)\right] + c_3.$$

Если потребовать, чтобы $\lim\limits_{\operatorname{Im} z \to +\infty}\left(f(z) - z\right) = 0$, то в результате вычислений получим $c_2 = i - 1$, $c_3 = -\dfrac{\pi}{2} - i(\ln 2 - \pi)$.

В следующем примере рассматривается счетноугольник D, представляющий собой плоскость $\mathbb{C}$ с разрезом нижней полуплоскости $\Pi^- = \{w \in \mathbb{C} : \operatorname{Im} w < 0\}$ по вертикальным лучам, выходящим из точек $w = k\pi, k \in \mathbb{Z}$ (рис. 37), и указывается однолистное конформное отображение $w = f(z)$, $f(0) = 0$, $f\left(-\dfrac{\pi}{2}\right) = \infty$, $f(-\pi) = \pi$, полуплоскости Π^+ на область Δ. Выделим в Π^+ полуполосу $\Delta = \{z \in \mathbb{C} : -\pi < \operatorname{Re} z < 0, \operatorname{Im} z > 0\}$.

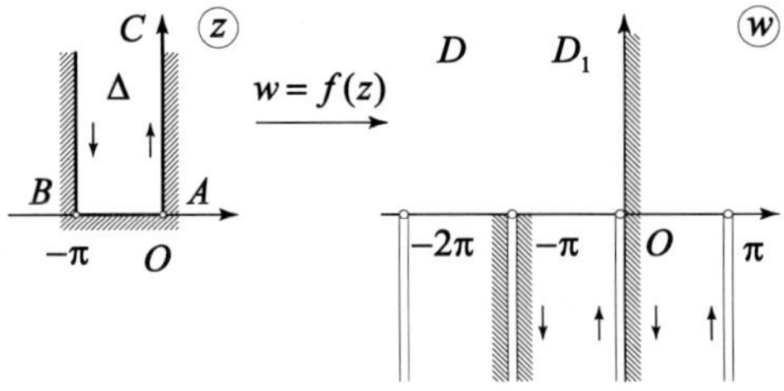

Рис. 37.

При отображении $\zeta = \zeta(z) = \cos z$ ей соответствует полуплоскость

$\Pi_\zeta^+ = \{\zeta \in \mathbb{C} : \operatorname{Im}\zeta > 0\}$, причем $\zeta(-\pi) = -1$, $\zeta\left(-\dfrac{\pi}{2}\right) = 0, \zeta(0) = 1$. Повернем w-плоскость вокруг начала по ходу стрелки часов преобразованием $w_1 = iw$ и выделим полосу $D_1 = \{w_1 \in \mathbb{C} : -\infty < \operatorname{Re} w_1 < +\infty, 0 < \operatorname{Im} w_1 < \pi\}$. Функция $w_1 = e^\zeta$ реализует отображение полуплоскости Π_ζ^+ на полосу D_1, ставя в соответствие дополнению отрезка $[-1,1]$ до действительной оси ζ-плоскости части границы области D_1, лежащие в правой полуплоскости. Применяя принцип симметрии относительно соответствующих лучей, входящих в границы областей Δ и D_1, приходим к отображению Π_z^+ на D, даваемому формулой $\cos z = e^{-iw}$, то есть $w = i \ln \cos z$.

Функция $\psi(z) = -\ln \cos z$ реализует однолистное конформное отображение верхней полуплоскости $\Pi^+ = \{z \in \mathbb{C} : \operatorname{Im} z > 0\}$ на w-плоскость с разрезом по лучу $L_0 = \{z \in \mathbb{C} : 0 \le \operatorname{Re} w = +\infty, \operatorname{Im} w = 0\}$ и по лучам L_k, получающимся сдвигом L_0 на $ik\pi$, $k \in \mathbb{Z}$. Интеграл $L(x) = \int_0^x \psi(x)\,dx = -\int \ln \cos x dx, -\dfrac{\pi}{2} < x < \dfrac{\pi}{2}$,

известен как *функция Лобачевского.* Она продолжается на Π^+ в виде интеграла

$$L(z) = -\int_0^z \ln \cos \zeta d\zeta,$$

взятого по гладкой жордановой дуге, соединяющей 0 и *z*, а также с использованием принципа симметрии – на всю комплексную плоскость. Отметим, что

$$L\left(\frac{\pi}{2}\right) = \frac{\pi}{4}\ln 2 - \frac{1}{2}G,$$

где $G = \sum_{k=0}^{\infty} \dfrac{(-1)^k}{(2k+1)^2} = 0,91596...$ – постоянная Каталана.

Задачи

1.Доказать, что отображение единичного круга $E = \{z \in \mathbb{C} : |z| < 1\}$ на внешность ограниченного многоугольника осуществляется функцией

$$f(z) = c\int_{z_0}^{z} \prod_{k=1}^{z} (z - a_k)^{\alpha_k - 1} \frac{dz}{z^2}, f(0) = \infty.$$

Здесь точки a_k лежат на границе круга *E*, $z_0 \in \overline{E}$, $c = \text{const}$.

2. Доказать, что отображение внешности единичного круга $E = \{z \in \mathbb{C} : |z| < 1\}$ на внешность ограниченного многоугольника осуществляется функцией

$$f(z) = c\int_{z_0}^{z} \prod_{k=1}^{n} (z - a_k)^{\alpha_k - 1} dz + c_1$$

Здесь точки a_k лежат на границе круга *E*, $z \in \overline{E}$, *c* и c_1.– постоянные.

3. Доказать, что если одной из вершин многоугольника соответствует бесконечно удаленная точка, то относящийся к этой вершине множитель в формуле Шварца - Кристоффеля выпадает (заменяется единицей).

4. Исследовать отображение полуплоскости $\Pi^+=\{z\in\mathbb{C}:\operatorname{Im}z>0\}$, осуществляемое функцией $f(z)=\int\limits_0^z\frac{dz}{(z-1)(z+a)},\ \operatorname{Im}a=0.$

5. Найти образы единичного круга $E=\{z\in\mathbb{C}:|z|<1\}$ при отображениях:

$$\text{а) } f(z)=\int\limits_0^z\frac{dz}{\sqrt[3]{1-z^5}},\quad \text{б) } f(z)=\frac{\sqrt[4]{1+z^2}}{z},\quad \text{в) } f(z)=\int\limits_0^z\frac{\left(1+z^5\right)^{\frac{2}{5}}}{\left(1-z^5\right)^{\frac{4}{5}}}dz.$$

6. Пусть функция $w(z)$ однолистно и конформно отображает полуплоскость $\Pi^+=\{z\in\mathbb{C}:\operatorname{Im}z>0\}$ на область D, граница которой состоит из отрезков прямых, проходящих через точку $w=0$. Доказать, что функция $\Phi(z)=f''(z)/f'(z)$ – рациональная функция.

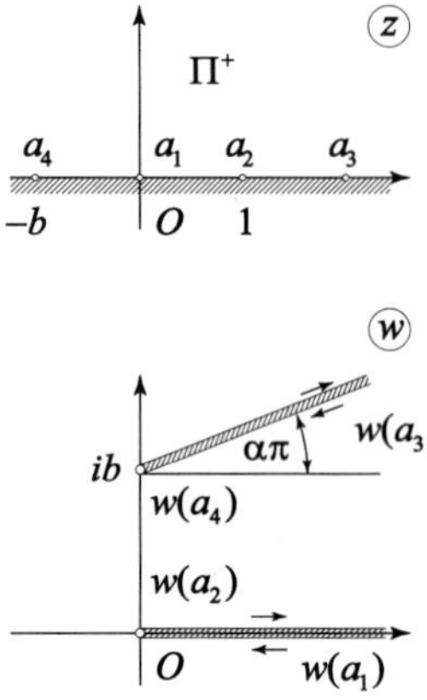

Рис. 38.

7. Найти функцию $w(z)$, $w(1)=1$, однолистно и конформно отображающую единичный круг $E=\{z\in\mathbb{C}:|z|<1\}$ на правильный n-угольник, вписанный в единичную окружность.

8. Найти однолистное конформное отображение $w(z)$ полуплоскости $\Pi^+=\{z\in\mathbb{C}:\operatorname{Im}z>0\}$ на четырехугольник D, получающийся из w-плоскости исключением луча l_1 с параметрическим уравнением $w=t, 0\le t<\infty$ и луча l_2 с параметрическим уравнением $w=e^{i\alpha\pi}t+ib_0, 0\le t<\infty$, где $0\le\alpha\le 3/2, 0<b_0<\infty$. Считать, что $a_1=0, a_2=1, a_3=\infty, a_4=-b, b>0$ и $w(a_1)=\infty, w(a_2)=0, w(a_3)=\infty, w(a_4)=ib_0$ (рис. 38).

Ответ:

$$w=C\int\limits_1^z z^{\alpha-3}(z-1)(z+b)dz=C\left[\frac{1}{\alpha}z^{\alpha}+\frac{b-1}{\alpha-1}z^{\alpha-1}-\frac{b}{\alpha-2}z^{\alpha-2}+\frac{\alpha(1+b)-2}{\alpha(\alpha-1)(\alpha-2)}\right].$$

Для определения постоянных b и C имеются уравнения:

$$b^{\alpha-1}\cos\pi\alpha=\frac{2-\alpha(1+b)}{2b-\alpha(1+b)},\quad C=\frac{ab^{1-\alpha}}{\sin\pi\alpha}\frac{\alpha(\alpha-1)(\alpha-2)}{2b-\alpha(1+b)},$$

получающиеся при рассмотрении соответствия луча l_1 отрезку $[1,\infty]$, а точке $z=-b$ – точки $w=ib_0$.

9. Решить задачу 8 при $\alpha=0,\quad \alpha=1/2,\quad \alpha=3/2$.

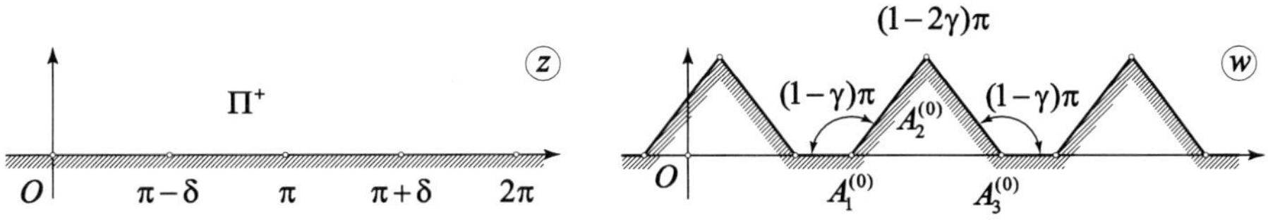

Рис. 39.

10. Используя принцип симметрии и формулу Шварца – Кристоффеля, показать, что однолистное конформное отображение полуплоскости $\Pi^+ = \{z \in \mathbb{C} : \operatorname{Im} z > 0\}$ на счетноугольник D (рис. 39) реализуется функцией

$$f(z) = c_0 \int_0^z \frac{\cos^{2\gamma}\frac{\zeta}{2}}{\left(\cos\frac{z\delta}{2} - \sin^2\frac{\zeta}{2}\right)} d\zeta + c_1 .$$

Показать, что если $\gamma = \frac{1}{2}$ и $A_1^{(0)} = A_3^{(0)}$, то $f(z) = 2c_1 \arcsin\frac{\sin\frac{z}{2}}{\cos\frac{\delta}{2}} + c_1$.

Глава V

КОНФОРМНОЕ ОТОБРАЖЕНИЕ КРУГОВЫХ МНОГОУГОЛЬНИКОВ

Круговым многоугольником называют область, ограниченную конечным числом дуг окружностей и прямолинейных отрезков. Будем считать, что в составе границы есть хотя бы одна дуга окружности, поскольку случай прямолинейных многоугольников рассмотрен в предыдущей главе. В отличие от функций, совершающих конформное отображение полуплоскости (круга) на прямолинейный многоугольник, исследование которого завершилось выводом формулы Шварца – Кристоффеля, для отображения полуплоскости (круга) на круговой многоугольник будет получено обыкновенное дифференциальное уравнение третьего порядка, которому должны удовлетворять отображающие функции. Для круговых треугольников и отдельных других случаев исследование указанного уравнения, называемого уравнением Шварца, приводит к общему решению, но редко с использованием только элементарных функций и интегралов от них. Отображения круговых треугольников тесно связаны с гипергеометрическими функциями и гипергеометрическими интегралами. Изучение конформного отображения круговых треугольников с нулевыми углами, реализуемое модулярной функцией, можно рассматривать как частный случай исследования автоморфных функций, не меняющих своего значения при дробно-линейных преобразованиях аргумента.

§ 1. Уравнение для отображений круговых многоугольников

1.1. Дифференциальный параметр Шварца. Пусть функция $f(z)$ голоморфна в точке $z \in \mathbb{C}$ и $f'(z) \neq 0$.

ОПРЕДЕЛЕНИЕ. *Дифференциальным параметром Шварца* (или *шварцианом*, или *производной Шварца*) для функции $f(z)$ называют функцию

$$F(z) = \frac{f'''(z)}{f'(z)} - \frac{3}{2}\left(\frac{f''(z)}{f'(z)}\right)^2,$$

очевидно голоморфную в точке z.

Шварциан принято также обозначать $\{f(z), z\}$ или $\{f, z\}$.

Отметим некоторые свойства шварциана.

1^0. Шварциан для дробно-линейной функции $l(z) = (az+b)(cz+d)$, $ad - bc \neq 0$, равен нулю: $\{l(z), z\} = 0$. Это свойство проверяется непосредственно по определению.

2^0. Пусть функция $w = f(z)$ голоморфна в точке z, а функция $\zeta = \psi(w)$ – голоморфна в точке $w = f(z)$ и $f'(z) \neq 0$, $\psi'(w) \neq 0$. Тогда

$$\{\psi(f(z), z)\} = \{\psi(w), w\} f'^2(z) + \{f(z), z\}.$$

$\triangleright$Действительно, дифференцируя функцию $\lambda(z)=\psi(f(z))$, логарифмируя результат, а затем еще раз дифференцируя, получим

$$\frac{\lambda''(z)}{\lambda'(z)}=\frac{\psi''(w)}{\psi'(z)}f'(z)+\frac{f''(z)}{f'(z)}.$$

Отсюда, дифференцируя еще раз, получаем

$$\frac{\lambda'''(z)}{\lambda'(z)}-\left(\frac{\lambda''(z)}{\lambda'(z)}\right)^2=\frac{\psi'''(w)\psi'(w)=\psi''^2(w)}{\psi'^2(w)}f'^2(z)+$$

$$+\frac{\psi''(w)}{\psi'(w)}f''(z)+\frac{f'''(z)f'(z)-f''^2(z)}{f'^2(z)},$$

а также имеем

$$\frac{1}{2}\left(\frac{\lambda''(z)}{\lambda'(z)}\right)^2=\frac{1}{2}\left(\frac{\psi''(w)}{\psi'(w)}\right)^2 f'^2(z)+\frac{\psi''(w)f''(z)}{\psi'(w)}+\frac{1}{2}\left(\frac{f''(z)}{f'(z)}\right)^2.$$

Почленно вычтем это равенство из предыдущего. Получим равенство

$$\frac{\lambda'''(z)}{\lambda'(z)}-\frac{3}{2}\left(\frac{\lambda''(z)}{\lambda'(z)}\right)^2=\left[\frac{\psi'''(w)}{\psi'(w)}-\frac{3}{2}\left(\frac{\psi''(w)}{\psi'(w)}\right)^2\right]f'^2(z)+\frac{f'''(z)}{f'(z)}-\frac{3}{2}\left(\frac{f''(z)}{f'(z)}\right)^2,$$

которое составляет содержание свойства 2^0. $\triangleleft$

3^0. Пусть голоморфные функции $f(z)$ и $g(z)$ связаны соотношением

$$g(z)=\frac{af(z)+b}{cf(z)+d},$$

где a,b,c,d – комплексные числа, $ad-bc\neq 0$. Тогда $\{g(z),z\}=\{f(z),z\}$.

Это свойство является следствием двух предыдущих свойств шварциана.

4^0. Аналогично получаем $\left\{\psi\left(\frac{1}{z}\right),z\right\}=\left\{\psi\left(\frac{1}{z}\right),\frac{1}{z}\right\}\frac{1}{z^4}$.

5^0. Если $w=f(z)$ – голоморфная функция, а $z=\varphi(w)$ – обратная функция, то

$$\{\varphi(w),w\}=-\frac{1}{f'^2(z)}-\{f(z),z\}.$$

$\triangleright$ Действительно, так как $\{\varphi(f(z),z)\}=0$, а согласно свойству 2^0

$$\{\varphi(f(z)),z\}=\{\varphi(w),w\}f'^2(z)+\{f(z),z\}.\ \triangleleft$$

Пример. Найдем производную Шварца для функции e^z. Поскольку производная от e^z любого порядка равна e^z, то легко находим, что $\{e^z,z\}=-1/2$ $\triangleleft$.

Пример. Функция $w=f(z)=\dfrac{z}{(1-z)^2}$ однолистно и конформно отображает единичный круг на w-плоскость, разрезанную по действительной оси от $-\infty$ до $-1/4$. Для неё, как показывают вычисления,

$$\{f(z), z\} = -\frac{6}{\left(1-z^2\right)^2}. \triangleleft$$

1.2. Круговой многоугольник. Односвязную область D, лежащую в открытой комплексной плоскости $\mathbb{C}$, называют *круговым многоугольником*, если граница этой области состоит из конечного числа дуг окружностей на $\overline{\mathbb{C}}$. Двигаясь вдоль границы от некоторой точки, будем обозначать последовательно встречающиеся угловые точки границы, понимаемые как достижимые точки границы области D b и называемые *вершинами* кругового многоугольника D, через $w_1^0, w_2^0, \dots, w_n^0$, $n \in \mathbb{N} \setminus \{1\}$, а углы области D в этих точках – соответственно через $\alpha_1\pi, \alpha_2\pi, \dots, \alpha_n\pi$ (рис. 40). Каждая вершина принадлежит двум различным окружностям.

Часть границы области D от точки w_k^0 до точки w_{k+1}^0, $k = 1, \dots, n-1$ и от точки w_n^0 до точки w_1^0 называется *стороной* кругового многоугольника D и обозначается через L_k. Угловой w_k^0*-областью* кругового многоугольника D назовем и обозначим через $V\left(w_k^0\right)$ ту компоненту пересечения окрестности точки w_k^0, в частности, $U\left\{w_k^0, \varepsilon\right\}$, $\varepsilon > 0$, с областью D, которая включает в свою границу идущие из w_k^0 дуги, лежащие на сторонах $w_{k-1}^0 w_k^0$, $w_k^0 w_{k+1}^0$ при $k = 1, \dots, n-1$ и $w_{n-1}^0 w_n^0$, $w_n^0 w_n^1$ при $k = n$.

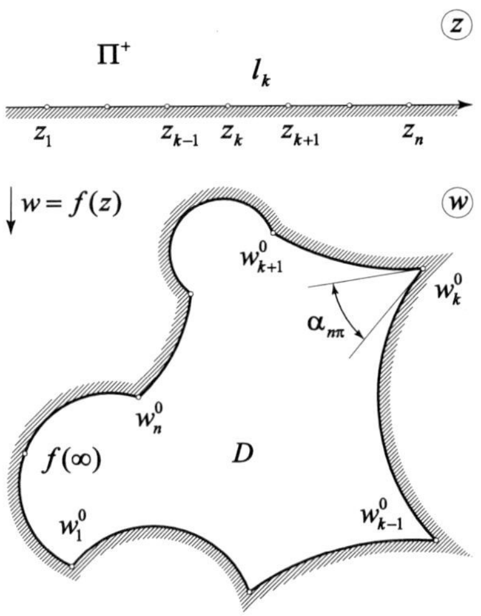

Рис. 40.

Если в некоторой точке плоскости лежит несколько угловых точек области D, то в этой точке будет столько же вершин области D. Случай, когда имеется одна или несколько вершин в бесконечности, не исключается. Угол на бесконечности, образованный параллельными прямыми и внутренний к ним, считается равным нулю; если же угол на бесконечности образован расходящимися прямыми, пересекающимися в некоторой конечной точке $a \in \mathbb{C}$ и образующими в ней угол $\alpha\pi$, то полагаем, что угол на бесконечности равен $-\alpha\pi$. Таким образом, значения углов кругового многоугольника могут принадлежать промежутку $[-2\pi, 2\pi]$.

Пусть функция $w = f(z)$ реализует однолистное конформное отображение верхней полуплоскости $\Pi^+ = \{z \in \mathbb{C} : \operatorname{Im} z > 0\}$ на круговой многоугольник D. Функция $f(z)$ может быть продолжена по непрерывности из Π^+ на $\overline{\Pi^+}$ как это было показано в гл.II, § 1. Сохраним для продолженной функции обозначение f. Обозначим через z_k^0, $k = 1, 2, \dots, n$, точку действительной оси, соответствующую вершине w_k^0 кругового многоугольника D, то есть положим $f\left(z_k^0\right)=w_k^0$. Три точки множества $\left\{z_1^0,...,z_n^0\right\}$ могут быть выбраны произвольно, но остальные должны быть найдены в связи с конкретным видом области D. Можно считать, что $-\infty < z_1^0 < ... < z_n^0 < \infty$.

1.3. Продолжение отображения. Отрезку $l_k=\left[z_k^0, z_{k+1}^0\right]$ действительной оси соответствует при отображении $w=f(z)$ верхней полуплоскости Π^+ сторона L_k кругового многоугольника D. Согласно принципу симметрии функцию $f(z)$ можно аналитически продолжить в нижнюю полуплоскость $\Pi^-=\{z\in\mathbb{C}:\operatorname{Im} z<0\}$ через отрезок l_k и получить отображение $f_k(z)$. При этом продолжении полуплоскость Π^- отображается на круговой многоугольник D_k^*, симметричный D относительно стороны L_k. Пусть теперь $S_{k'}^*$ – одна из сторон кругового многоугольника D_k^*, отличная от S_k. Обозначим через $D_{kk'}^{**}$ круговой многоугольник, симметричный D_k^* относительно стороны $S_{k'}^*$. Продолженная из нижней полуплоскости Π^- функция $f_{kk'}(z)$ через $l_{k'}$ реализует однолистное конформное отображение Π^+ на $D_{kk'}^{**}$. Двукратное преобразование симметрии является однолистным конформным преобразованием, а именно дробно-линейным преобразованием

$$f_{kk'(z)}=\frac{af(z)+b}{cf(z)+d}.$$

Продолжая этот процесс и рассматривая всевозможные аналитические продолжения функции $f(z)$ придем к следующему результату. Функция $f(z)$ продолжается через отрезки l_k, $k=1,...,n$, из одной полуплоскости в другую, а круговой многоугольник D продолжается на симметричный относительно стороны L_k многоугольник D_k^*. Продолжение через различные стороны кругового многоугольника D приводит, вообще говоря, к различным значениям функции, так что продолженная функция многозначна. Различные значения функции в одних и тех же точках z, лежащих на составленной из экземпляров полуплоскостей Π^+, Π^- римановой поверхности над z-плоскостью, связаны дробно-линейной зависимостью, то есть, если $f_1(z)$, $f_2(z)$ – два значения функции на разных листах римановой поверхности, то

$$f_2(z)=\frac{af_1(z)+b}{cf_1(z)+d},$$

где коэффициенты a,b,c,d зависят от параметров кругового многоугольника D и от способа выполняемого аналитического продолжения.

Согласно свойству 3^0 дифференциального инварианта Шварца функция

$$\{f,z\}=\frac{f'''(z)}{f'(z)}-\frac{3}{2}\left(\frac{f''(z)}{f'(z)}\right)^2$$

однозначна и голоморфна на плоскости $\mathbb{C}$, за исключением точек $z_1^0,...,z_n^0$ и, быть может, точки $z=\infty$.

1.4. Дифференциальное уравнение Шварца. Исследование особых точек функции $F(z)=\{f,z\}$ проводится средствами, использованными при исследовании особых точек отношения $f''(z)/f'(z)$ для прямолинейных многоугольников.

Предположим сначала, что угол кругового многоугольника D в вершине $w_k^0 \neq \infty$ образован прямолинейными отрезками $w_{k-1}^0 w_k^0$, $w_k^0 w_{k+1}^0$ и имеет величину $\alpha_k \pi$, $\alpha_k \in (0,1) \cup [1,2]$. Функция

$$\omega = e^{i\beta\alpha_k}\left(w - w_k^0\right)$$

при соответствующем выборе действительной постоянной β отображает $V\left(w_k^0\right)$ на угол Δ с вершиной в точке $\omega = 0$ и со сторонами, одна из которых лежит на положительной части действительной оси ω-плоскости, а другая – на луче, подучающемся при повороте вокруг нуля положительной части действительной оси на угол $\alpha_k \pi$ против направления хода часовой стрелки. Функция

$$\omega_1 = \omega^{1/\alpha_k}$$

переводит угол Δ на ту часть окрестности точки $\omega_1 = 0$, которая лежит в верхней полуплоскости ω_1-плоскости. По принципу симметрии отображение лежащей в верхней полуплоскости части окрестности точки z_k^0, выполняемое функцией $\omega_1(z) = (\omega_1 \circ \omega \circ f)(z)$, продолжается на полную окрестность точки z_k^0 и оно, являясь голоморфной функцией, представляется разложением

$$\omega_1(z) = \gamma_1^{(k)}\left(z - z_k^0\right) + \gamma_2^{(k)}\left(z - z_k^0\right)^2 + \ldots,\ \gamma_1^{(k)} \neq 0,$$

с ненулевым радиусом сходимости. Из уравнения

$$e^{i\beta}\left(f(z) - w_k^0\right)^{1/\alpha_k} = \omega_1(z)$$

находим

$$f(z) = w_k^0 + \left(e^{i\beta}\omega_1(z)\right)^{\alpha_k}, \quad \omega_1\left(z_k^0\right) = \gamma_1^{(k)} \neq 0.$$

Установим вид разложения функции $F(z)$ около точки z_k^0, $k = 1,...,n$, учитывая, что

$$\{f(z), z\} = \left\{f(z) - w_k^0, z\right\} = \left\{\left(e^{i\beta}\omega_1(z)\right)^{\alpha_k}, z\right\}.$$

Имеем

$$f(z) = w_k^0 + \left(-z_k^0\right)^{\alpha_k}\lambda_k(z),$$

где

$$\lambda_k(z) = c_0^{(k)} + c_1^{(k)}\left(z - z_k^0\right) + \ldots,\ c_0^{(k)} = \left(e^{-i\beta}\gamma_1^{(k)}\right)^{\alpha_k} \neq 0$$

– голоморфная в точке z функция, отличная в этой точке от нуля.

Дифференцируя функцию $f(z)$, получаем

$$f'(z) = (z - z_0)^{\alpha_k - 1} \mu_k(z),$$

где

$$\mu_k(z) = \alpha_k \lambda_k(z) + \left(z - z_k^0\right)\lambda'(z),\ \mu_k\left(z_k^0\right) \neq 0.$$

После повторного дифференцирования функции $f(z)$ легко получаем, что

$$\frac{f''(z)}{f'(z)} = \frac{\alpha_k - 1}{z - z_k^0} + \frac{\mu_k'(z)}{\mu_k(z)},$$

откуда дифференцированием получаем

$$\frac{f'''(z)}{f'(z)} - \left(\frac{f''(z)}{f'(z)}\right)^2 = \frac{1 - \alpha_k}{\left(z - z_k^0\right)^2} + \frac{\mu_k''(z)}{\mu_k(z)} - \left(\frac{\mu_k'}{\mu_k(z)}\right)^2.$$

Ограничиваясь записью только главной частью разложения шварциана для $f(z)$ в ряд Лорана по степеням $z - z_k^0$, имеем

$$F(z) = \{f(z), z\} = \frac{1 - \alpha_k}{\left(z - z_k^0\right)^2} - \frac{1}{2}\left[\left(\frac{\alpha_k - 1}{z - z_k^0}\right)^2 - 2\frac{M_k}{z - z_k^0}\right] + S_k(z),$$

где $M_k = (1 - \alpha_k)\dfrac{\mu'(z_0)}{\mu(z_0)}$ – некоторая постоянная, $S_k(z)$ – голоморфная функция в окрестности точки z_k^0, равная нулю в точке z_k^0.

Так как

$$1 - \alpha_k - \frac{1}{2}(\alpha_k - 1)^2 = \frac{1 - \alpha_k^2}{2},$$

то в окрестности точки z_k^0 разложение функции $F(z)$ в ряд Лорана дается формулой

$$F(z) = \frac{1 - \alpha_k^2}{2\left(z - z_k^0\right)^2} + \frac{M_k}{z - z_k^0} + S_k(z) \qquad (*)$$

Таким образом, $F(z)$ имеет в точке z_k^0 полюс второго порядка. Число $M_k = \operatorname*{res}_{z=z_k} F$ существенно зависит от области D и не определяется, вообще говоря, величинами её углов и аффиксами вершин.

Если среди сторон угловой области $V\left(w_k^0\right)$ кругового многоугольника D хотя бы одна сторона является дугой окружности, то помимо точки $w_k^0 \neq \infty$ имеется еще единственная точка w_k^* пересечения окружностей или окружности и прямой, на которых лежат дуги рассматриваемой угловой области. Дробно-линейное отображение

$$w_1(w) = \frac{w - w_k^0}{w - w_k^*}$$

переводит круговой многоугольник D в круговой многоугольник D_1^* w_1-плоскости, ставя в соответствие угловой области $V\left(w_k^0\right)$ прямолинейный угол раствора $\alpha_k \pi$ с вершиной в точке $w_1 = 0$. Функция $\omega = e^{i\beta} w_1^{1/\alpha_k}$ переводит этот угол при надлежащем выборе действительной постоянной β на лежащую в верхней полуплоскости ω-плоскости часть окрестности точки $\omega = 0$.

Функция $\omega_1(z) = \omega(w_1(f(z)))$ согласно принципу симметрии продолжается как голоморфная на окрестность точки $z = z_k^0$ и раскладывается в ряд Тейлора

$$\omega_1(z) = \gamma_1^{(k)}(z - z_k^0) + \gamma_2^{(k)}(z - z_k^0)^2 + \ldots, \gamma_1^{(k)} \neq 0,$$

с ненулевым радиусом сходимости. Из уравнения

$$e^{i\beta}\left(\frac{f(z) - w_k^0}{f(z) - w_k^*}\right)^{1/\alpha_k} = \omega_1(z)$$

находим

$$\frac{f(z) - w_k^0}{f(z) - w_k^*} = \left(e^{-i\beta}\omega_1(z)\right)^{\alpha_k}, \omega_1(z_k^0) = \gamma_1^{(k)} \neq 0.$$

Теперь, пользуясь этим равенством и свойством инвариантности шварциана относительно дробно-линейного отображения, имеем

$$F(z) = \{f(z), z\} = \left\{\frac{f(z) - w_k^0}{f(z) - w_k^*}, z\right\} = \left\{\left(e^{-i\beta}\omega_1(z)\right)^{\alpha_k}, z\right\}.$$

Повторяя выкладки, проведенные для прямолинейного угла, приходим к выводу, что разложение $F(z)$ около точки z_k^0 дается формулой (*).

Точке $z = \infty$ соответствует точка $w_\infty = f(\infty)$, лежащая на стороне кругового многоугольника D и отличная от какой-либо его вершины. Поэтому функция $f(z)$ голоморфна на бесконечности и разлагается в ряд

$$f(z) = w_\infty + \frac{c_1}{z} + \frac{c_2}{z^2} + \ldots, c_1 \neq 0.$$

Легко найти, что

$$\frac{f''(z)}{f'(z)} = -\frac{2}{z} - \frac{b_1}{z^2} - \frac{b_2}{z^3} - \ldots \frac{d}{dz}\left(\frac{f''(z)}{f'(z)}\right) = \frac{2}{z^2} + \frac{2b_1}{z^3} + \frac{3b_2}{z^4} + \ldots$$

и, следовательно,

$$F(z) = \{f(z), z\} = \frac{-b_1^2 + 2b_2}{2}\frac{1}{z^4} + \ldots.$$

Итак, функция $F(z)$ имеет на бесконечности нуль не ниже четвертого порядка

Функция

$$\Phi(z) = F(z) - \sum_{k=1}^{n}\left[\frac{1 - \alpha_k^2}{2(z - z_k^0)^2} + \frac{M_k}{z - z_k^0}\right]$$

голоморфна в плоскости $\mathbb{C}$. На бесконечности она обращается в нуль и, следовательно, $\Phi(z)$ ограничена в $\overline{\mathbb{C}}$. Согласно теореме Лиувилля $\Phi = 0$ в $\overline{\mathbb{C}}$. Поэтому справедлива следующая теорема.

Теорема 1. *Функция $f(z)$, однолистно и конформно отображающая верхнюю полуплоскость $\Pi^+ = \{z \in \mathbb{C} : \operatorname{Im} z > 0\}$ на ограниченный круговой многоугольник D, удовлетворяет дифференциальному уравнению Шварца*

$$\frac{w'''}{w'} - \frac{3}{2}\frac{w''^2}{w'^2} = \sum_{k=1}^{n}\left[\frac{1-\alpha_k^2}{2\left(z-z_k^0\right)^2} + \frac{M_k}{z-z_k^0}\right],$$

где $-\infty < z_1^0 < \ldots < z_n^0 < +\infty$ – прообразы вершин кругового многоугольника D, а $\alpha_1\pi,\ldots,\alpha_n\pi$ – углы в этих вершинах.

От условия, что угол α_k отличен от 0, 1, 2 можно освободиться, заменяя область D на надлежащие области, удовлетворяющие условиям теоремы, и пользуясь предельным переходом.

Постоянные M_k, входящие в уравнение Шварца, называют *акцессорными* постоянными. Поскольку для функции $f(z)$ шварциан имеет в точке $z = \infty$ нуль не ниже четвертого порядка, то для решения $w = f(z)$ уравнения Шварца коэффициенты разложения правой части уравнения при z^{-1}, z^{-2}, z^{-3} равны нулю, то есть

$$\sum_{k=1}^{n} M_k = 0, \quad \sum_{k=1}^{n}\left(z_k^0 M_k + \frac{1-\alpha_k^2}{2}\right) = 0, \quad \sum_{k=1}^{n}\left(z_k^{02} M_k + \left(1-\alpha_k^2 z_k^0\right)\right) = 0.$$

§ 2. Отображение круговых треугольников

2.1. Уравнение Шварца. В случае кругового треугольника (рис. 41) прообразы вершин треугольника – три точки на действительной оси: z_1^0, z_2^0, z_3^0 – можно задать произвольно, а постоянные M_1, M_2, M_3 определить из вышеуказанной системы условий. Этого достаточно для конкретизации записи уравнения Шварца.

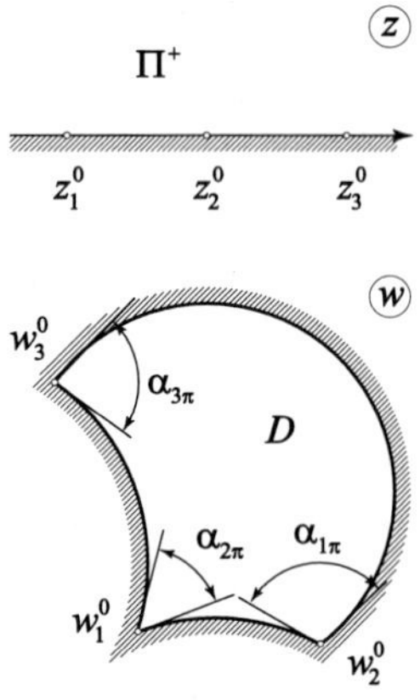

Рис. 41.

Теорема 2. *Функция $f(z)$, однолистно и конформно отображающая верхнюю полуплоскость $\Pi^+ = \{z \in \mathbb{C} : \operatorname{Im} z > 0\}$ на круговой многоугольник D с вершинами w_1^0, w_2^0, w_3^0 и углами в них, равными $\alpha_1\pi, \alpha_2\pi, \alpha_3\pi$ удовлетворяет дифференциальному уравнению*

$$\frac{w'''}{w'} - \frac{3}{2}\frac{w''^2}{w'^2} = A_1\frac{\left(z_1^0-z_2^0\right)\left(z_1^0-z_3^0\right)}{\left(z-z_1^0\right)^2\left(z-z_2^0\right)\left(z-z_3^0\right)} + A_2\frac{\left(z_2^0-z_3^0\right)\left(z_2^0-z_1^0\right)}{\left(z-z_1^0\right)\left(z-z_2^0\right)^2\left(z-z_3^0\right)} + A_3\frac{\left(z_3^0-z_1^0\right)\left(z_3^0-z_2^0\right)}{\left(z-z_1^0\right)\left(z-z_2^0\right)\left(z-z_3^0\right)^2},$$

где $-\infty < z_1^0 < z_2^0 < z_3^0 < +\infty$ – точки действительной оси, переходящие при отображении $w = f(z)$ в вершины кругового треугольника D и $A_k = \left(1-\alpha_k^2\right)/2$.

▷ Для акцессорных постоянных M_1, M_2, M_3 имеем систему алгебраических линейных уравнений

$$\begin{aligned} &M_1 + M_2 + M_3 = 0, \\ &z_1^0 M_1 + z_2^0 M_2 + z_3^0 M_3 = -\left(A_1 + A_2 + A_3\right), \\ &z_1^{02} M_1 + z_2^{02} M_2 + z_3^{02} M_3 = -2\left(z_1^0 A_1 + z_2^0 A_2 + z_3^0 A_3\right), \end{aligned}$$

или, что то же самое,

$$\begin{pmatrix} 1 & 1 & 1 \\ z_1^0 & z_2^0 & z_3^0 \\ z_1^{02} & z_2^{02} & z_3^{02} \end{pmatrix} \begin{pmatrix} M_1 \\ M_2 \\ M_3 \end{pmatrix} = \begin{pmatrix} 0 \\ -1 \\ -2z_1^0 \end{pmatrix} A_1 + \begin{pmatrix} 0 \\ -1 \\ -2z_2^0 \end{pmatrix} A_2 + \begin{pmatrix} 0 \\ -1 \\ -2z_3^0 \end{pmatrix} A_3.$$

Решим эту систему уравнений. Значения M_1, M_2, M_3 линейны относительно A_1, A_2, A_3 и могут быть представлены в виде

$$M_k = a_{k_1} A_1 + a_{k_2} A_2 + a_{k_3} A_3,\ k = 1,2,3,$$

с коэффициентами $a_{k_1}, k = 1,2,3$, определяемыми из уравнений

$$\begin{pmatrix} 1 & 1 & 1 \\ z_1^0 & z_2^0 & z_3^0 \\ z_1^{02} & z_2^{02} & z_3^{02} \end{pmatrix} \begin{pmatrix} a_{1_k} \\ a_{2_k} \\ a_{3_k} \end{pmatrix} = \begin{pmatrix} 0 \\ -1 \\ -2z_k^0 \end{pmatrix}.$$

Определитель этой системы линейных уравнений является определителем Вандермонда

$$W = \begin{vmatrix} 1 & 1 & 1 \\ z_1^0 & z_2^0 & z_3^0 \\ z_1^{02} & z_2^{02} & z_3^{02} \end{vmatrix} = \left(z_1^0 - z_2^0\right)\left(z_2^0 - z_3^0\right)\left(z_3^0 - z_2^0\right).$$

Легко находим, что

$$\begin{aligned} Wa_{1k} &= \left(z_3^0 - z_2^0\right)\left(z_3^0 + z_2^0 - 2z_k^0\right), \\ Wa_{2k} &= \left(z_1^0 - z_3^0\right)\left(z_1^0 + z_3^0 - 2z_k^0\right), \\ Wa_{3k} &= \left(z_2^0 - z_1^0\right)\left(z_2^0 + z_1^0 - 2z_k^0\right). \end{aligned}$$

Правую часть уравнения Шварца

$$\frac{w'''}{w'} - \frac{3}{2}\frac{w''^2}{w'^2} = \sum_{k=1}^{3}\left[\frac{A_k}{\left(z - z_k^0\right)^2} + \frac{M_k}{z - z_k^0}\right]$$

преобразуем следующим образом:

$$\sum_{k=1}^{3}\left[\frac{A_k}{\left(z - z_k^0\right)^2} + \frac{M_k}{z - z_k^0}\right] = \sum_{k=1}^{3}\left[\frac{A_k}{\left(z - z_k^0\right)^2} + \frac{a_{k1}A_1 + a_{k2}A_2 + A_{k3}A_3}{z - z_k^0}\right] = \sum_{l=1}^{3} B_l(z) A_l,$$

где

$$B_l(z) = \frac{1}{\left(z - z_l^0\right)^2} + \sum_{k=1}^{3}\frac{a_{kl}}{z - z_k^0},\ l = 1,2,3.$$

Так как при $l = 1$ стоящую справа сумму можно представить в виде

$$\frac{a_{11}}{z-z_1^0}+\frac{a_{21}}{z-z_2^0}+\frac{a_{31}}{z-z_3^0}=\frac{C_2^{(1)}z^2+C_1^{(1)}z+C_0^{(1)}}{W\left(z-z_1^0\right)\left(z-z_2^0\right)\left(z-z_3^0\right)},$$

то приравнивая вычеты функций, стоящих слева и справа, относительно точки z_k^0, $k=1,2,3$, получаем для коэффициентов $C_2^{(1)}$, $C_1^{(1)}$, $C_0^{(1)}$ систему алгебраических линейных уравнений

$$\frac{C_2^{(1)}z_1^{02}+C_1^{(1)}z_1^0+C_0^{(1)}}{\left(z_1^0-z_2^0\right)\left(z_1^0-z_3^0\right)}=a_{11},\ \frac{C_2^{(1)}z_2^{02}+C_1^{(1)}z_2^0+C_0^{(1)}}{\left(z_2^0-z_1^0\right)\left(z_1^0-z_3^0\right)}=a_{21},\ \frac{C_2^{(1)}z_3^{02}+C_1^{(1)}z_3^0+C_0^{(1)}}{\left(z_3^0-z_1^0\right)\left(z_3^0-z_2^0\right)}=a_{31},$$

или, что то же самое,

$$C_2^{(1)}z_1^{02}+C_1^{(1)}z_1^0+C_0^{(1)}=W\left(z_3^0+z_2^0-2z_1^0\right),$$

$$C_2^{(1)}z_2^{02}+C_1^{(1)}z_2^0+C_0^{(1)}=W\left(z_3^0-z_1^0\right),$$

$$C_2^{(1)}z_3^{02}+C_1^{(1)}z_3^0+C_0^{(1)}=W\left(z_2^0-z_1^0\right).$$

Почленно вычтем из третьего уравнения второе, а затем из второго уравнения первое. после сокращения на множители, в силу условия отличных от нуля, получаем

$$C_2^{(1)}\left(z_3^0+z_2^0\right)+C_1^{(1)}=-W,$$

$$C_2^{(1)}\left(z_2^0+z_1^0\right)+C_1^{(1)}=-W.$$

Отсюда следует, что

$$C_2^{(1)}\left[\left(z_2^0-z_1^0\right)+\left(z_3^0+z_2^0\right)\right]=0.$$

Так как сумма в квадратных скобках положительна, то $C_2^{(1)}=0$. Значит, $C_1^{(1)}=-W$ и

$$C_0^{(1)}=W\left(z_2^0+z_3^0-z_1^0\right).$$

Имеем

$$\sum_{k=1}^{3}\frac{a_{k1}}{z-z_k^0}=\frac{-z+\left(z_2^0+z_3^0-z_1^0\right)}{\left(z-z_1^0\right)\left(z-z_2^0\right)\left(z-z_3^0\right)}.$$

Теперь рациональную функцию

$$B_1(z)\frac{1}{\left(z-z_1^0\right)^2}+\frac{-z+\left(z_2^0+z_3^0-z_1^0\right)}{\left(z-z_1^0\right)\left(z-z_2^0\right)\left(z-z_3^0\right)}$$

представим как отношение многочленов, выполнив приведение суммы к общему знаменателю. Получаем

$$B_1(z)=\frac{\left(z_1^0-z_2^0\right)\left(z_1^0-z_3^0\right)}{\left(z-z_1^0\right)^2\left(z-z_2^0\right)\left(z-z_3^0\right)}.$$

Аналогично находим

$$B_2(z)=\frac{\left(z_2^0-z_3^0\right)\left(z_2^0-z_1^0\right)}{\left(z-z_1^0\right)\left(z-z_2^0\right)^2\left(z-z_3^0\right)},$$

$$B_3(z)=\frac{\left(z_3^0-z_1^0\right)\left(z_3^0-z_2^0\right)}{\left(z-z_1^0\right)\left(z-z_2^0\right)\left(z-z_3^0\right)^2},$$

и тем самым завершаем доказательство теоремы. ◁

2.2. Модулярная функция. Отметим на границе круга $E=\{w\in\mathbb{C}:|w|<1\}$ точки $w_1^0=e^{\frac{-5\pi}{6}i}$, $w_2^0=e^{\frac{-\pi}{6}i}$, $w_3^0=i$ и соединим их попарно дугами окружностей, ортогональных к границе этого круга. Полученную область $D_0, 0\in D_0$, представляющую собой круговой треугольник с нулевыми углами, однолистно и конформно отобразим на верхнюю полуплоскость $\Pi^+=\{z\in\mathbb{C}+\operatorname{Im}z>0\}$ так, чтобы точки w_1^0, w_2^0, w_3^0 переходили соответственно в точки $z_1^0=0$, $z_2^0=1$, $z_3^0=\infty$. Открытым дугам $w_1^0w_2^0$, $w_2^0w_3^0$, $w_3^0w_1^0$ соответствуют промежутки (0,1), (1,+∞), (– ∞,0) действительной оси z-плоскости. Функцию, осуществляющую указанное отображение D_0 на Π^+ обозначим $z=\varphi(w)$, а обратную функцию – через $w=f(z)$ (рис. 42).

Функция $\varphi(w)$ непрерывно продолжается на границу области D_0, за исключением точки w_3^0. В дальнейшем считаем, что $\varphi(w)$ голоморфна в D_0 и непрерывна в $\bar{D}_0\setminus\{i\}$, а обратная функция $w=f(z)$ голоморфна в Π^+ и непрерывна в $\overline{\Pi^+}\setminus\{\infty\}$.

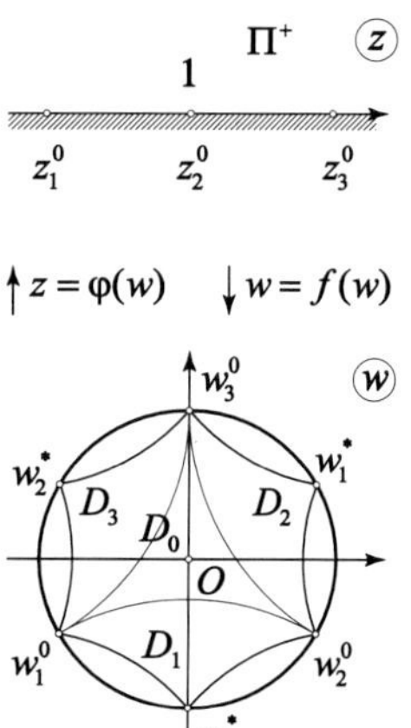

Рис. 42.

Согласно принципу симметрии Римана – Шварца функцию φ можно продолжить через каждую дугу $w_1^0w_2^0$, $w_2^0w_3^0$, $w_3^0w_1^0$ на область D_k, $k=1,2,3$, симметричную области D_0 относительно одной из этих дуг и отображаемую на нижнюю полуплоскость $\Pi^-=\{z\in\mathbb{C}:\operatorname{Im}z<0\}$. При этом φ будет определена в области $D^{(1)}$, составленной из круговых треугольников D_0, D_1, D_2, D_3 с присоединением тех открытых дуг, которые являются общими сторонами любых двух из этих треугольников. Пусть круговой треугольник симметричен относительно окружности γ_{12}, содержащей дугу $w_1^0w_2^0$, радиус этой окружности, как легко видеть, равен $\sqrt{3}$. Точка w_3^*, симметричная вершине w_3^0 относительно γ_{12}, лежит на окружности, ортогональной γ_{12}, то есть на границе круга E, и дуги $w_2^0w_3^*, w_3^*w_1^0$, симметричные $w_2^0w_3^0$ и $w_3^0w_1^0$ относительно γ_{12} ортогональны границе круга E. Таким образом, D_1, а также D_2 и D_3 – круговые треугольники со сторонами, ортогональными границе круга E.

Итак, $D^{(1)}$ – круговой шестиугольник с вершинами на границе круга E и нулевыми углами в них. Сохраним для продолженной из D_0 в $D^{(1)}$ функции обозначение φ, использованное в D_0. Областью, симметричной Π^+ является Π^-. Поэтому φ отображает $D_k, k=1,2,3,$ на Π^-. Функция $w=f(z)=\varphi^-(z)$ принимает в каждой точке $z\in\Pi^-$ три значения – по одному из каждого кругового треугольника $D_k, k=1,2,3$. Присоединяя к Π^+ через один из промежутков $(0,1),(1,+\infty),(-\infty,0)$ один экземпляр Π^-, получаем часть поверхности, на которой функция $f(z)$ однозначна.

Примем теперь за начальную область круговой треугольник $D_k, k=1,2,3,$ и повторим проведенные рассуждения. Получим, что φ продолжается на три круговые треугольника D_{kl} с нулевыми углами и вершинами на границе круга E (одним из этих треугольников является D_0) и принимает в D_{kl} значения из верхней полуплоскости Π^+. К каждому из двух отличных от D_0 круговых треугольников D_{kl}, $l=1,2$, симметричных D_k, $k=1,2,3$, относительно окружности, вновь применим те же рассуждения. В круговом треугольнике D_{kl} функция φ голоморфна и отображает его на верхнюю полуплоскость Π^+, полученную продолжением Π^- через соответствующий промежуток действительной оси. Таким образом, многоугольная круговая область $D^{(2)}$, составленная из десяти областей D_0, D_k, D_{kl}, $k=1,2,3$, $l=1,2$, с присоединением общих сторон соседних круговых треугольников, однолистно и конформно отображается на риманову поверхность, состоящую из семи экземпляров верхней полуплоскости и трех экземпляров нижней полуплоскости, соединенных по указанным выше промежуткам действительной оси.

Операция продолжения φ с использованием принципа симметрии может быть проведена произвольное число раз. В результате в круге E получается область $D^{(\infty)}$, составленная из попарно неналегающих круговых треугольников с вершинами на границе круга E и нулевыми углами в них, а также из общих открытых дуг, являющихся общими сторонами каких-либо двух соседних круговых треугольников. Одновременно получаем риманову поверхность над z-плоскостью, состоящую из бесконечного множества верхних и нижних полуплоскостей, причем к каждой верхней (нижней) полуплоскости присоединено три нижних (верхних) полуплоскости – через один из промежутков $(0,1),(1,+\infty),(-\infty,0)$ каждая.

Нетрудно доказать, что вершины круговых треугольников из $D^{(\infty)}$ образуют на границе круга E всюду плотное множество. Пусть w_0 – точка на границе круга E. В области $E\bigcap U(w_0,\delta)$, $\delta>0$, функция $\varphi(w)$ принимает любое значение, кроме0, 1, ∞, бесконечное число раз. Значения 0, 1, ∞ функция $\varphi(w)$, в круге E, не принимает. Функция $w=f(z)$ однолистно и конформно отображает построенную риманову поверхность на круг E. Она может быть аналитически продолжена по любой кривой, не проходящей через точки 0, 1, ∞.

Функцию $\varphi(w)$ называют *модулярной* функцией, а риманову поверхность, на которую она взаимно однозначно отображает круг $E=\{w\in\mathbb{C}:|w|<1\}$ – *модулярной* римановой поверхностью.

Укажем на связь построенной модулярной функции с модулярными функциями теории эллиптических функций. Обозначим через $w(\tau)$ дробно-линейное отображение полуплоскости $\Pi_\tau^+=\{\tau\in\mathbb{C}:\operatorname{Im}\tau>0\}$ на единичный круг $E=\{w\in\mathbb{C}:|w|<1\}$, переводящее точки 0, 1, ∞ в вершины кругового треугольника D_0. При этом отображении круговому треугольнику $D_0\subset E$ соответствует круговой треугольник $B_0\subset\Pi^{+}_{\tau}$. Граница треугольника B_0 состоит из двух вертикальных параллельных лучей и полуокружности. Все углы треугольника B_0 равны нулю. Функция $z=\varphi(w(\tau))$ совпадает с модулярной функцией, обозначаемой в теории эллиптических функций через $\kappa^2(\tau)$.

Для функции $w=f(z)$ дифференциальное уравнение является частным случаем уравнения, указанного в теореме 2. Полагая $z_1^0=0$, $z_2^0=1$, $z_3^0=\infty$ и $\alpha_1=\alpha_2=\alpha_3=0$, получаем

$$\frac{f'''(z)}{f'(z)}-\frac{3}{2}\frac{f''^2(z)}{f'^2(z)}=\frac{z^2-z+1}{2z^2(z-1)^2}.$$

Уравнение для функции $\kappa^2(w)$ получается отсюда сразу же, поскольку между шварцианами $\{f(z),z\}$ и $\{\varphi(w),w\}$ имеется отмеченная ранее связь

$$\{f(z),z\}=-\frac{1}{\varphi'^2(w)}\{\varphi(w),w\}.$$

2.3. Интегрирование дифференциального уравнения Шварца. Правую часть уравнения Шварца

$$\sum_{k=1}^{n}\left[\frac{1-\alpha_k^2}{2\left(z-z_k^0\right)^2}+\frac{M_k}{z-z_k^0}\right],$$

являющуюся рациональной функцией с полюсами не выше второго порядка в точках $z_1^0,\dots,z_n^0$, обозначим через $R(z)$ и запишем уравнение Шварца в виде

$$\frac{w'''(z)}{w'(z)}-\frac{3}{2}\left(\frac{w''}{w'}\right)^2=R(z).$$

Заметив, что

$$\{f(z),z\}=-2\sqrt{f'(z)}\frac{d^2}{dz^2}\left(\frac{1}{\sqrt{f'(z)}}\right),$$

представим уравнение в виде

$$\frac{d^2}{dz^2}\left(\frac{1}{\sqrt{w'}}\right)+\frac{R(z)}{2\sqrt{w'}}=0,$$

показывающем, что заменой

$$t=\frac{1}{\sqrt{w'}}\text{, то есть } w'=\frac{1}{t^2},$$

уравнение приводится к линейному уравнению второго порядка

$$\frac{d^2t}{dz^2}+\frac{R(z)}{2}t=0.$$

Пусть $t_1(z),t_2(z)$ – линейно независимые решения этого уравнения. Как известно из теории линейных дифференциальных уравнений определитель Вронского

$$W(z)=\begin{vmatrix} t_1(z) & t_2(z) \\ t_1'(z) & t_2'(z) \end{vmatrix}=t_1(z)t_2'(z)-t_2(z)t_1'(z)$$

отличен от нуля и, более того, для данного уравнения по теореме Остроградского – Лиувилля равен постоянной. Её можно взять равной единице. Так как

$$\frac{d}{dz}\left(\frac{t_1(z)}{t_2(z)}\right)=\frac{W(z)}{t_2^2(z)}-\frac{1}{t_2^2(z)},$$

то

$$W(z)=\frac{t_1(z)}{t_2(z)}$$

и поэтому решение уравнения Шварца сводится к нахождению линейно независимых решений уравнения $2t''+R(z)t=0$. В частности, для кругового треугольника это уравнение сводится к известному гипергеометрическому уравнению Гаусса.

Другой подход к интегрированию уравнения Шварца $\{w,z\}=R(z)$ осуществляется посредством замены $\frac{w''}{w'}=s$, приводящей к уравнению

$$s'-\frac{1}{2}s^2=R(z)$$

первого порядка. Это уравнение Риккати. Если его решение $s(z)$ найдено, то решение уравнения Шварца находится по формуле

$$w(z)=\int_{z_1}^{z}\left(\exp\int_{z_0}^{n}s(\zeta)d\zeta\right)du.$$

Общее решение дифференциального уравнения Шварца третьего порядка, как известно, зависит от трех произвольных постоянных. Если известен частный интеграл $f_*(z)$ уравнения Шварца, то решением является функция

$$f(z)=\frac{Af_*(z)+B}{Cf_*(z)+D},$$

содержащая как раз три произвольных существенных постоянных. Следовательно, $f(z)$ является общим решением уравнения Шварца.

2.4. Два примера. Функция $w = f(z)$, обратная к модульной функции $z = \varphi(w)$, реализующей однолистное конформное отображение равностороннего кругового треугольника с нулевыми углами на верхнюю полуплоскость, удовлетворяет уравнению

$$\{w, z\} = \frac{z^2 - z + 1}{2z^2(z-1)^2}. \qquad (*)$$

Найдем его решение. Заменой $w' = 1/t^2$ оно приводится к дифференциальному уравнению

$$t'' + \frac{z^2 - z + 1}{4z^2(z-1)^2}t = 0.$$

Заменой $t = \sqrt{z - z^2}u$ оно преобразуется в уравнение Лежандра

$$z(1-z)u'' + (1-2z)u' - \frac{1}{4}u = 0.$$

Два линейно независимых решения этого уравнения даются формулами

$$u_1(z) = F\left(\frac{1}{2}, \frac{1}{2}, 1; \frac{1-z}{2}\right), \quad u_2(z) = \frac{\pi}{\sqrt{2}} z^{-\frac{3}{2}} F\left(\frac{1}{4}, \frac{3}{4}, \frac{5}{4}; \frac{1}{z^2}\right).$$

Согласно изложенному выше общее решение уравнения (*) дается формулой

$$w(z) = \frac{Au_1(z) + Bu_2(z)}{Cu_1(z) + Du_2(z)}.$$

Другим важным примером применения теорем 1 и 2 будет вывод формулы для однолистного конформного отображения круга $E = \{\zeta \in \mathbb{C} : |\zeta| < 1\}$ на область D, $0 \in D$, лежащую в единичном круге, являющуюся внутренностью кругового n-угольника с центром в точке $w = 0$, обладающего n-кратной, $n = 2, 3, \ldots$, симметрией вращения вокруг точки $w = 0$ (рис. 43). В качестве вершин области D примем точки $e_k = e^{\frac{2\pi(k-1)i}{n}}$, $k = 1, \ldots, n$ Считаем, что граница кругового многоугольника D состоит из круговых дуг, образующих в точках e_k внутренние углы области D, равные $\alpha\pi$, $0 \le \alpha \le 2$. Обозначим через $w = f(\zeta)$, $f(0) = 0$, $f(1) = 1$, функцию, реализующую отображение E на D. Она обладает n-кратной симметрией вращения и удовлетворяет дифференциальному уравнению

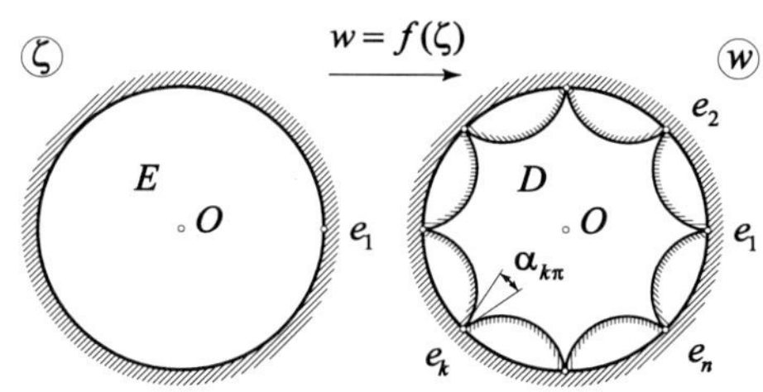

Рис. 43.

$$\frac{w'''}{w'} - \frac{3}{2}\frac{w''^2}{w'^2} = 2p_1p_2\sum_{k=1}^{n}\frac{1}{(\zeta - e_k)^2} + \sum_{k=1}^{n}\frac{M_k}{\zeta - e_k},$$

где $p_1 = (1-\alpha)/2$, $p_2 = (1+\alpha)/2$ и M_k – акцессорные постоянные, подлежащие нахождению из геометрических свойств кругового треугольника.

Так как область D совпадает с собой при повороте около нуля на угол, кратный $2\pi/n$, то справедливо функциональное уравнение $e_k f(\zeta) = f\left(e_k\zeta\right)$. Представив $f(\zeta)$ в виде степенного ряда

$$f(\zeta) = \sum_{s=1}^{\infty} c_s \zeta^s, \quad c_1 \neq 0,$$

равномерно сходящегося по теореме Тейлора внутри E, имеем

$$\sum_{s=1}^{\infty} e_k c_s \zeta^s = \sum_{s=1}^{\infty} c_s \left(e_k \zeta\right)^s.$$

Сравнением коэффициентов при одинаковых степенях ζ, находим

$$c_s\left(1 - e_k^{s-1}\right) = 0,\ s = 1, 2, \ldots .$$

Отсюда легко следует, что коэффициенты при $s \neq nl + 1, l = 0, 1, \ldots$, равны нулю и, значит, $f(\zeta) = c_1\zeta + c_{n+1}\zeta^{n+1} + \ldots = \sum_{l=0}^{\infty} c_{nl+1}\zeta^{nl+1}$.

Разложение шварциана $\left\{f\left(\zeta\right), \zeta\right\}$ в степенной ряд для функции $f\left(\zeta\right) = \sum_{l=0}^{\infty} c_{nl+1}\zeta^{n+1}$ содержит только слагаемые вида $A_l\zeta^{nl-2}$, то есть $\left\{f(\zeta), \zeta\right\} = \sum_{l=1}^{\infty} A_l \zeta^{nl-2}$. Так как

$$\prod_{k=1}^{n}\left(\zeta - e_k\right) = \zeta^n - 1 \text{ и } \sum_{k=1}^{n} \ln\left(\zeta - e_k\right) = \ln\left(\zeta^n - 1\right),$$

то

$$\frac{n\zeta^{n-1}}{\zeta^n - 1} = \sum_{k=1}^{n} \frac{1}{\zeta - e_k}$$

и поэтому первую сумму в правой части уравнения для $f(\zeta)$ можно представить в виде

$$\sum_{k=1}^{n} \frac{1}{\left(\zeta - e_k\right)^2} = -\frac{d}{d\zeta}\sum_{k=1}^{n}\frac{1}{\zeta - e_k} = \frac{d}{d\zeta}\frac{n\zeta^{n-1}}{\zeta^n - 1} = n\zeta^{n-2}\left[\frac{n\zeta^n}{\left(\zeta^n - 1\right)^2} - \frac{n-1}{\zeta^n - 1}\right] = \sum_{l=1}^{\infty} c_l \zeta^{nl-2}.$$

Вторая сумма, содержащая акцессорные постоянные, записывается как отношение многочлена степени $n-1$ с неопределенными коэффициентами $B_1, \ldots, B_n$ к многочлену $\zeta^n - 1$:

$$\sum_{l=1}^{\infty} \frac{M_k}{\zeta - e_k} = \frac{B_1\zeta^{n-1} + B_2\zeta^{n-2} + \ldots + B_n}{\zeta^n - 1}.$$

Из равенства

$$\sum_{l=1}^{\infty} A_l\zeta^{nl-2} = 2p_1p_2\sum_{k=1}^{n} c_l\zeta^{nl-2} + \frac{B_1\zeta^{n-1} + B_2\zeta^{n-2} + \ldots + B_n}{\zeta^n - 1}$$

следует, что $B_1 = B_3 = \ldots = B_n = 0$ и, значит,

$$\frac{w'''}{w'} - \frac{3}{2}\frac{w''^2}{w'^2} = \zeta^{n-2}\left[\frac{2n^2 p_1 p_2}{\left(\zeta^n - 1\right)^2} + \frac{2np_1p_2 + D_2}{\zeta^n - 1}\right].$$

Производная Шварца для функции $f(\zeta)$, продолженная по принципу симметрии Римана – Шварца во внешность круга E, имеет на бесконечности нуль не ниже четвертого порядка относительно ζ^n и поэтому $D_2 = -2np_1p_2$. Таким образом, уравнение для $f(\zeta)$ приводится к виду

$$\frac{w'''}{w'} - \frac{3}{2}\frac{w''^2}{w'^2} = \frac{2n^2 p_1 p_2 \zeta^{n-2}}{\left(\zeta^n - 1\right)^2}.$$

Переходим к решению полученного уравнения. Как было показано ранее, общее решение можно получить посредством дробно-линейного отображения частного решения уравнения Шварца. Таким частным решением является $f(\zeta) = t_2(\zeta)/t_1(\zeta)$, где $t_1(\zeta)$, $t_2(\zeta)$ – линейно-независимые решения однородного дифференциального уравнения

$$\frac{d^2t}{d\zeta^2} + \frac{n^2 p_1 p_2}{\left(\zeta^n + 1\right)^2} t = 0.$$

Найдем их. Сделаем в уравнении замену независимой переменной по формуле $z = \zeta^n$. Получим

$$nz\frac{d^2t}{dz^2} + (n-1)\frac{dt}{dz} + \frac{np_1p_2}{(z-1)^2}t = 0.$$

Подстановкой $t = (z-1)^{p_1} u$ уравнение приводится к виду

$$(z-1)\frac{d^2u}{dz^2} + (p_1 - p_2 + 1 + m_1)\frac{du}{dz} + p_1(m_1 - p_1)u = 0 \qquad (*)$$

– частному случаю известного гипергеометрического уравнения Гаусса

$$z(z-1)\frac{d^2u}{dz^2} + \left[(\alpha+\beta+1)z - \gamma\right]\frac{du}{dz} + \alpha\beta u = 0,$$

если в нем положить

$$\alpha = m_1 - p_2,\ \beta = p_1,\ \gamma = m_1,\ \left(m_1 = 1 - \frac{1}{n}\right).$$

Решение уравнения Гаусса в форме степенного ряда, сходящегося в единичном круге при $\alpha, \beta, \gamma \supset 0$ имеет вид

$$U = F(\alpha, \beta, \gamma; z) = \sum_{k=0}^{\infty} \frac{(\alpha)_k (\beta)_k}{(\gamma)_k} \frac{z^k}{k!},$$

где $(\alpha)_k = a(a+1)\ldots(a+k-1)$ – символ Похгаммера.

Для уравнения (*) одним из решений будет

$$U_1(z) = F(m_1 - p_2, p_1, m_1; z) \quad \left(m_2 = 1 + \frac{1}{n}\right).$$

Другое решение можно также получить в виде гипергеометрического ряда, умноженного на степенную функцию:

$$U_2(z) = z^{1-m_1} F(p_1, m_2 - p_2, m_2; z).$$

Решения $U_1(z), U_2(z)$ линейно независимы. Их отношение дает функцию $f(\zeta) = U_2(z)/U_1(z)$, являющуюся частным решением исходного уравнения.

Общее решение запишется в виде

$$f(\zeta) = \frac{A\zeta F\left(p_1, m_2 - p_2, p_2; \zeta^n\right) + BF\left(p_1, m_1 - p_2, m_1 : \zeta^n\right)}{C\zeta F\left(p_1, m_2 - p_2, p_2 : \zeta^n\right) + DF\left(p_1, m_1 - p_2, m_1 : \zeta^n\right)}$$

с произвольными *A,B,C,D*. Функция, реализующая отображение круга E на D должны удовлетворять условиям: $f(0) = 0$, $f(e_k) = e_k$, $k = 0,...,n-1$. Следовательно, $B = 0$, $C = 0$ и

$$f(\zeta) = \frac{A\zeta F\left(p_1, m_2 - p_2, p_2; \zeta\right)}{DF\left(p_1, m_2 - p_2, p_2; \zeta\right)},$$

где

$$\frac{A}{D} = \frac{\Gamma(m_1)\Gamma(m_2 - p_1)}{\Gamma(m_2)\Gamma(m_1 - p_1)}.$$

Таким образом, отображение круга E на область D найдено.

З а д а ч и

1. Записать уравнение Шварца для кругового двухугольника и найти общее решение уравнения. Сравнить результат с отображением полуплоскости на круговой двухугольник, найденным в главе 3 п. 4.2.

2. Применить уравнение Шварца к отображению полуплоскости на прямолинейный многоугольник. Найти акцессорные постоянные.

3. Записать уравнение Шварца для функции, отображающей единичный круг на круговой многоугольник.

4. Записать уравнение Шварца для функции $f(z)$, реализующей однолистное конформное отображение единичного круга на единичный круг, с радиальным разрезом от точки $w_1 = re^{i\varphi}$ до точки $e^{i\varphi}$, $0 < r < 1$, $0 \le \varphi < 2\pi$. Найти решение уравнения, удовлетворяющее условию $f(0) = 0, f'(0) > 0$.

5. Записать уравнение Шварца на круговой сектор.

6. Записать уравнение Шварца для функции $\kappa^2(\delta)$. Найти производную Шварца для функций: $e^z, \cos z, \sin z, \operatorname{tg} z$.

7. Отобразить однолистно и конформно верхнюю полуплоскость на область, представляющую собой объединение двух пересекающихся кругов одного и того же радиуса.

8. Записать уравнение Шварца для отображения единичного круга на круговой треугольник с 3-кратной симметрией вращения относительно нуля.

ЛИТЕРАТУРА

1. Александров И.А. Теория функций комплексного переменного. – Томск: Изд-во ТГУ, 2002.

2. Маркушевич А.И. Краткий курс теории аналитических функций. – М.: Наука, 2006.

3. Привалов И.И. Введение в теорию функций комплексного переменного. – М.: Наука, 2009.

4. Шабат Б.В. Введение в комплексный анализ. Т. 1. – М.: Наука, 1976.

5. Волковысский Л.И., Лунц Г.Л., Араманович И.Г. Сборник задач по теории функций комплексного переменного. М.: Наука, 1975.

6. Сборник задач по теории аналитических функций (одного и нескольких комплексных переменных) (под редакцией Евграфова М.А.). – М.: Наука, 1972.

◎编辑手记

本书是一部版权引进的俄文原版复变函数论的教材，中文书名可译为《复分析:共形映射》.

本书作者是伊戈里·亚历山德罗维奇·亚历山德洛夫，他是俄罗斯人，物理和数学科学博士，俄罗斯教育科学院通讯院士，教授，也是托木斯克国立大学数学分析教研室主任.

本书给出了平面区域共形映射建立的理论基础，在正则函数Montel紧性和最大值原理的基础上对黎曼定理进行证明，对最简单的映射追踪正交网格变换.最简单共形映射的边界关系定理用于寻找函数，该函数实现在给定边界区域上的半平面或圆形映射.给出结论并指出施瓦兹-克里斯托费尔公式的应用.已经证明，到圆弧多角形的圆形映射满足施瓦兹方程，并且本书研究了圆弧三角形函数与高斯超几何函数的关系.本书适用于大学本科生和研究生，可供有意了解共形映射定理基本原理的各领域科研人员参考.

为了使国内不熟悉俄文的读者能够了解本书内容，本书的版权编辑佟雨繁女士特意为大家翻译了本书的目录.

正如本书作者在前言中所介绍：

此前出版的教材《复分析》(复数、复函数、积分定理、级数和乘积)包含有初步学习复变量函数的解析性质的主要材料，该书可以视为是教材的第一部分，本书是它的延续，研究在较小范围内保持相似性的平面区域连续映射的几何性质. 此类映射，称为共形映射，在很多研究中有数值应用，首先就是场论的平面问题，正交网格的变换等，读者可以通过阅读详细目录来了解本书内容.

在教材第一部分的前言中，提到了很多学者为证明黎曼关于单连通区域共形等价性的定理做出的大量工作. 本书第一章基于大量必要的初步材料，给出了其中一个著名的，显然也是最简单的黎曼定理的证明. 对于每一对单连通区域，通过取决于三个实常数的映射族来确保共形等价性. 在研究实际问题时已经开发出了分离其中特定值的方法，并简化为数学分析和代数问题. 最常见的是映射归一化的内部和边界条件. 黎曼定理中涉及内部归一化，这允许包含单连通区域定理，而无须在区域边界上施加任何条件，除了在边界尚存在超过一个点.

第二章提出了实现区域向圆、向该区域边界单叶共形映射的函数展开问题，确定了共形等价区域边界与若尔当边界逐点对应的可能性. 对于这些区域，证明了可以同对称原理一起在共形映射实践中应用的边界对应原理. 显示双连通区域共形等价于环，该环具有相对于该区域的环边界圆半径比率.

第三章研究了通过最简单函数映射轨迹和区域的问题. 通过平面上和黎曼曲面上单叶函数追踪正交网格的变换，找到了用于实现受到二阶曲线限制的区域单叶共形映射的函数.

第四章给出了上半平面(圆)向直线多角形映射的形式. 在对称原理的基础上获得的施瓦兹－克里斯托费尔公式尤其可用于顶点不一定在端点的直线三角形，以及具有平移对称性的可数多角形.

第五章对更加困难的建立上半平面(圆)向圆弧多角形映射的问题进行了研究，确定映射函数满足三阶微分方程. 在一般情况下，这一方程被称为许瓦兹方程，包含常数，对于确定这些常数来说，仅知道圆弧多角形顶点的位置和该多角形的角是不够的. 然而在曲线三角形的情况下，方程不包含未知参数，并且它的解简化为带有可变系数的二阶线性微分方程的解. 所研究的例子表明，通过替换，方程简化为高斯方程.

本书每一章都带有少量习题，习题通常是用于巩固本章内介绍的内容以及自我检测.

本书内容庞杂，但篇幅过小. 所以为了使读者能够更好地理解本书内容，我们特补充一点预备知识. 熟悉的读者可自行跳过. 我们只介绍两个基本要点：共形映射和单叶函数. 这在本书第 1 章的 1.1 和 1.3 节都有简单介绍，但远远不够.

一、共形映射理论的一般原则

（一）确定共形映射的条件

1. 把单位圆变成它自己的映射

我们已经证明了每一个线性变换具有把圆周映射成圆周的性质，现在我们要证明这个性质刻画了线性变换. 换句话说，假定 $w=f(z)$ 是把一个圆变成另一个圆的一个双方单值的共形映射，我们要证明，它一定是线性的.

首先，假定 L 是把 z 平面上给定的圆变成 τ 平面上的单位圆的一个线性变换，又 L_1 是一个把 w 平面上给定的圆同样变成 τ 平面上的单位圆的一个线性变换，于是变换 $S=L_1wL^{-1}$ 就是一个把 τ 平面上的单位圆变成它自己的映射. 假如我证明了它的线性性质，我们也就可以断定变换

$$w=L_1^{-1}SL$$

也是线性的.

因此，问题归结到要去研究把单位圆变成它自己的双方单值的共形映射的性质.

把单位圆变成它自己的线性变换，有下面的形式

$$w=\mathrm{e}^{i\theta}\,\frac{z-\alpha}{1-\bar{\alpha}z}\tag{1}$$

其中 $|\alpha|<1$，而 θ 是任意的实数. 这个线性变换包含着三个任意的

实参变数，因此它可以由三个条件唯一地决定.

让我们把一个点与从这个点引出的一个方向一起合称为一个元素.假如由点 α 与从 α 引出的方向 θ 所组成的元素已经给定，那么把这个元素变成由坐标原点与 x 轴正方向所组成的元素的线性变换就唯一地由式(1) 所确定.就分析的意义来说，这个给定的条件可以写作

$$w(\alpha)=0, \quad \arg w'(\alpha)=0 \tag{2}$$

要想证明变换(1) 是唯一的一个满足原始条件(2) 的，把单位圆变成它自己的双方单值的共形映射，只要我们能证明把单位圆变成它自己的双方单值的共形映射 $w=f(z)$ 在

$$f(0)=0, \quad f'(0)>0 \tag{3}$$

的原始条件下一定是恒等变换就行了.

事实上，假定 $w=F(z)$ 是把单位圆变成自己、并且满足原始条件(2) 的一个双方单值的共形映射.如果用 L 来记线性变换(1)，那么辅助变换 FL^{-1} 显然满足条件(3) 并且把单位圆变成它自己.假如证明了这个变换是恒等变换，那么由此就可以看出 $F(z)=L(z)$，而这就是所需要的.

所以剩下来只要证明在条件(3) 之下，把单位圆变成它自己的双方单值的共形映射 $w=f(z)$ 一定是恒等变换.

我们要证明下面更一般的定理:假如一个满足条件 $f(\alpha)=\alpha$，$f'(\alpha)>0$ 的函数 $f(z)$ 把包含点 α 的一个在平面有限部分上的区域 G 双方单值而且共形地映射成它自己，则 $f(z)\equiv z$.

在证明这个定理时，我们不妨记作 $\alpha=0$(关于这一点，总可以用变换 $\zeta=z-\alpha$，$\varphi(\zeta)=f(\zeta+\alpha)-\alpha$ 来得到，我们假定已经这样做过);除此之外，还可以假定 $f'(0)\geqslant 1$，因为当 $f'(0)<1$ 时，代替 $f(z)$ 我们可以考虑它的反函数.再则，我们还要注意到，与 $f(z)=f_1(z)$ 一样，所有它的累次复合函数 $f_2(z)=f[f(z)]$，$f_3(z)=f[f_2(z)]$，$\cdots$ 都把区域 G 映射成它自己，并且永远满足

$$f_n(0)=0, \quad f'_n(0)\geqslant 1$$

函数 $f(z)$ 在原点的邻域内有展开式

$$f(z)=az+bz^v+\cdots$$

其中 $v\geqslant 2$，$a\geqslant 1$. 显然，函数 $f_n(z)$ 的幂级数展开式有下列形式

$$f_n(z)=a^n z+\cdots$$

我们暂时假定 $a>1$. 这就是说，对于足够大的 n，导数 $f'_n(0)=a^n$ 可以大于任何预先给定的数 A. 我们用 M 来记一个以坐标原点为中心并包含整个区域 G 的圆的半径；于是在区域 G 内 $|f_n(z)|<M$；再假定 ρ 是一个以坐标原点为中心而连它的周界都包含在区域 G 内的圆的半径；则我们有

$$a^n=f'_n(0)\leqslant\frac{M}{\rho}$$

因为这个不等式应当对于 n 的每一个值都成立而 $a>1$，所以它是不可能的. 因此，只有一个可能 $a=1$.

于是从展开式

$$f(z)=z+bz^v+\cdots$$

得到

$$f_2(z)=z+2bz^v+\cdots$$

一般说来

$$f_n(z)=z+nbz^v+\cdots$$

由于 $n|b|\leqslant\frac{M}{\rho^v}$，而这个不等式的右边是一个与 n 无关的数，所以 $b=0$. 因此 $f(z)$ 不可能与 z 不相等，而这就是所需要证明的.

2. 确定共形映射的唯一性的条件

假定已经给定 z 平面上某一个单连通区域 G. 试问是否存在这样一个在区域 G 内全纯的函数 $w=f(z)$，把区域 G 双方单值地变换成 w 平面上的一个事先给定的圆？

这个共形映射理论的基本问题是黎曼提出的，而且后来（对于边界含有多于一点的区域）得到了肯定的完全的解决.

如果有这样一个函数 $w=f(z)$ 存在，我们容易看到，这种函数就会有无穷多个. 实际上，众所周知，我们可以用无穷多个不同的线性函数把圆变换成它自己. 例如，如果 $w=f(z)$ 是一个把区域 G 映射成圆 $|w|<1$ 的函数，那么，函数 $w_1=we^{i\theta}$ 对于任何的 θ 也都把 G 映射成圆 $|w|<1$.

假如给定了两个对应的元素：一个在区域 G 内而另一个在圆 $|w|<1$ 内，那么就只能有一个函数 $w=f(z)$，把区域 G 双方单值而且共形地映射成圆 $|w|<1$，并且在这个映射下给定的元素从一个变成另一个（图 1）.

假定函数 $w=f(z)$ 与 $w=F(z)$ 把区域 G 共形地映射到圆上，并使得这个区域的某个元素在这两个变换下都变成圆的同一个元素. 于是函数 $\varphi(w)=fF^{-1}(w)$ 把圆变换成它自己，并且把圆的某一个元素也变换成它自己. 用 α 来记这个元素中点的附标，就有

$$\varphi(\alpha)=\alpha \quad 或 \quad \varphi'(\alpha)>0$$

于是根据第 1 段的定理，$\varphi(w)=fF^{-1}(w)\equiv w$. 把 $w=F(z)$ 代入这个恒等式，我们得到

$$f(z)\equiv F(z)$$

而这就是我们所要证明的.

所有这里谈到的把单连通区域 G 变成圆的映射的一切，都适用于把区域 G 变成另一个单连通区域 Δ 的映射(图 2). 事实上我们可以取圆来作为一个过渡环节：先把区域 G 映射成圆，然后再把圆映射成 Δ.

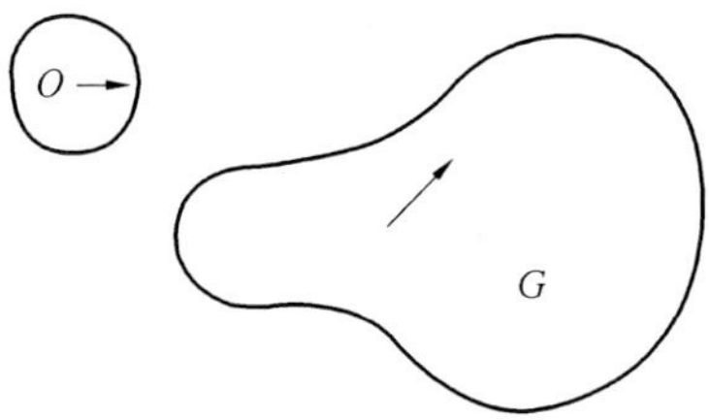

图 1

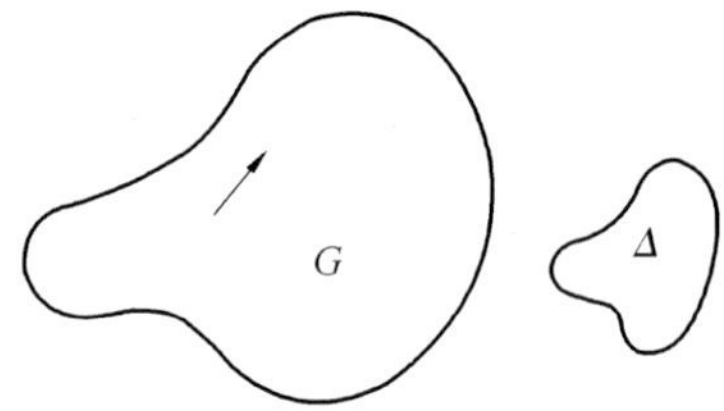

图 2

(二) 共形映射理论的基本原则

1. 保存区域的原则

我们知道：在 z 平面上某一个区域 G 内单叶的解析函数 $w=f(z)$ 永远把 G 映射成 w 平面上的一个区域 E，并且在这两个区域的点之间构成一个一对一的对应. 要想把这个定理扩充到任意的解析函数，就需要推广区域的概念. 至于这扩充的必要性我们在考虑到函数 z^n, e^z 与 $\sin z$ 时已经遇到过了. 在那里我们用沿着实轴的对应部分粘合半平面的方法，构造多叶的黎曼曲面来作为在这些函数构成的变换下的 z 平面的像. 这个用半平面来构造解析函数的变化区域的方法并不适用于一般情形，而需要改变成从单叶的或多叶的小区域来组成函数的变化区域. 为简单起见，我们限于讨论单值函数，考虑在某一个区域 G 内解析的函数 $f(z)$，并且假定 a 是

这区域的某一个有限点. 假如 $f'(a)\neq 0$, 则我们可以选取点 a 的一个足够小的邻域使得函数 $f(z)$ 在它内部是单叶的. 事实上, 设 $f(z)=a_0+a_1(z-a)+a_2(z-a)^2+\cdots(a_1\neq 0)$, 取 ρ 充分小使 $|a_1|-2|a_2|\rho-3|a_3|\rho^2-\cdots>0$. 于是对于圆 $|z-a|<\rho$ 内的任意两点 z_1 与 z_2, $z_1\neq z_2$, 如果令 $z_1-a=\zeta_1$, $z_2-a=\zeta_2$, 就有

$$\begin{aligned}|f(z_1)-f(z_2)|=|z_1-z_2||a_1+a_2(\zeta_1+\zeta_2)+\\ a_3(\zeta_1^2+\zeta_1\zeta_2+\zeta_2^2)+\cdots|>\\ |z_1-z_2|(|a_1|-2|a_2|\rho-3|a_3|\rho^2-\cdots)>0\end{aligned}$$

这就是所要证明的.

所以, 函数 $w=f(z)$ 双方单值地把圆 $|z-a|<\rho$ 映射成 w 平面的某一个把点 a_0 包含在它内部的区域. 假如我们现在以 a_0 为中心画一个圆, 使它全部在这个区域内, 那么在 z 平面上就有某一个区域对应于这个圆, 这个区域包含点 a 同时全部在圆 $|z-a|<\rho$ 的内部. 因此, 对于每一个使 $f'(a)\neq 0$ 的点 a, 我们可以找到这样一个包含它的区域 g_a, 使得函数 $w=f(z)$ 把这个区域双方单值地变换成 w 平面上以 $f(a)=a_0$ 为中心的某一个圆 c_a. 现在我们假定 $f'(a)=0$. 于是在这一点的某一个邻域内函数 $f(z)$ 可以表示为

$$f(z)=a_0+a_k(z-a)^k+a_{k+1}(z-a)^{k+1}+\cdots\quad,a_k\neq 0,k\geqslant 2$$

令 $\varphi(z)=1+\dfrac{a_{k+1}}{a_k}(z-a)+\dfrac{a_{k+2}}{a_k}(z-a)^2+\cdots$, 我们取点 a 的一个足够小的邻域 $|z-a|<\rho$ 使得在它内部: $|\varphi(z)-1|<\dfrac{1}{2}$. 于是在这邻域内 $|\varphi(z)|>\dfrac{1}{2}$, $-\dfrac{\pi}{6}<\arg\varphi(z)<\dfrac{\pi}{6}$, 从而 $\psi(z)=(z-a)^k\sqrt{\varphi(z)}=(z-a)^k\sqrt{|\varphi(z)|}\,\mathrm{e}^{\mathrm{i}\frac{\arg\varphi(z)}{k}}$ 是一个单值的解析函数, 而它的导函数

$$\psi'(z)=\sqrt[k]{\varphi(z)}+(z-a)\frac{\varphi'(z)}{k[\sqrt[k]{\varphi(z)}]^{k-1}}$$

因为 $\psi(a)=0$ 与 $\psi'(a)=1$, 所以 $\psi(z)=(z-a)+a_2(z-a)^2+a_3\cdot(z-a)^3+\cdots$. 根据前面所证明的, 我们可以找到一个包含点 a 的区域 g_a, 而函数 $\zeta=\psi(z)$ 把这个区域双方单值地映射成某一个以 $\zeta=0$ 为中心, r' 为半径的圆 c'_a. 当点 ζ 描画这个圆时, 点 ζ^k 就描画与这

个圆同心的而半径为 r'^k 的圆.这时,对应于新圆的每一个(不同于圆中心的)点的,将是圆 c'_a 的,分布于一个以坐标原点为中心的正 k 角形的顶点上的 k 个不同的点.当点 ζ 描画圆 c'_a 的任一个张开角度为 $\dfrac{2\pi}{k}$ 的扇形时,点 ζ^k 就描画出整个的圆,所以对应于整个圆 c'_a 的,是一个 k 重圆.我们将设想这个 k 重圆是 k 个同样的圆彼此重叠起来并沿着半径向正轴的方向切开,而在切口处像下面所说的方法接连起来的:把位于下面的圆的切口的下沿与紧接着在它上面的圆的切口的上沿接连起来,而把最上面的圆的切口的下沿与最下面的圆的切口的上沿接连起来.

由于 $w=f(z)=a_0+a_k[\psi(z)]^k=a_0+a_k\zeta^k$,我们现在可以作如下结论:对于使 $f'(a)=0$ 的点 a,存在着一个包含点 a 的区域 g_a,使得变换 $w=f(z)$ 把这个区域变到一个以点 $a_0=f(a)$ 为中心的 k 重(或 k 叶)圆 c_a.区域 g_a 的点与 c_a 的点之间的对应是一对一的.[对于除 a 之外的 g_a 中的任一点还可以指出这区域的 $k-1$ 个点,在这些点 $w=f(z)$ 取同一个数值.不过,对应的点将位于 k 叶圆 c_a 的不同的(彼此重叠的)叶上,所以还是应该看作不同的.]

现在我们必须要来说明如何连接这些不同的单叶的与多叶的圆 c_a 来得到函数 $w=f(z)$ 的多叶的变化区域(黎曼曲面).为了在这些圆的接连过程中建立一定的顺序,我们设想一个包含在 G 内的区域 $G_n(G_n\subset G)$ 的无穷序列,这些区域一个包含着一个($G_n\subset G_{n+1}$)并且在下述的意义下逼近区域 G:区域 G 的每一个点 a 从某一个 n 开始以后属于所有的 G_n 的内部.这样的序列,举例来说,是可以用下面的方法得到的:分 z 平面为边长无限制减小的正方形,把第 n 次分割中不但自己属于 G 的而且与它们直接毗连着的正方形也属于 G 的内部的那些正方形合并成一个区域 G_n.

因为闭区域 $\overline{G}_1$ 的每一个点 a 都属于区域 G,所以对于这个点可以找到一个完全在 G 内部并且包含点 a 的区域 g_a,使得函数 $w=f(z)$ 把它变到以点 $f(a)=a_0$ 为中心的一个单叶的或多叶的圆 c_a.根据海涅-波莱尔预备定理就可以选出有限多个区域 g_a 整个覆盖了 $\overline{G}_1$.假如它们不能完全覆盖区域 G_2,那么可以应用同样的方法到闭区域 $\overline{G_2-G_1}$,把新得到的有限个区域加入到已经取定的那些区域,这样一来,扩充后的区域 g_a 的集合依旧是有限的而且覆盖了整

区域 $\overline{G}_2$. 继续进行这个步骤，我们得到可数无穷多个区域 g_a，使任一个区域 g_n 为有限多个区域 g_a 所覆盖. 为了简化以后的研究，我们不妨假定对应于多叶圆的任何两个区域 g_a 都没有公共点. 这总是可以办到的，因为，首先，由于解析函数的唯一性，在每一个区域 G_n 内部只含有有限多个点 a 使 $f'(a)=0$，其次，区域 g_a 可以任意小. 现在我们把区域 g_a 编号，使号码邻接的两个区域有公共部分，并且给予对应于它们的单叶或多叶圆 c_a 以同样的号码. 假如我们依次地取区域 g_a，如果它们中间彼此有公共部分的就沿着公共部分粘合起来(不管号码是否邻接)，那么我们就得到一个位于 G 内部的区域，而当所取的区域 g_a 的数目充分大时，这个区域可以包含任意的区域 G_n. 换句话说，用这样粘合的方法所得到的区域将逼近区域 G. 整个区域 G 可以看作(可数) 无穷多个区域 g_a 粘合起来所构成的. 同样地，可以在 w 平面上构造出函数 $w=f(z)$ 的变化区域. 就是说，依号码的次序来取圆 c_a，在它们中间我们会碰到这样一些圆，它们对应的区域 g_a 有公共部分(对于那些有相邻号码的圆当然如此，但是不仅对于这些). 由于函数 $w=f(z)$ 的单值性，对应于这些公共部分的，将是两个这样的圆上的同样的(合同的) 区域. 把这些圆一个安放在另一个之上，使那些合同的区域彼此重合，然后我们沿这些区域把这些圆粘合起来. 对应的区域 g_a 无公共部分的两个圆自然不能直接粘合. 不过，任何两个区域 $g^{(m)}$ 与 $g^{(n)}$ $(n>m)$ 都可以由一串区域：$g^{(m)}, g^{(m+1)}, \cdots, g^{(n)}$，把它们连接起来，其中每相邻的两个区域都有公共部分；所以任何两个圆 $c^{(m)}$ 与 $c^{(n)}$ 也都可以由一串圆：$c^{(m)}, c^{(m+1)}, \cdots, c^{(n)}$，把它们联系起来，其中每相邻的两个圆都粘在一起. 增加圆的数目，我们就得到一个个新的广义的(多叶的) 区域，它们永远都包含在函数 $w=f(z)$ 的经推广后的变化区域内，并且在下述的意义下逼近这个变化区域：即当圆的数目充分多时，我们可以得到变化区域的任一个预先指定的点. 我们这里用粘合的方法来得到的点集合，实际上可以称为一个区域(广义的)，因为它们具有普通单叶区域的两个特性：第一，这个集合的每一个点都有一个邻域属于这个集合，这里所谓邻域应该了解为，或者是单叶圆(对应的点于是称为寻常点)，或者是 k 叶圆(对应的点就称为 $k-1$ 级的支点)；第二，这个集合的任意两个点都可以用一条每一个点都属于这个集合的连续曲线联结起来. 这第二个性质可以直接从任意两个圆都有连接它们的一串有限个圆存在这一事实推出来. 直到现在为止,我们所说过的一切都可以毫无变更地扩充到无穷远点的情形. 就是说,当 $a=\infty$ 时,以前的展开式当 $f(\infty)=a_0$ 是有限数时可以写成形式:$f(z)=a_0+a_k z^{-k}+a_{k-1}z^{-k-1}+\cdots$,而当 $f(\infty)=\infty$ 时可以写成 $f(z)=a_k z^k+a_{k-1}z^{k-1}+\cdots(k\geqslant 1)$. 总结前面的结果,我们可以说出下面的保存区域的原则:单值解析函数把自己的定义区域仍旧映射成一个(单叶的或多叶的)区域.

作为区域保存原则的一个直接应用我们考虑关于最大模的定理.

假定 $w=f(z)$ 是一个不恒等于常数并在区域 G 内全纯的函数. 当 z 描画出环绕区域 G 的点 z_0 的一个足够小的邻域 δ 时,$w=f(z)$ 描画出以 $w_0=f(z_0)$ 为中心的黎曼曲面的一个元素 Δ(单叶的或者是多叶的圆),并且这两个区域的对应是一对一的(图 3). 因此,函数 $|f(z)|$ 不可能在点 z_0 达到它的最大值,因为在 Δ 中有比 $f(z_0)$ 距离坐标原点更远的点存在,所以在区域 G 中全纯的函数 $f(z)$ 的最大模不可能在区域的内点达到.

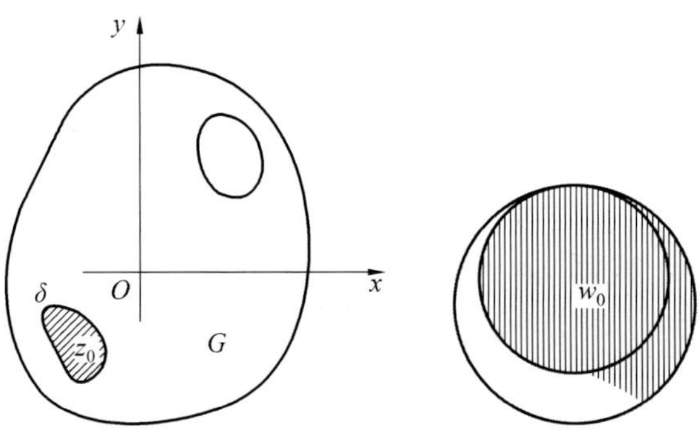

图 3

附注 证明并不限于 z_0 是有限距离的点;z_0 可以是无穷远点,但当然它应该是区域的内点.

在上面的结论中我们预先假定了 $f(z)$ 不是一个常数. 因此,如果在区域 G 内全纯的函数 $f(z)$ 的模,在 G 的一个内点达到它自己的最大值时,这个函数就一定是一个常数.

最后,我们指出,函数 $f(z)$ 在区域 G 内适合下面较广的条件时,证明仍然有效:

(1) $f(z)$ 在区域 G 的每一点的邻域内是全纯的.

(2) $|f(z)|$ 是区域 G 内的单值函数.

2. 双方单值对应的原则

假定闭路 Γ 是光滑的或者至少是逐段光滑的;又函数 $w=f(z)$ 在 Γ 内以及 Γ 上都是全纯的.再假定函数 $w=f(z)$ 把闭路 Γ 双方单值地映射成某一条闭路 Γ'.换句话说,闭路 Γ' 上不同的点对应于闭路 Γ 上不同的点.在这些条件下我们要证明:$w=f(z)$ 也把闭路 Γ 所围成的区域双方单值地映射成闭路 Γ' 所包围的区域.

证明 我们用 G 来记闭路 Γ 所包围的区域.根据条件闭路 Γ' 对应于闭路 Γ,而 Γ' 把 w 平面分成两部分:内部与外部.

我们要指出,在 Γ' 的外部没有一个点可以表示函数 $f(z)$ 在 Γ 内部所取的值;另外,Γ' 内部的每一点都代表函数 $f(z)$ 在 Γ 内部的一个点 z,而且仅只在这个点 z 所取的值.因此,问题归结到要来证明:当 w_0 在 Γ' 外部时,方程 $f(z)-w_0=0$ 在 Γ 内部没有根,而当 w_0 在 Γ' 内部时,这同一个方程在 Γ 内部有唯一的根.根据关于对数残数的定理所求的方程 $f(z)-w_0=0$ 的根的数目等于积分

$$\frac{1}{2\pi i}\int_{\Gamma}\frac{f'(z)}{f(z)-w_0}dz \tag{4}$$

这里积分是沿闭路 Γ 的正方向取的.令 $f(z)=w$,这个积分就变成

$$\frac{1}{2\pi i}\int_{\Gamma}\frac{dw}{w-w_0} \tag{4'}$$

假如 w_0 在 Γ' 外部,上面的积分等于 0,假如 w_0 在 Γ' 内部,它就等于 ± 1(正负号依赖于沿 Γ' 积分的方向).但根据等于(4′)的积分(4)本身的意义,值 -1 应该除外(我们记住 $f(z)$ 在 Γ 内部是全纯的).于是积分(4)当 w_0 在 Γ' 外部时等于 0,当 w_0 在 Γ' 内部时等于 $+1$.

定理已经证明了.从证明中我们还特别可以看出,当点 z 沿正方向绕闭路 Γ 移动时,点 $w=f(z)$ 也沿着正方向绕闭路 Γ' 移动[否则积分(4′)将取值 -1].换句话说,Γ 内部的一个全纯函数所构成的 Γ 与 Γ' 之间的对应必然保持环绕的方向.

因为利用双方单值的初等变换可以把无界的区域变成有界区域,所以对于无界区域,上面证明的定理仍然成立.

3. 黎曼－许瓦兹对称原则

假定给定了两个沿着它们的边界的公共部分 γ 彼此邻接的区域 G_1 与 G_2，并设区域 G_2 整个在区域 G_1 之外(图 4). 我们假定 $f(z)$ 是区域 G_1 内的一个全纯函数. 假如在由区域 G_1，G_2 与开弧 γ 的点所组成的区域 $G=G_1+G_2+\gamma$ 内，存在一个全纯函数 $f(z)$，它在区域 G_1 内所有的点都与给定的函数 $f(z)$ 一致，那么我们就说 $F(z)$ 是 $f(z)$ 越过弧 γ 的一个解析开拓. 我们都知道，如果函数 $f(z)$ 的这样一个开拓是可能的话，那么它一定是唯一的. 这里所发生的基本问题是：要想根据给定的函数 $f(z)$，知道它是否可以越过区域 G_1 的边界的某一段来进行开拓，并且假如可能的话，那么，怎样来实现这个开拓. 如果所考虑的区域 G_1 的一段边界 γ 是某个圆周的一段弧，又假如在这圆弧上函数 $f(z)$ 的数值都是实数，那么我们的函数就可以解析地越过弧 γ 开拓出去[这里所谓函数 $f(z)$ 在弧 γ 上的值是指 $f(z)$ 的值从区域 G_1 的内部所取的(在 γ 上连续的) 极限值]. 当证明这个定理时，我们将同时指出一个非常简单的步骤去构造给定的函数的解析开拓.

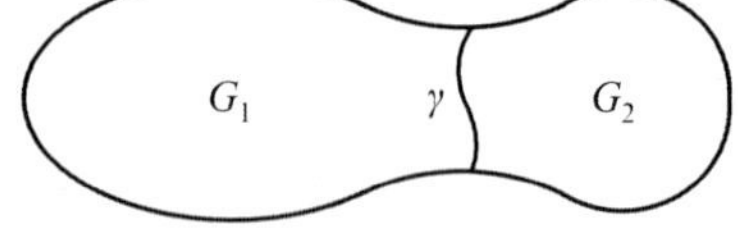

图 4

首先让我们假定弧 γ 是一段平行于实轴的直线 AB(图 5).

函数 $f(z)$ 在 AB 的一边以及 AB 线段的内部，都有定义，并且在 AB 内函数取实数值.

我们取一段位于内域 G_1 内的弧 $A_1M_1B_1$，$f(z)$ 在它上面当然已经有定义，再取一段与弧 $A_1M_1B_1$ 关于 AB 对称的位于区域 G_1 外的弧 $A_1M_2B_1$(图 6). 在闭路 $A_1M_2B_1A_1$ 所包围的区域内，我们定义一个函数 $\varphi(z)$ 如下：在这个区域的每一点 z_2，如果它关于 AB 与点 z_1 对称，我们就定义

$$\varphi(z_2)=\overline{f(z_1)} \tag{5}$$

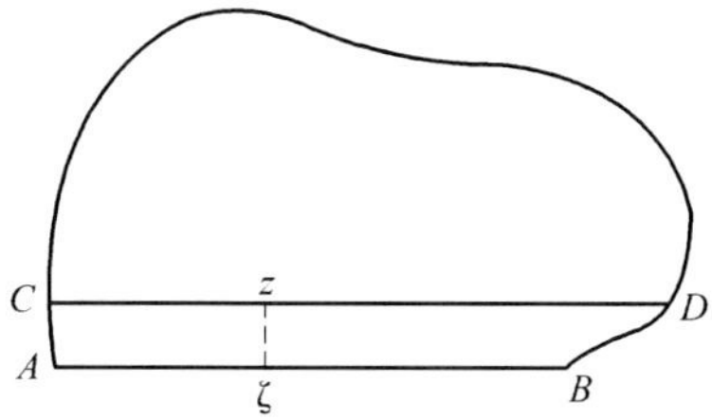

图 5

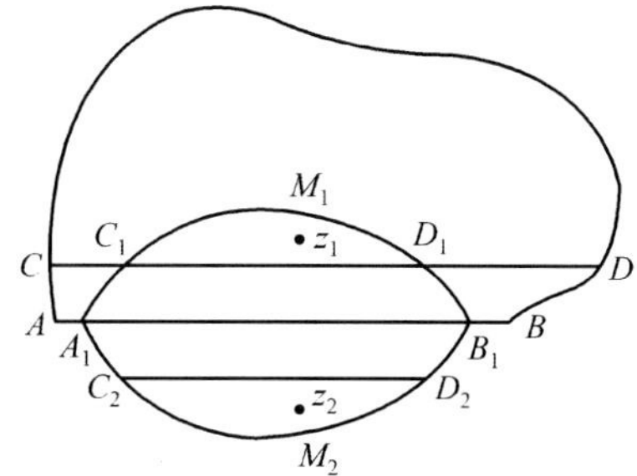

图 6

这个函数 $\varphi(z)$ 在闭路 $A_1M_2B_1A_1$ 所包围的区域内是全纯的. 事实上,如果用 δ 表示同时产生的改变量,并注意到 δz_1 与 δz_2 彼此共轭(因为 AB 平行于实轴),我们有

$$\frac{\delta\varphi(z_2)}{\delta z_2}=\frac{\delta[\overline{f(z_1)}]}{\delta z_2}=\frac{\overline{\delta f(z_1)}}{\overline{\delta z_1}}=\overline{\left(\frac{\delta f(z_1)}{\delta z_1}\right)} \tag{6}$$

当 δz_1(也就是 δz_2)趋向于零时取等式(6)的极限,我们就得到

$$\lim_{\delta z_2\to 0}\frac{\delta\varphi(z_2)}{\delta z_2}=\overline{f'(z_1)} \quad 或 \quad \varphi'(z_2)=\overline{f'(z_1)}$$

所以,函数 $\varphi(z)$ 在由闭路 $A_1M_2B_1A_1$ 所包围的区域内的每一点都有有限导数,因而,它在这个区域内是一个全纯函数.

现在假定 C_1D_1 与 C_2D_2 是两条彼此平行而且关于 AB 对称的弦,它们之间的距离可以任意小. 用 z' 来记闭路 $C_1D_1M_1C_1$ 所包围的区域内的任意一点,由柯西公式我们就有

$$\begin{cases}2\pi\mathrm{i}f(z')=\displaystyle\int_{C_1D_1}\frac{f(z)\,\mathrm{d}z}{z-z'}+\int_{D_1M_1C_1}\frac{f(z)}{z-z'}\mathrm{d}z\\[2ex] 0=\displaystyle\int_{D_2C_2}\frac{\varphi(z)\,\mathrm{d}z}{z-z'}+\int_{C_2M_2D_2}\frac{\varphi(z)}{z-z'}\mathrm{d}z\end{cases} \tag{7}$$

让弦 C_1D_1 与 C_2D_2 都趋向 A_1B_1. 式(7)的第一个等式中的第一个积分趋向于 $\displaystyle\int_{A_1B_1}\frac{f(\zeta)\,\mathrm{d}\zeta}{\zeta-z'}$. 事实上,如果用 ζ 来表示位于 C_1D_1 上的点 z 在 AB 上的投影,我们就有

$$\frac{f(z)}{z-z'}-\frac{f(\zeta)}{\zeta-z'}=\frac{1}{z-z'}[f(z)-f(\zeta)]+f(\zeta)\left(\frac{1}{z-z'}-\frac{1}{\zeta-z'}\right)=$$

$$\frac{f(z)-f(\zeta)}{z-z'}+\frac{f(\zeta)(\zeta-z)}{(z-z')(\zeta-z')} \tag{8}$$

把 z' 算作是固定的，我们知道 $|z-z'|$ 与 $|\zeta-z'|$ 都保持大于某一个正常数；另外，函数 $f(z)$ 是有界的. 因此，我们可以使表达式(8) 任意小；同样地，也可以使它沿 C_1D_1 的积分任意小. 所以，我们有

$$\lim \int_{C_1D_1} \frac{f(z)\mathrm{d}z}{z-z'} = \int_{A_1B_1} \frac{f(\zeta)\mathrm{d}\zeta}{\zeta-z'} \tag{9}$$

同样，可能证明

$$\lim \int_{D_2C_2} \frac{\varphi(z)\mathrm{d}z}{z-z'} = \int_{B_1A_1} \frac{\varphi(\zeta)\mathrm{d}\zeta}{\zeta-z'} \tag{9'}$$

回想到 $f(\zeta)$ 在 AB 上取实数值，所以可以断言：在 A_1B_1 上 $f(\zeta)=\varphi(\zeta)$. 因此，等式(7) 在极限情形就成为下列形式

$$\begin{cases} 2\pi \mathrm{i} f(z') = \displaystyle\int_{A_1B_1} \frac{f(\zeta)\mathrm{d}\zeta}{\zeta-z'} + \int_{B_1M_1A_1} \frac{f(z)\mathrm{d}z}{z-z'} \\ 0 = \displaystyle\int_{B_1A_1} \frac{f(\zeta)\mathrm{d}\zeta}{\zeta-z'} + \int_{A_1M_2B_1} \frac{\varphi(z)}{z-z'}\mathrm{d}z \end{cases} \tag{7'}$$

把上两式相加，我们得到

$$2\pi \mathrm{i} f(z') = \int_{B_1M_1A_1} \frac{f(z)\mathrm{d}z}{z-z'} + \int_{A_1M_2B_1} \frac{\varphi(z)}{z-z'}\mathrm{d}z \tag{10}$$

如果用 $F(z)$ 来记一个定义在整个闭路 $\Gamma = B_1M_1A_1 + A_1M_2B_1$ 上的函数，它在弧 $A_1M_1B_1$ 上等于 $f(z)$ 而在弧 $A_1M_2B_1$ 上则等于 $\varphi(z)$，我们就可以把(10) 改写成

$$f(z') = \frac{1}{2\pi \mathrm{i}} \int_{\Gamma} \frac{F(z)\mathrm{d}z}{z-z'} \tag{10'}$$

显然，如果我们取闭路 $A_1M_2B_1A_1$ 所包围的区域中的点来作为 z' 时，我们将得到

$$\varphi(z') = \frac{1}{2\pi \mathrm{i}} \int_{\Gamma} \frac{F(z)\mathrm{d}z}{z-z'} \tag{10''}$$

因为柯西型积分

$$\frac{1}{2\pi \mathrm{i}} \int_{\Gamma} \frac{F(z)\mathrm{d}z}{z-z'}$$

所代表的函数在 Γ 内部到处是全纯的，所以从等式(10′) 我们断定这个函数是给定的函数 $f(z)$ 的解析开拓. 此外，等式(10″) 指出这个解析开拓是这样得到的，就是让它在关于 AB 对称的点上取彼此

共轭的数值.

最后,因为 A_1B_1 是 AB 内的任意一个线段,这就证明了我们的原则的正确性.

同样的结论,也可以不用柯西型积分而另外根据摩勒尔定理来得到.

实际上,如果用 $F(z)$ 来代表这样一个函数,它在闭路 $A_1B_1M_1A_1$ 内部等于 $f(z)$,在闭路 $A_1M_2B_1A_1$ 内部等于 $\varphi(z)$,而在 A_1B_1 线段上的任一点则等于 f 与 φ 的公共极限值,显然我们就得到一个在闭路 $A_1M_2B_1M_1A_1$ 内部连续的函数.要想证明这个函数 $F(z)$ 是解析的,根据摩勒尔定理,我们只需证明 $F(z)$ 沿上述区域内部的任一三角形周界所取的积分等于零就行了.

如果 $\triangle\alpha\beta\gamma$ 不与 A_1B_1 相交,那么它整个位于函数 $F(z)$ 在那里全纯的一个区域的内部,从而,根据柯西定理,积分 $\int\limits_{\alpha\beta\gamma}F(z)\mathrm{d}z$ 等于零.

假如 $\triangle\alpha\beta\gamma$ 与 A_1B_1 相交,那么,只要沿 A_1B_1 的两边引两条直线 C_1D_1 与 C_2D_2 平行于 A_1B_1(图 7),我们就得到

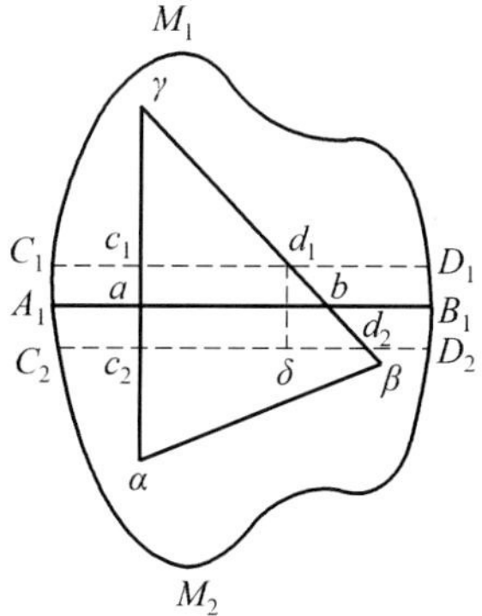

图 7

$$\int\limits_{\alpha\beta\gamma}F(z)\mathrm{d}z=\int\limits_{c_1d_1\gamma c_1}F(z)\mathrm{d}z+\int\limits_{c_2d_2d_1c_1c_2}F(z)\mathrm{d}z+\int\limits_{\alpha\beta d_2c_2\alpha}F(z)\mathrm{d}z \tag{11}$$

根据柯西定理这些积分中的第一个与最后一个都等于零,因此

$$\int_{\alpha\beta\gamma} F(z)\mathrm{d}z = \int_{c_2 d_2 d_1 c_1 c_2} F(z)\mathrm{d}z \tag{12}$$

由于在闭路 $\alpha\beta\gamma$ 上以及它的内部，模 $|F(z)|$ 始终小于某一个数 M，只要我们取直线 C_1D_1 与 C_2D_2 是这样靠近 A_1B_1，使得分别位于 C_1D_1 与 C_2D_2 上的任意一对点 ζ 与 ζ_1（$\zeta\zeta_1$ 线段平行于 $\alpha\gamma$），能够满足不等式 $|F(\zeta)-F(\zeta_1)|<\varepsilon$，我们就有

$$\left|\int_{c_2 d_2 d_1 c_1 c_2} F(z)\mathrm{d}z\right| = \left|\left(\int_{c_2\delta} F(z)\mathrm{d}z - \int_{c_1 d_1} F(z)\mathrm{d}z\right) + \int_{c_1 c_2} F(z)\mathrm{d}z + \int_{\delta d_2} F(z)\mathrm{d}z + \int_{d_2 d_1} F(z)\mathrm{d}z\right| < \varepsilon \cdot ab + M(c_1c_2 + \delta d_2 + d_2 d_1)$$

这个不等式的右边可以任意小，因为 ε 是任意小，并且，当 C_1D_1 与 C_2D_2 充分靠近 A_1B_1 时，线段 c_1c_2，δd_2 与 d_2d_1 的长度之和也可以任意小. 于是，因为根据(12)，数值

$$\left|\int_{c_2 d_2 d_1 c_1 c_2} F(z)\mathrm{d}z\right| = \left|\int_{\alpha\beta\gamma} F(z)\mathrm{d}z\right|$$

不依赖于直线 C_1D_1 与 C_2D_2 的位置，所以它必须等于零，这就完成了我们的证明.

如果利用柯西定理的推广，上面的分析就变成是多余的了. 事实上

$$\int_{\alpha\beta\gamma} F(z)\mathrm{d}z = \int_{ab\gamma a} F(z)\mathrm{d}z + \int_{\alpha\beta ba\alpha} F(z)\mathrm{d}z$$

因为函数 $F(z)$ 在闭路 $ab\gamma a$ 与 $\alpha\beta ba\alpha$ 的内部都是全纯的并且在它上面连续，所以根据柯西定理的推广，上面等式的右边部分的两个积分都是零. 可见

$$\int_{\alpha\beta\gamma} F(z)\mathrm{d}z = 0$$

在以上的证明中，我们在实质上假定了直线段 AB 是处在平行于实轴的位置. 现在剩下来要解除这一限制. 假定我们想要越过它来开拓函数 $f(z)$ 的弧 γ 是随便一个直线段 AB. 这种情形立刻可以化为前面所讨论的情形，只要我们用一个旋转 $z' = z\mathrm{e}^{\theta\mathrm{i}}$，把线段 AB 变成平行于实轴. 很清楚，函数 $f(z)$ 的解析开拓的值将在关于线段 AB 对称的点上彼此共轭.

最后，如果 γ 是某个圆周的一段弧，那么，只要用一个线性变换 $z'=\dfrac{az+b}{cz+d}$ 把弧 γ 变成直线段 AB，这个情形就变成刚才所考虑的情形了. 大家都知道在这样一个线性变换下，对应于关于圆弧 γ 对称的一对点的，是关于直线段 AB 对称的一对点. 所以，函数 $f(z)$ 的解析开拓在关于 γ 对称的点上所取的值还是彼此共轭的.

因此，我们可以归纳对称原理成为下面的形式：在一个它的边界含有一段圆弧 γ（或一个直线段 γ）的区域 G_1 的内部全纯并且在 γ 内的所有的点上取连续（从 G_1 内）的实数值的函数 $f(z)$ 可以越过 γ 来进行解析开拓. 这个函数 $f(z)$ 的解析开拓在区域 G_1 的外部的值与 $f(z)$ 在关于 γ 对称的点所取的值共轭.

这个原则在共形映射的理论方面有许多应用. 事实上，假定给定了这样一个区域 G_1，它的边界会有一段圆弧 γ（特别情形是一个直线段 γ），并且关于 γ 与 G_1 对称的区域 G_2 整个位于 G_1 的外部. 如果函数 $w=f(z)$ 构成一个把区域 G_1 变到上半平面的共形映射，那么根据对称原则，我们只要在关于 γ 彼此对称的两点给函数以相互共轭的数值，就得到函数 $f(z)$ 越过 γ 的解析开拓. 因此，函数 $w=f(z)$，在越过 γ 进行开拓之后，就构成一个把区域 $G=G_1+G_2+\gamma$ 变成（在实轴上除去开弧 γ 的像所组成的开区间以外的点的）w 平面的共形映射. 不难看出，如果函数 $w=f(z)$ 给出圆上的一个共形映射时，应该如何来推广黎曼 - 许瓦兹原则的结果.

在上面引进的对称原则中，函数 $f(z)$ 在圆弧 γ 上所取的值是位于实轴的一个区间上. 不难推广这个原则到 $f(z)$ 所取的值是位于某一个圆 C 的弧上的情形. 事实上，对 $w=f(z)$ 施以线性变换，把 C 变到实轴上，我们就把这个情形化为上面所讨论过的情形了. 因为在这个线性变换之下，对应于关于圆周 C 对称的点，是关于实轴对称的点，所以可以断言，对应于关于 γ 对称的点 z 的函数值 $f(z)$，关于 C 也是对称的.

4. 对称原则的推广

我们说一段曲线的弧是解析的，是指它的坐标 x,y，作为参变数 t 在区间 $a<t<b$ 内的函数来说，可以在每一点 t 的附近展开成幂级数. 我们称一段解析（的）弧是正则的，假如它没有重点并且 x' 与 y' 不同时为零.

假定 $f(z)$ 是区域 G 内的一个全纯函数，又 G 的边界含有一段正则的解析弧 γ. 我们说函数 $f(z)$ 在弧 γ 上的值，意即指 $f(z)$ 从区域 G 的内部取极限所得到的（在 γ 上连续的）极限值，这些值我们假设其存在. 在第 3 段里，我们曾经看到，如果区域 G 的边界上有一小段 γ 是某一个圆周的弧，又函数 $f(z)$ 在这弧上的点所取的值，在一条直线或一个圆周上时，函数 $f(z)$ 就可以越过弧 γ 解析地进行开拓，并且可以给出这个开拓的一个非常简单的规则.

本段的任务是要给出这个定理的一个推广，要证明：假如区域的边界上有一小段 γ 是一段正则的解析弧，又函数 $f(z)$ 在这段弧上的点所取的值在一条直线或一个圆周上时，则函数 $f(z)$ 就可以越过弧 γ 解析地进行开拓.

实际上，从弧 γ 的参变数方程出发，我们可以把 $z=x+\mathrm{i}y$ 定义为参变数 t 在实轴的区间 (a,b) 的一个相当狭窄的邻域内的一个全纯函数，使得反函数 t 在对应的弧的邻域内，对于 z 来说是全纯的［这不难从下述事实推出：$\dfrac{\mathrm{d}z}{\mathrm{d}t}$ 在 (a,b) 上不等于零而且弧没有重点（参看第 2 段）］.

函数 $\varphi(t)=f[z(t)]$ 在区间 (a,b) 的一边是全纯的，并且在这个区间的点上，与 $f(z)$ 在弧 γ 的对应点上取相同的值. 因此，函数 $\varphi(t)$ 在实轴的区间 (a,b) 上的值是在直线或者圆 Γ 上. 根据黎曼－许瓦兹对称原则（第 3 段），函数 $\varphi(t)$ 有越过区间 (a,b) 的解析开拓，并且这个解析开拓在实轴附近关于 (a,b) 对称的点上所取的值是关于 Γ 对称的.

在上面所确定的弧 γ 的邻域内，我们说两个点 z 关于这段弧是对称的，只要它们是对应于关于实轴对称的两个点 t. 这个定义是完全自然的，因为两个点在于正则解析弧 γ 对称的性质，对于每一个保持实轴不变（因而提供正则解析弧 γ 的另一个参变数表示）的全纯的参数变换 $\theta=\lambda(t)$，$\lambda'(t)\neq 0$ 是不变的.

注意到这一点之后，我们现在来考虑从 γ 上一点出发，关于弧 γ 对称的两条路线与它们在 t 平面上的对应路线. 从函数 $\varphi(t)$ 可以越过区间 (a,b) 进行解析开拓的事实以及上面所提到的它的性质可以得到，第一，函数 $f(z)$ 可以越过弧 γ 进行解析开拓，第二，这个开拓具有下述性质：在关于弧 γ 对称的两个点上，函数 $f(z)$ 的解析开拓所取的值是关于 Γ 对称的两个点的附标.

所以,在函数 $f(z)$ 越过弧 γ 进行解析开拓时,对于对称于弧 γ 的两个点 z,我们得到两个对称于 Γ 的对应点 $f(z)$.

5.解析开拓的许瓦兹原则

跟前段中一样,我们假定 $f(z)$ 是区域 G 内的一个全纯函数,G 的边界含有一段正则的(开的)解析弧 γ

$$z=z(t),a<t<b$$

所谓函数 $f(z)$ 在弧 γ 上的值,是指 $f(z)$ 从区域 G 的内部取极限所得到的极限值 $F(t)$,按照假设,这些值存在.

本段的目标是要证明:如果函数 $f(z)$ 在弧 γ 上的边界值 $F(t)$ 是参变数 t 的解析函数时,那么函数 $f(z)$ 可以越过弧 γ 进行解析开拓.这就是复变函数的解析开拓的许瓦兹原则的一般的形式.

我们先证明这个定理的一个特殊情形,假定弧 γ 是实轴上的一个区间 $\alpha<x<\beta$.因为我们的函数的边界值 $F(x)$ 在区间 $\alpha<x<\beta$ 上每一点 x_0 的邻域内都是解析的,所以在点 x_0 附近,有下列展开式

$$F(x)=c_0+c_1(x-x_0)+c_2(x-x_0)^2+\cdots$$

令 $z=x+\mathrm{i}y$ 而且用复数 z 来代替这个展开式中的实变数 x,我们就得到一个在点 x_0 的邻域内全纯的函数 $\Phi(z)$

$$\Phi(z)=c_0+c_1(z-x_0)+c_2(z-x_0)^2+\cdots$$

差 $\Phi(z)-f(z)$ 在 x_0 的邻域属于区域 G 的那一部分内是全纯的;在这个邻域的位于实轴上的直径上,它有极限值,并且这些极限值等于零.因此,根据黎曼 – 许瓦兹对称原则(第 3 段),这个差 $\Phi(z)-f(z)$ 可以解析地开拓到上述点 x_0 的整个邻域内,并且作为这个邻域内的一个全纯函数来说,它在包含在这个邻域内的一个区间上等于零,所以它应当在整个邻域内恒等于零.因此,在点 x_0 的邻域内我们就有 $f(z)\equiv\Phi(z)$,这就证明了函数 $f(z)$ 在点 x_0 附近可以越过区间 $\alpha<x<\beta$ 进行解析开拓.由于 x_0 是区间 $\alpha<x<\beta$ 的任意一点,我们就肯定了函数 $f(z)$ 越过区间 $\alpha<x<\beta$ 进行解析开拓的可能性.

现在回到许瓦兹定理的一般情形,我们把函数 $f(z)$ 的边界值 $F(t)$ 表示成下列形式

$$F(t)=c_0+c_1(t-t_0)+c_2(t-t_0)^2+\cdots$$

其中 t_0 是区间 (a,b) 的任意一点，又 $t_0-\rho<t<t_0+\rho$，ρ 是一个充分小的正数. 因为 $z'(t_0)\neq 0$，我们可以选取一个充分小的 ρ 使得函数 $z(t)$ 把圆 $|t-t_0|<\rho$ 双方单值地映射成一个以 $z_0=z(t_0)$ 为内点的区域 g. 我们把弧 γ 属于 g 的部分记作 γ_1. 函数 $\varphi(t)=f[z(t)]$ 在区间 $(t_0-\rho,t_0+\rho)$ 的一边是全纯的，并且在这个区间的点上所取的值与 $f(z)$ 在弧 γ_1 上的对应点上的取的值相同；因此，函数 $\varphi(t)$ 在实轴的区间 (t_0-p,t_0+p) 上的值代表一个解析函数 $F(t)$. 根据本段开始时所证明的，可以利用函数 $F(t)$ 把函数 $\varphi(t)$ 解析地开拓到圆 $|t-t_0|<\rho$ 内. 由于在对应的点上 $\varphi(t)=f(z)$，我们由此可以断定，函数 $f(z)$ 可以解析地开拓到区域 g 内，换句话说，可以越过弧 γ_1 进行开拓. 因为 t_0 是区间 $a<t<b$ 内的任意一点，也就是说，$z_0=z(t_0)$ 是弧 γ 上的任意一点，所以 $f(z)$ 可以越过整个弧 γ 进行解析开拓.

6. 调和函数的对称原则

大家都知道，一个函数 $V(x,y)$ 称为在一个区域内是调和的，是指它在这个区域内是单值的，具有直到第二级的连续导函数并且满足拉普拉斯方程

$$\Delta V=\frac{\partial^2 V}{\partial x^2}+\frac{\partial^2 V}{\partial y^2}=0$$

我们也知道，假如已知函数 V 在一个单连通区域内是调和的，则除去一个附属的常数之外，可以确定一个在这个区域内全纯的关于复变数 $z=x+\mathrm{i}y$ 的函数 $U+\mathrm{i}V$；函数 U 同样也是调和的.

所谓一个定义在区域 G 内的调和函数的解析开拓是指一个定义在包含 G 的一个区域 G_1 内的调和函数，只要这个函数在区域 G 内与给定的函数重合①.

现在我们考虑一个函数 $V(x,y)$，它在一段(开的)正则解析弧 γ 的邻域内是调和的，并且在这段弧上等于零. 在这个区域内可以

---

① 显然，如果一个调和函数有解析开拓的话，那么它一定是唯一的. 事实上，假定 V 与 V_1 都是某一个区域内的调和函数，并且在这个区域的一部分上彼此重合. 差 $v=V-V_1$ 就成为该区域内的一个调和函数并在这个区域的一部分上等于零. 构造一个复变数 $z=x+\mathrm{i}y$ 的(在给定的区域的每一点的邻域内都解析的)函数 $u+\mathrm{i}v$，我们可以断定这个函数在给定区域的一部分上等于一个实常数；由此可见，$v\equiv 0$，即 $V\equiv V_1$.

作一个关于 $z=x+\mathrm{i}y$ 的全纯函数 $U+\mathrm{i}V$. 当点 z 描画弧 γ 时，这个函数 $U+\mathrm{i}V$ 总是取实数值，也就是说当 z 在 γ 上时点 $U+\mathrm{i}V$ 停留在实轴上. 根据第 4 段的结果，我们可以断定，在关于弧对称的点上，函数 $U+\mathrm{i}V$ 的值，对实轴来说，也是对称的，换句话说，函数 V 的值取相反的符号.

很自然地，现在可以叙述调和函数的解析开拓原则如下：

假如 V 是区域 G 内的一个调和函数，G 的边界含有一段（开的）正则的解析弧 γ，又，V 在集合 $G+\gamma$ 上连续并且在 γ 上等于零，那么，函数 V 总可以越过 γ 进行解析开拓并且只需在关于 γ 对称的点上使它的值具有相反的符号就行.

要想证明这个定理，前面几段中所建立的结果还不够用，所以必须用特别的证明. 我们可以把上述原理的证明化简成，当弧 γ 是实轴上的一个区间的特殊情形. 为此，我们做如下的措施：设 $z=z(t)(a<t<b)$ 是弧 γ 的方程. 把 t 看作一个复变数，于是，一定有一个函数 $z(t)$ 存在，它在实轴上的区间 (a,b) 的邻域内是全纯的，并且构成这个邻域与弧 γ 的邻域间的一个双方单值的对应；当 t 描画区间 (a,b) 时，点 z 就描画弧 γ. 作函数 $U+\mathrm{i}V$，它在弧 γ 的邻域之属于 G 的那一部分内是关于 z 的全纯函数，于是作为 t 的函数来看，它就在实轴的区间 (a,b) 的某一边是全纯的. 因此，在区间 (a,b) 的一边，V 是关于点 t 的坐标的一个调和函数，并且它在区间 (a,b) 上等于零. 如果我们假定定理在这种特殊情形下成立，那么当我们使 V 的值在关于区间 (a,b) 对称的点上具有相反的符号时，它就有了越过 (a,b) 的解析开拓. 这样一来，V 成为在区间 (a,b) 的整个邻域内的调和函数，换句话说，$U+\mathrm{i}V$ 在这整个邻域内关于 t 都是全纯的. 回到变数 z 来，我们就可以断定，对 z 来说，$U+\mathrm{i}V$ 在弧 γ 的邻域内是全纯的，因而，在这个邻域内 V 是点 z 的坐标的调和函数.

因此，我们只要证明下面的定理就够了，假如 V 在一个以实轴上 ab 线段为直径的半圆内部是调和的，在这个半圆以及它的边界上是连续的并且在直径 ab 上等于零，那么，它必然与一个在整个圆内调和的函数重合（图 8）.

利用下述条件，我们在圆 C 以及它的边界上，定义一个函数 $u(x,y)$：

(1) $u(x,y)=V(x,y)$，在第一个半圆（例如上半圆）上，

(2)$u(x,y)=-V(x,-y)$，在第二个半圆上，

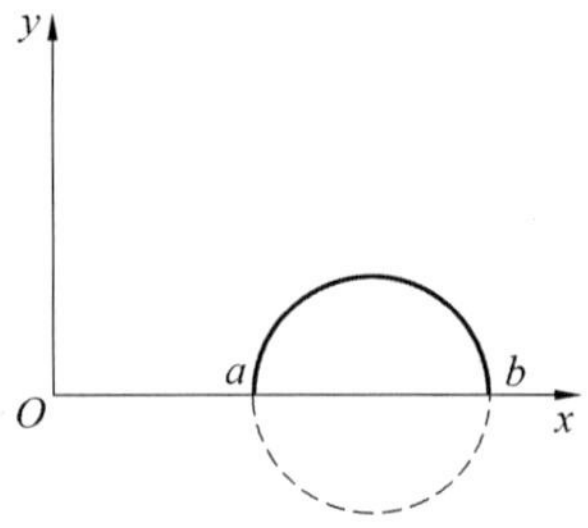

图 8

我们要证明 $u(x,y)$ 是在这个半径为 R 的圆 C 内的一个调和函数.

事实上，第一，$u(x,y)$ 显然在圆 C 的内部是连续的，因为它的值在直径 ab 上等于零，与从上半圆或者从下半圆的极限值相一致，而在圆 C 的其余的点上，它又或者是 $V(x,y)$，或者是 $-V(x,y)$. 第二，不难看出，在圆 C 内部的每一点，它的值等于它在以该点为中心，一个适当小的数为半径的圆周上的值算术平均值. 实际上，这对于位于直径以上的点是不成问题的，因为在这个区域内 $u(x,y)=V(x,y)$ 而 V 是一个调和函数；同样地，对于那些位于直径以下的点也是对的，因为在这里 $u(x,y)=-V(x,-y)$，这就表示 u 也是调和函数；最后，在直径上的点 (x_0,y_0) 上，u 等于零，容易证明

$$0=u(x_0,y_0)=\frac{1}{2\pi}\int_0^{2\pi}u(x_0+\rho\cos\varphi,y_0+\rho\sin\varphi)\mathrm{d}\varphi$$

因为被积函数在积分限 $(\pi,2\pi)$ 内所取的值与在积分限 $(0,\pi)$ 内所取的值刚好差一个符号，所以，函数 $u(x,y)$ 在圆 C 内部是连续的，并且在它的每一点上都满足条件

$$u(x_0,y_0)=\frac{1}{2\pi}\int_0^{2\pi}u(x_0+\rho\cos\varphi,y_0+\rho\sin\varphi)\mathrm{d}\varphi$$

这就足够来断定 $u(x,y)$ 是 C 内部的一个调和函数①.

最后，我们还可把上面所证明的关于调和函数 V 越过一段正则解析弧的解析开拓的性质，推广到函数 V 并非在弧上为零，而是具有下述条件的情形. 这个条件是：确定在弧的一边的函数 V 在弧上（保持着连续性）所取的值，构成（弧的方程中的）参变数 t 的一个解析函数.

---

① И. И. Привалов（伊·伊·普里瓦洛夫）Surles fonctions harmoniques，Математический сборник，т. ⅩⅩⅩⅡ

事实上,我们可以确定弧 γ 的一个足够小的邻域与区间 (a,b) 的一个足够小的邻域,使它们在函数 $z=z(t)$ 的映射下是一一对应的.假定 $\varphi(t)$ 是给定的那个解析函数,很明显,当我们把上面提到的区间 (a,b) 的邻域取得足够狭小时,它可以看作是这个邻域内的关于 t 的全纯函数.作 $g(z)\equiv\varphi(t(z))$,我们得到一个在弧 γ 的邻域内全纯的函数 $g(z)$,它在弧 γ 上取条件中所给定的实数值 $\varphi(t)$.

假如 $g(z)=P(x,y)+\mathrm{i}Q(x,y)$,那么 P,Q 在弧 γ 的邻域内都是调和的并且在弧 γ 上函数 P 取值 $\varphi(t)$.从而,差 $V(x,y)-P(x,y)$ 是在弧 γ 的一边调和的函数,并且(保持着它的连续性)在这段弧上等于零.根据前面所证明的,它可以越过弧 γ 进行开拓,因此,对于 $V(x,y)$ 也就可以做出同样的结论.

在第5段中所证明的关于复变函数的解析开拓的许瓦兹原则,仅仅是这里所建立的关于调和函数的开拓的定理的特殊情形.不仅如此,我们还可以说,要想复变函数能够进行解析开拓,只要它的实数部分或虚数部分在弧上所取的值构成一个解析函数就行.因为,在这种情形中,函数的实数部分或虚数部分是一个可以越过这段弧进行开拓的调和函数,而由此我们就可以断定,这个复变函数本身也具有同样的性质.

7. 对称原则的应用

当我们在(一)中建立确定唯一的共形映射的条件时,我们已经看到,它的基本根据是下面的定理:每一个把圆 $|z|<1$ 变成它自己的双方单值的共形映射都是线性的.这个基本定理我们已经在(一)的第1段中用累次复合函数的方法证明了,并且给出了更一般的形式.

现在我们要利用对称原则给这个定理以另一个证明.首先我们注意定理中的函数 $f(z)$ 的模 $|f(z)|$ 在圆周上取值1,换句话说,当点 z 到圆周的距离 $1-|z|$ 趋向于零时,$|f(z)|$ 趋向于1.

假如不然,由于 $|f(z)|$ 在圆 $|z|<1$ 内到处都小于1,我们可以找到点列 $z_n(|z_n|\to 1)$ 使 $|f(z_n)|$ 保持小于1而不趋向于1.于是,点列 $f(z_n)$ 将有一个极限点 λ 在圆的内部.从点列 z_n 中我们可以选出一个点列 z'_n,使得 $f(z'_n)$ 趋向于 λ.现在我们注意:点 λ 对应于圆的某一点 ζ 也就是,$f(\zeta)=\lambda$,由于 $f(z)$ 是双方单值的,这个 ζ

必须是圆的一个内点. 根据连续性，当 $f(z_n')$ 趋向 λ 时，则 z_n' 应当趋向于 ζ，$|\zeta|<1$. 这个结果与极限式 $|z_n'|\to 1$ 相矛盾，这就证实了我们上面的论断.

我们来考虑圆周的任一段弧，在这段弧的附近，函数 $\ln f(z)$ 是全纯的，并且它的实数部分 $\ln|f(z)|$ 在这段弧上等于 0. 因此，根据第 6 段，它可以越过这段弧进行解析开拓. 换句话说，$\ln f(z)$，也就是说 $f(z)$，是这段弧上的全纯函数. 但由于弧是任意的，所以 $f(z)$ 是圆 $|z|\leqslant 1$ 上的全纯函数；当点 z 描画圆周 $|z|=1$ 时，点 $f(z)$ 同样保持在圆周上. 应用对称原则（第 4 段），函数 $f(z)$ 关于圆的开拓，在关于单位圆周对称的点上，取关于这同一个圆周对称的值. 由此立刻可以推出，函数的开拓在扩大的复平面上只有一个奇异点 —— 简单极点 —— 与一个简单零点. 因此，$f(z)$ 是一个具有一个简单极点与一个简单零点的有理函数，换句话说，是一个线性函数.

（三）把单位圆变到一个内部区域的一般变换

1. 把圆 $|z|<1$ 变到一个内部区域的全纯函数的解析表达式

让我们来研究函数 $w=f(z)$ 的解析表示法，假定这个函数是定义在单位圆内，在其中全纯，并且具有小于 1 的模. 我们可以假定原点不是这个函数的零点，因为在相反的情形下，我们可以用 z 的一个适当的方幂去除这个函数. 把这个函数所有的零点按照模的递增次序排成一串，如果一个零点是 k 重的，就重复地写 k 次. 设 $a_1,a_2,\cdots,a_n$ 是用上法得到的零点的序列，现在暂且假定这个序列是有限的. 构造函数

$$g(z)=\prod_{i=1}^{n}\frac{a_i-z}{1-z\overline{a_i}}$$

因为每一个线性函数 $\dfrac{a_i-z}{1-z\overline{a_i}}$ 都把单位圆变成它自己，所以它们满足以下条件：无论正数 ε 是多么小，总可以用一个充分接近于 1 的数为半径画一个圆周 C_ε，使得在这个圆周上

$$\left|\frac{a_i-z}{1-z\overline{a_i}}\right|>1-\frac{\varepsilon}{n},i=1,\cdots,n$$

因此，在圆周 C_ε 上，我们有不等式

$$|g(z)|>\left(1-\frac{\varepsilon}{n}\right)^n>1-\varepsilon$$

此外,我们又有 $|f(z)|<1$,因此,不等式

$$\left|\frac{f}{g}\right|<\frac{1}{1-\varepsilon}$$

在圆周 C_ε 上成立,从而,它在圆周内部也成立,因为函数 $\frac{f}{g}$ 在单位圆内部全纯,在以 C_ε 为周界的圆上,函数的模的最大值是在边界上. 令 ε 趋于0,从上面的不等式可以得到:对所有的点 $z(|z|<1)$,都有

$$\left|\frac{f}{g}\right|\leqslant 1 \tag{13}$$

上式只有在 $\frac{f}{g}$ 恒等于一个常数时(这个常数既然以 1 为模,因此一定具有 $e^{i\theta}$ 的形式)才成为等式,因为一个全纯函数如果不是常数,它就不能在区域的内点达到它的模的最大值,因此,函数 $\frac{f}{g}$ 在单位圆内是全纯的,没有零点,并且具有不超过 1 的模. 所以,我们可以写成

$$\frac{f(z)}{g(z)}=e^{\gamma(z)} \tag{14}$$

其中 $\gamma(z)$ 是单位圆内的一个全纯函数,并且满足条件:$R[\gamma(z)]\leqslant 0$.

把式(14)中的 $g(z)$ 用它的表示成乘积形式的式子来代替,我们就得到

$$f(z)=e^{\gamma(z)}\prod_{i=1}^{n}\frac{a_i-z}{1-z\overline{a_i}} \tag{14'}$$

最后,如果原点是函数 $f(z)$ 的 λ 重零点,我们还有更一般的公式

$$f(z)=z^\lambda e^{\gamma(z)}\prod_{i=1}^{n}\frac{a_i-z}{1-z\overline{a_i}} \tag{14''}$$

现在来考察函数 $f(z)$ 有无穷多个零点 $a_1,a_2,\cdots,a_n,\cdots$ 的情形,我们把零点按模的递增次序来排列,一个零点是几重的就重写几次. 我们知道,如果级数 $\sum_{n=1}^{\infty}[1-|a_n|]$ 发散,那么一个以 a_n 诸点

为零点并且在圆内有界的函数一定是恒等于零的. 因此在这里就必须假定级数$\sum_{n=1}^{\infty}[1-|a_n|]$发散.

假定了这一点,我们已经指出过,函数

$$F(z)=\prod_{k=1}^{\infty}\frac{a_i-z}{1-z\overline{a_i}}\overline{a_k} \tag{15}$$

在单位圆内部是全纯的,而且不恒等于零. 由于$\overline{a_k}=\frac{|a_k|^2}{a_k}$并且$\prod_{k=1}^{\infty}|a_k|$收敛,我们可以把(15)改写成

$$F(z)=\prod_{k=1}^{\infty}\frac{a_k-z}{1-z\overline{a_k}}\frac{|a_k|}{a_k}\prod_{k=1}^{\infty}|a_k| \tag{15'}$$

现在抛开公式(15′)中的常数因子$\prod_{k=1}^{\infty}|a_k|$,我们单来考虑函数

$$g(z)=\prod_{k=1}^{\infty}\frac{a_k-z}{1-z\overline{a_k}}\frac{|a_k|}{a_k} \tag{16}$$

这个函数是单位圆内的一个全纯函数,不恒等于零,它的零点就是给定的函数$f(z)$的那些零点. 为了要比较$f(z)$与$g(z)$,我们写下它们的比$\frac{f}{g}$,这个比代表一个在单位圆内没有零点的全纯函数. 我们就要证明,这个比的模也不会超过1.

事实上是这样:令$g_n(z)=\prod_{k=1}^{\infty}\frac{a_k-z}{1-z\overline{a_k}}\frac{|a_k|}{a_k}$,我们可以像(三)中开始一样,证明不等式

$$\left|\frac{f}{g_n}\right|\leqslant 1 \tag{17}$$

对一切点$z(|z|<1)$都成立. 在这个不等式(17)中,令$n\to\infty$取极限,我们就得到

$$\left|\frac{f}{g}\right|\leqslant 1 \tag{17'}$$

这里要对一切点$z(|z|<1)$都取等号,只有当$\frac{f}{g}$恒等于一个常数$e^{i\theta}$时才行.

因此,商$\frac{f}{g}$是一个在单位圆内没有零点的全纯函数,并且它具

有小于 1 的模. 因此,我们可以写

$$\frac{f(z)}{g(z)}=e^{\Gamma(z)} \tag{18}$$

其中 $\Gamma(z)$ 是一个函数，它在单位圆内全纯，并且满足条件 $R[\Gamma(z)]\leqslant 0$. 把式(18) 中的 $g(z)$ 用表示它的无穷乘积(16) 来代替,我们就得到

$$f(z)=e^{\Gamma(z)}\prod_{k=1}^{\infty}\frac{a_k-z}{1-z\overline{a_k}}\frac{|a_k|}{a_k} \tag{19}$$

最后,如果原点是函数 $f(z)$ 的 λ 重零点,代替(19) 我们有下列更一般的公式

$$f(z)=z^{\lambda}e^{\Gamma(z)}\prod_{k=1}^{\infty}\frac{a_k-z}{1-z\overline{a_k}}\frac{|a_k|}{a_k} \tag{20}$$

其中 $\Gamma(z)$ 是一个函数,它当 $|z|<1$ 时是全纯的,又它的实数部分或者永远是负的,或者永远等于零.

对于那些在单位圆内具有小于 1 的模的全纯函数,这种解析表达式清楚地指出了它们的一切零点. 不仅如此,反过来,如果 a_n 是任意一串适合 $|a_n|<1$,并且使级数 $\sum\limits_{n=1}^{\infty}[1-|a_n|]$ 或 $\prod\limits_{n=1}^{\infty}|a_n|$ 收敛的点,那么表达式(20) 就表示一个在单位圆内全纯,并且具有小于 1 的模的函数.

因此,我们已经更进一步知道了要在什么样的条件下,点 a_n 才能、而且也只有这样才能是一个在单位圆 $|z|<1$ 内有界并且不恒为零的全纯函数的零点，这个充分必要条件就是，级数 $\sum\limits_{n=1}^{\infty}(1-|a_n|)$ 是收敛的，或者另外一个说法：抛开原点不计，$\prod\limits_{n=1}^{\infty}|a_n|$ 是收敛的. 不过,这个结果我们在以前已经证明过了.

2. 许瓦兹预备定理

如果圆 $|z|<1$ 内的全纯函数 $w=f(z)$ 满足条件:$f(0)=0$,并且当 $|z|<1$ 时 $|f(z)|<1$,那么在圆 $|z|<1$ 内我们恒有 $|f(z)|\leqslant|z|$;不仅如此,只要对于一个内点,这个不等式的等号成立,则它就处处成立,因而我们就有 $f(z)=e^{\alpha i}z$. 换句话说,许瓦兹预备定理告诉我们,在函数 $w=f(z)$ 所构成的映射下,或者每个

点都离原点很近，或者这个映射就是一个环境原点的旋转.

现在我们来证明这个定理，根据条件 $f(0)=0$，在整个圆 $|z|<1$ 内，我们都有

$$f(z)=a_1z+a_2z^2+\cdots \tag{21}$$

如果我们规定

$$\left[\frac{f(z)}{z}\right]_{z=0}=\lim_{z\to 0}\frac{f(z)}{z}$$

则比式 $\frac{f(z)}{z}$ 就成为上述圆内的一个全纯函数，并且有展开式

$$\frac{f(z)}{z}=a_1+a_2z+a_3z^2+\cdots \tag{22}$$

我们在单位圆内取一个半径为 $\rho(\rho<1)$ 的同心圆. 由于闭区域上的全纯函数在区域的边界上达到它的模的最大值. 因此对于一切在圆 $|z|\leqslant\rho$ 上的点 z，都有不等式

$$\left|\frac{f(z)}{z}\right|<\frac{1}{\rho}$$

令 ρ 趋向于 1 而把 z 固定不动，于是我们看到，对于所有在圆 $|z|<1$ 内的点 z，都有

$$\left|\frac{f(z)}{z}\right|\leqslant 1$$

或即

$$|f(z)|\leqslant|z|$$

这就证明了许瓦兹预备定理的前一部分.

现在假定至少有一个点 $a(|a|<1)$，等式 $|f(a)|=a$ 成立. 考虑在点 a 的邻域内的全纯函数 $\frac{f(z)}{z}$. 由假定，在这个点 a 有 $\left|\frac{f(a)}{a}\right|=1$. 因此，如果 $\frac{f(z)}{z}$ 不是常数就应该找得到一点 $z(|z|<1)$ 使 $\left|\frac{f(z)}{z}\right|>1$，根据前一部分的证明，这是不可能的. 因此，在圆 $|z|<1$ 内一切点都有：$\left|\frac{f(z)}{z}\right|$ 等于常数. 但因为在 $z=a$ 时函数 $\frac{f(z)}{z}$ 的模等于 1，所以 $\left|\frac{f(z)}{z}\right|=1$ 恒成立，即该常数等于 $e^{\alpha i}$.

许瓦兹预备定理有很多的推广. 在以上证明的它的古典形式

中，我们保留假设的条件不变，先来给出它的两个简单的改进.

第一，如果原点是函数 $f(z)$ 的 λ 重零点，就可以考虑函数 $\dfrac{f(z)}{z^\lambda}$，与前面的情形一样，我们由此可以得到

$$|f(z)|\leqslant|z|^\lambda$$

并且只有当

$$f(z)=e^{\alpha i}z^\lambda \tag{23}$$

时，等式才成立. 这样，在这个特殊情形之下，函数的模就有了一个比前面公式中的更小的界限.

第二，利用函数一切零点的模，我们还可以得到更精密的界限. 事实上，设 a_i 是函数 f 的零点，已经按照模的递增的次序排列好了，并设原点是 λ 重零点. 在(三) 中的第 1 段曾经得到公式

$$f(z)=z^\lambda e^{\Gamma(z)}\prod_{n=1}^{\infty}\frac{a_n-z}{1-z\bar{a}_n}\frac{|a_n|}{a_n} \tag{24}$$

用 $H(r)$ 与 $M(r)$ 表示函数 $e^{\Gamma(z)}$ 与 $f(z)$ 的模在以 r 为半径的圆上(即当 $|z|\leqslant r$ 时) 的极大值；从式(24) 我们可以算出

$$M(r)\leqslant r^\lambda H(r)\prod_{n=1}^{\infty}\left|\frac{z-a_n}{1-z\bar{a}_n}\right| \tag{25}$$

式中 z 是圆 $|z|\leqslant r$ 上任意一点. 让我们来求出乘积内一般项的最大值. 表达式 $\left|\dfrac{z-a_n}{z-\dfrac{1}{\bar{a}_n}}\right|$ 代表点 z 分别到点 a_n 与 $\dfrac{1}{\bar{a}_n}$ 的距离的比，而这两点对于单位圆周而言是对称的. 显然当 z 是以 r 为半径的圆周上的点 A 时(图 9)，$\left|\dfrac{z-a_n}{z-\dfrac{1}{\bar{a}_n}}\right|$ 达到它自己的最大值，这里点 A 是与通过 a_n 的半径正相对的那个半径的端点(图 9). 因而，这个最大值就是 $\dfrac{r+r_n}{r+\dfrac{1}{r_n}}$，其中 $r_n=|a_n|$，它显然比 1 小. 因此，我们有

$$\left|\frac{z-a_n}{1-z\bar{a}_n}\right|\leqslant\frac{r+r_n}{1+rr_n}$$

于是，式(25) 可以写成

$$M(r)\leqslant r^\lambda H(r)\prod_{n=1}^{\infty}\frac{r+r_n}{1+rr_n} \tag{26}$$

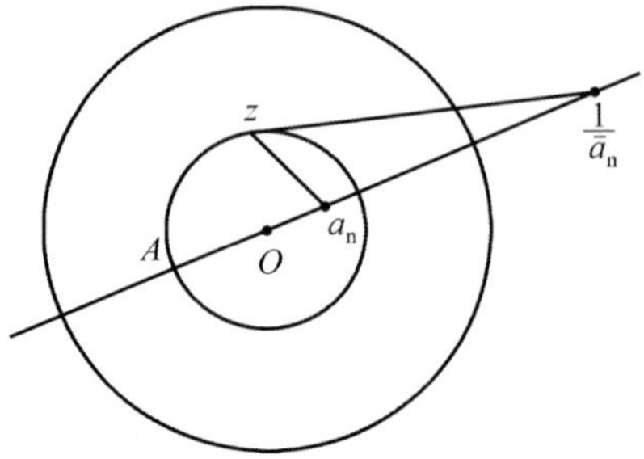

图 9

这个不等式给出了函数的模在圆 $|z| \leqslant r$ 上的一个比以前更加精密的界限.

如果弃掉不超过 1 的因子 $H(r)$,并且只取无穷乘积的前 n 项,就可以从式(26) 得到比较不那么精密但利用起来更为方便的一个估计

$$M(r) \leqslant r^{\lambda} \prod_{k=1}^{n} \frac{r + r_n}{1 + r r_n} \tag{27}$$

注意,如果弃掉上列乘积中的全部 n 个因子,则式(27) 就化为式(23).

3. 应用许瓦兹预备定理来估计满足这个定理的条件的那些函数的导函数

我们来考虑函数$\frac{f(z)}{z}$的模在圆周 $|z| = r$ 上的最大值.先假定$\frac{f(z)}{z}$不是常数,用 $q(r)$ 来记这个最大值,于是就有 $\left|\frac{f(z)}{z}\right| \leqslant q(r) < 1$,因为根据许瓦兹预备定理,有 $\left|\frac{f(z)}{z}\right| < 1$. 另外,函数 $q(r)$ 随 r 增大而增大,因为它首先是一个不减函数,同时根据最大模原理它又只能在$\frac{f(z)}{z}$是一个常数时(这是已经被除外的情形)才保持不变.

因此,$q(r)[q(r) < 1]$ 随 r 的减小而减小,所以如果令 r 趋向于零,那么由不等式 $\left|\frac{f(z)}{z}\right| \leqslant q(r) < 1$ 我们就得到

$$|f'(0)| < 1$$

其次，如果$\frac{f(z)}{z}$是一个常数a，那么根据许瓦兹预备定理，有$|a|\leqslant 1$. 于是很明显，有

$$|f(0)|=|a|\leqslant 1$$

这里等号只有在$a=\mathrm{e}^{\alpha\mathrm{i}}$，换句话说$f(z)=\mathrm{e}^{\alpha\mathrm{i}}z$时才成立. 因此，在许瓦兹预备定理的条件下，我们永远有不等式

$$|f'(0)|\leqslant 1 \tag{28}$$

并且只有在$f(z)=\mathrm{e}^{\alpha\mathrm{i}}z$时，这个不等式才取等号.

如果原点是$f(z)$的λ重零点，那么把前面的推理方法，应用到函数$\frac{f(z)}{z^{\lambda}}$，我们就可以得到

$$\left|\frac{f^{(\lambda)}(0)}{\lambda!}\right|\leqslant 1 \tag{29}$$

这个不等式只有在$f(z)=\mathrm{e}^{\alpha\mathrm{i}}z^{\lambda}$时才取等号.

概括以上结果，我们可以说：对于一个满足许瓦兹预备定理的条件的函数来说，它的幂级数展开式中的第一个不等于零的系数的模不会大于1，并且只有当这个展开式就是它自己的首项时，这个模才等于1.

要想估计$|f'(z)|$在任意一点$z_0(|z_0|<1)$的值，我们可以在z平面与$w=f(z)$平面上施行两个线性变换

$$\zeta=\frac{z-z_0}{z\bar{z}_0-1},\quad \omega=\frac{w-f(z_0)}{w\overline{f(z_0)}-1}$$

使单位圆保持不变，但分别把z_0与$w_0=f(z_0)$变成新的原点.

然后把许瓦兹预备定理用到函数$\omega=\varphi(\zeta)$，我们就得出

$$|\varphi(\zeta)|\leqslant|\zeta|$$

或即

$$\left|\frac{f(z)-f(z_0)}{f(z)\overline{f(z_0)}-1}\right|\leqslant\left|\frac{z-z_0}{z\bar{z}_0-1}\right|$$

由此得出

$$\left|\frac{f(z)-f(z_0)}{z-z_0}\right|\leqslant\left|\frac{f(z)\overline{f(z_0)}-1}{z\bar{z}_0-1}\right| \tag{30}$$

由于$|f(z)\overline{f(z_0)}|<1$，所以$|f(z)\overline{f(z_0)}-1|<2$，从不等式(20)就有

$$\left|\frac{f(z)-f(z_0)}{z-z_0}\right|<\frac{2}{|1-z\bar{z}_0|}$$

或者，令 $|z|=r$，$|z_0|=r_0$，我们得到

$$\left|\frac{f(z)-f(z_0)}{z-z_0}\right|<\frac{2}{1-rr_0} \tag{31}$$

让 z 趋向于 z_0，从(31) 就求出

$$|f'(z_0)|\leqslant\frac{2}{1-r_0^2}$$

其实，从不等式(30) 出发，我们可以更好地估计 $|f'(z_0)|$ 的值，事实上，不等式(30) 的第二部分当 $z\to z_0$ 时趋向

$$\frac{1-|f(z_0)|^2}{1-|z_0|^2}\leqslant\frac{1}{1-|z_0|^2}$$

因此我们有

$$|f'(z_0)|\leqslant\frac{1}{1-|z_0|^2} \tag{32}$$

不等式(31) 与(32) 曾经有效地被卡拉切奥多利用在关于共形映射的问题上.

4. 许瓦兹预备定理的一般形式

在许瓦兹预备定理原来的形式中，我们假定了函数在原点等于零. 要想了解这个定理的真正意义，我们必须解除这个条件.

设 $\varphi(u)$ 是圆 C 内(或半平面上) 的一个全纯函数，又它的值在一个圆 Γ 内(或一个半平面上). 于是对于两对对应点$[u_1,\varphi(u_1)]$与$[u_2,\varphi(u_2)]$，u_1,u_2 关于C的非欧距离不会小于$\varphi(u_1)\varphi(u_2)$ 关于Γ 的非欧距离

$$D_\Gamma[\varphi(u_1),\varphi(u_2)]\leqslant D_C[u_1,u_2] \tag{33}$$

只有在把 C 变成Γ 的线性变换的情形，两者才相等. 这就是许瓦兹预备定理的一般形式.

为了证明这个定理，我们用线性变换把C与Γ 都变成单位圆c，使 u_1 与 $\varphi(u_1)$ 都变成原点. 设这两个线性变换是 $u=l(z)$ 与 $w=l_1(\zeta)$，于是函数 $w=\varphi(u)$ 变成 $\zeta=f(z)=l_1^{-1}\varphi l(z)$，它满足古典的许瓦兹预备定理的一切条件. 要想建立许瓦兹预备定理的一般形式，只需要证明

$$D_C[0,f(z_2)]\leqslant D_c[0,z_2]$$

其中只有当 $f(z)$ 是一个旋转时才取等号，这是因为反调和比是线

性变换的不变量，也就是说，$D_c[0,f(z_2)]=D_\Gamma[\varphi(u_1),\varphi(u_2)]$，即 $D_c[0,z_2]=D_c[u_1,u_2]$ 的缘故.

根据许瓦兹预备定理的原形，我们有 $|f(z)|\leqslant|z|$. 但是从一个点到原点的非欧距离 $k\ln\frac{1+r}{1-r}$ 是它们的欧氏距离 r 的渐增函数，因此从不等式

$$|f(z)|\leqslant|z| \tag{34}$$

就得出

$$k\ln\frac{1+|f(z)|}{1-|f(z)|}\leqslant k\ln\frac{1+|z|}{1-|z|}$$

或即

$$D_c[0,f(z)]\leqslant D_c[0,z] \tag{35}$$

这里(34) 与(35) 中等号同时成立，换句话说，只有在 $f(z)$ 是一个旋转时，它们才取等号.

如果把 C 与 Γ 都取作单位圆，那么以上所证明的许瓦兹预备定理的一般形式可以几何地叙述如下：

如果当 $|z|<1$ 时 $w=f(z)$ 永远在圆 $|w|<1$ 内，同时 z 在以 z_0 为非欧中心以 ρ 为非欧半径的非欧圆 γ 内，那么 w 必然在以 $w_0=f(z_0)$ 为非欧中心有同样的非欧半径 ρ 的非欧圆 γ' 内；又如果 z 趋向非欧圆 γ 的圆周上一点 z_1，那么 w 趋向点 $w_1=f(z_1)$，这里只有当 $f(z)$ 是 z 的线性函数时，w_1 才在 γ' 的圆周上；变换(z,w) 于是成为单位圆内部的一个非欧位移.

注意，利用许瓦兹预备定理可以很快地得出(二) 中第7段中的定理. 实际上，如果(z,w) 是一个把圆的内部(或半平面) 变成自己的双方单值的共形映射，那么根据刚才证明的许瓦兹一般命题，应该有

$$D(w_1,w_2)\leqslant D(z_1,z_2)$$

但同时，如果反过来把 z 看作 w 的函数，又有

$$D(z_1,z_2)\leqslant D(w_1,w_2)$$

由此可见 $D(w_1,w_2)=D(z_1,z_2)$，而这只有当我们的变换(z,w) 是线性变换时才能这样.

5. 变换的重点的存在性

我们来考虑圆 $|z|<1$ 内的一个全纯函数 $f(z)$，假定这个函数

把圆 $|z|<1$ 的内部区域 D 变换成一个完全在 D 内的(也就是连极限点都在 D 内的)点集合 Δ. 我们要证明,这个变换一定有一个重点 z_0,并且这个重点在 D 内是唯一的,又在这一点还有 $|f'(z_0)|<1$. 换句话说,我们要证明在区域 D 内函数 $f(z)-z$ 有唯一的简单零点,并且变换 $[z, f(z)]$ 的这一个重点是吸引性的.

首先我们要注意:在假设条件中,我们事先提出了集合 Δ 不但要在 D 内,而且要完全在 D 内,这个条件是绝对必要的. 事实上,例如相似变换 $w=rz(0<r<1)$ 把一个圆周通过原点的圆,变成一个包含在它的内部的圆,但后者的边界含有原点,却不在原来这个圆的内部. 这时,这个相似变换只有两个重点:原点与无穷远点,它们都不在原来的圆内. 因此,如果集合 Δ 的边界不在 D 内,那么变换在 D 内可以没有重点.

现在来证明我们的定理,以原点为中心我们可以画一个半径小于 1 的圆周 γ 使 Δ 包含在它的内部(图 10). 这总是可能的,因为从 Δ 的边界点到圆周 Γ 的距离有一个正的下界. 如果说函数 $f(z)-z$ 有零点,显然这些零点要属于 Δ,因而也就必然在 γ 内部.

函数 $f(z)$ 与 $-z$ 在 γ 内以及 γ 上都是全纯的,并且 $-z$ 在 γ 上不等于零.

因为在 γ 上 $|f(z)|<|-z|$,所以根据儒歇定理,这两个函数之和 $f(z)-z$ 在 γ 内与函数 $-z$ 有同样多的零点. 但由于 $-z$ 在 γ 内只有唯一的简单零点,所以 $f(z)-z$ 在 γ 内也只有唯一的简单零点. 这就证明了我们定理的第一部分.

证明了变换 $[z, f(z)]$ 在区域 D 内有唯一的重点 z_0 以备我们来说明此重点的性质.

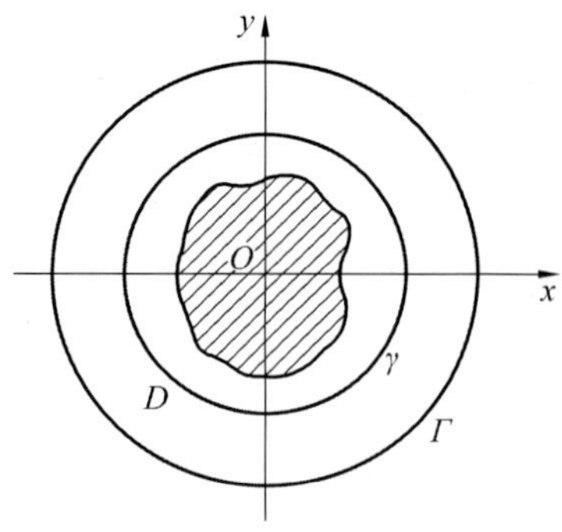

图 10

施行一个线性变换 $\zeta=l(z)$ 把点 z_0 变成原点同时保持单位圆不动;于是区域 Δ 变成了一个区域 Δ_1,它以及它的全部边界都在区域 D 内. 设 $z=L(\zeta)$ 是 $\zeta=l(z)$ 的反函数. 于是函数 $l\{f[L(\zeta)]\}=\varphi(\zeta)$ 是一个把区域 D 变成集合 Δ_1 的变换,并且它的重点就是原点. 由于 $\varphi'(\zeta)=l'(w)\ f'(z)\cdot L'(\zeta)$,所以令 $\zeta=0$[这时 $z=z_0$, w

$=f(z_0)=z_0$]，就得到

$$\varphi'(0)=l'(z_0)f'(z)L'(0)=f'(z_0)$$

因为 $l'(z_0)L'(0)$ 是一对互为反函数的函数在相应点的导数之积，应该等于1. 因此，要估计 $f'(z_0)$ 的值，只要估计 $\varphi'(0)$ 就行了.

用 γ' 表示以原点为中心，夹在 γ 与 Γ 之间以 r' 为半径的一个圆周，然后应用柯西公式，我们得到

$$f'(z_0)=\varphi'(0)=\frac{1}{2\pi i}\int_{\gamma'}\frac{\varphi(\zeta)d\zeta}{\zeta^2}$$

当 ζ 描画圆周 γ' 时，$\varphi(\zeta)$ 始终在 Δ_1 上，因而 $|\varphi(\zeta)|<r$；此外，$|\zeta|=r'$. 因此，从上面的等式得出

$$|f'(z_0)|=|\varphi'(0)|<\frac{1}{2\pi}\cdot\frac{r}{r'^2}\cdot 2\pi r'=\frac{r}{r'}<1$$

这就是我们所要证明的.

(四) 解析函数的唯一性

1. 由边界值来确定解析函数的唯一性

正如我们所知道的，唯一性是解析函数的基本性质之一，这个性质说，只要在函数的全纯区域的内部任意给出一小段弧的值，函数的值就唯一地被它在弧上各点的值所决定. 现在假定给定了一个函数 $f(z)$，它在区域 G 内全纯，并且在区域 G 的边界的某一段弧 γ 上取确定的(从 G 的内部) 连续的值，很自然会发生下述疑问：这样的函数是否是唯一的呢，还是另外一个函数 $\varphi(z)$，也在区域 G 内全纯，而且在 γ 上取同样的连续值呢？

令 $F(z)=f(z)-\varphi(z)$，我们就得到一个函数，它在 G 内是全纯的而且从 G 的内部一致地在 γ 上取零值，也就是说，这个函数 $F(z)$ 在 γ 上等于零，而且在 γ 上所有的点都是(从 G 的内部) 连续的. 假如我们能证明 $F(z)$ 恒等于零，上面提出的问题就在肯定的意义上被解决了. 当 γ 是一段圆弧时，根据对称原则，这个问题可以立刻得到解决. 事实上，在这种情形中，根据对称原则，函数 $F(z)$ 可以越过弧 γ 解析地开拓出去，因而在所有 γ 内部的点上都是全纯的，并且在 γ 上等于零. 根据唯一性的基本定理，这样的函数一定恒等于零. 在 γ 是任意一段连续曲线的情形中，上述的问题也可以肯定地解答，这可以从下面的推理中看出来.

让我们暂时在弧 γ 的内部先取两点 z_0 与 z_1. 令 $z'-z_0=(z-z_0)e^{\alpha i}$，于是，对应于曲线 γ 与区域 G 我们得到曲线 γ' 与区域 G'，这里 γ' 与 G' 是把 γ 与 G 环绕点 z_0 旋转一个角 α 而成的. 在区域 G' 内，我们定义一个函数

$$F_1(z)=F[z_0+(z-z_0)e^{-\alpha i}]$$

仿此可设

$$z''-z_1=(z-z_1)e^{\beta i}$$

于是，对应于曲线 γ 与区域 G 又有 γ'' 与 G''. 在区域 G'' 内我们再定义一个函数 $F_2(z)=F[z_1+(z-z_1)e^{-\beta i}]$. 我们假定点 z_0 与 z_1 取得充分的接近，这就可以选取角 α 与 β 使得区域 G,G',G'' 有一个由曲线段 γ,γ',γ'' 围成的公共部分 I(图 11)①.

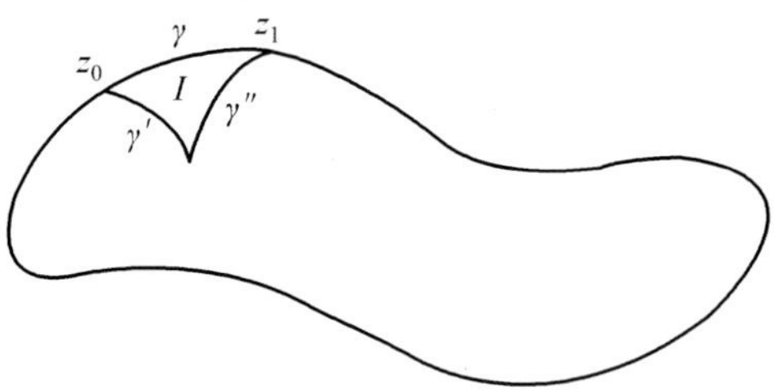

图 11

现在我们来考虑乘积

$$\Phi(z)=F(z)F_1(z)F_2(z) \tag{36}$$

因为 $F(z)$ 在 G 内，$F_1(z)$ 在 G' 内与 $F_2(z)$ 在 G'' 内都是全纯的，所以函数 $\Phi(z)$ 在 I 内是全纯的. 不仅如此，这个乘积 $\Phi(z)$ 是闭区域 I 内的一个连续函数，在区域 I 的边界 i 上等于零. 因为 $|\Phi(z)|$ 在边界 i 上达到它自己的最大值，所以，$\Phi(z)$ 在区域 I 内也恒等于零. 由此可见，乘积(36) 的三个因子中至少有一个在区域 I 内等于零，因而，乘积的三个因子全部都在区域 I 内等于零. 因此，函数 $F(z)$ 在区域 I 内等于零，所以它在 G 内也就恒等于零.

2. 唯一性定理的推广

唯一性定理是在下述假定之下建立起来的，即：在某一段弧 γ

---

① α 是正钝角，而 β 是负钝角.

的一切点上函数的边界值都存在，而且这些边界值组成一个从区域内部连续的函数. 我们很自然会提出下列问题：如果抛弃函数边界值的连续性，而只考虑在某个预先指定了的集合的所有点上函数所取的值，是否唯一性定理仍然成立呢？更明确地说，解析函数唯一性问题的一般形式可以叙述如下. 给定了一条光滑曲线 C 与在 C 的一边全纯的一个函数 $F(z)$①. 如果当 z 沿任何一个不与 C 相切的路线趋向 C 上的一点 z_0 时，函数 $F(z)$ 都趋于一个确定的极限，我们就把这个极限规定作 $F(z)$ 在 z_0 的值. 现在假定函数 $F(z)$ 在 C 上的某一个集合 E 的全部点上都等于零. 试问集合 E 要满足什么样的条件，才能使得每一个这种函数 $F(z)$ 恒等于零？

因为解答这些问题所用的方法超出了初等教科书的范围，我们将不去解答它们而仅仅指出现在已经得到的若干重要结果②. 作为例子，我们可以构造出这样一个函数 $f(z)$，它在圆 $|z|<1$ 的内部全纯，有界而且不恒等于零，但它的边界值却在一个点集合 E 上等于零，这个集合 E 具有连续统的浓度(Мощность) 并且在圆周 $|z|=1$ 上到处稠密，此外，这个集合可以是属于第一范畴(Категории) 的集合，也可以是属于第二范畴的集合. 在所有这一类的例子里面，集合 E 的测度不可避免地等于零. 如果 E 是曲线 C 上任意一个具有正测度的点集合，那么函数 $F(z)$ 就要恒等于零. 换句话说，对于正测度的任意点集合 E 而言，唯一性定理仍然是对的. 另外，作为例子，我们还可以构造出另一个函数 $f(z)$，它在圆 $|z|<1$ 内全纯并且不恒等于零. 换句话说，对于正测度的任意点集合 E 而言，唯一性定理仍然是全纯并且不恒等于零，但对于某一集合 E(E 的测度 $=2\pi$) 的一切点 z_0，当 z 沿半径 $(0,z_0)$ 趋向点 z_0 时，这个函数都趋向于零. 因此，如果我们把函数沿半径的极限值取作函数在圆周上一点 z_0 的值，那么一般说来，甚至于就在集合 E 的测度等于圆周长的情形下，唯一性定理也还是可以不成立的. 但是，在所有这一类的例子里面，"半径零点" 的集合 E 是属于第一范畴的. 如果

① 所谓曲线 C 可以理解为具有有限长度的任意一条约当曲线. 这种曲线称为可求长的曲线.

② И. И. Призалов, Интеграл Сапсну(Изв. Сар. ун — та, 1918); N. Lusin et I. Priwaloff, Sur l'unicité et la multiplicité des fonctions analytiques, Annales de l'Ecole Normale. 1925. стр. 143. И. И. Привалов, Граничные свойства однозначных Функций. Нздание МГУ, Москва, 1941.

假定函数 $F(z)$ 的“半径零点”集合 E 在圆周的某段弧 σ 上是属于等范围的，且在这段弧的每一部分上测度都是正的，那就可以证明 $F(z)$ 恒等于零. 因此，对于有上述构造的集合 E 而言，如果我们把沿半径所取的极限值当作函数在集合 E 的一点 z_0 上的值时，唯一性定理就仍旧还是成立的.

特别说来，如果函数 $F(z)$ 在圆 $|z|<1$ 的内部是全纯的，并且当 z 沿半径趋向圆周 $|z|=1$ 的无论多小的一段弧 σ 上的任意一点时，$F(z)$ 总趋向于零，那么函数 $F(z)$ 在圆内恒等于零.

（五）把二次曲线所包围的区域变成上半平面的共形映射

1. 等轴双曲线

让我们利用对称原则，来考虑把二次曲线所包围的区域变成上半平面的共形映射. 我们很自然地会想到：要考虑这个问题，必须考虑二次多项式.

我们首先考虑函数

$$w=z^2 \tag{37}$$

十分明显，把 z 当作 w 的函数时，是一个双值函数，并且它的支点是 0 与 ∞. 我们引入实变数，令

$$z=x+y\mathrm{i},\quad w=u+v\mathrm{i}$$

于是

$$u=x^2-y^2,\quad v=2xy \tag{37'}$$

从关系(37′)立刻看到，如果我们取直线 $u=c$(图 12(a))，那么在 z 平面上(图 12(b))对应于这条直线的是一个等轴双曲线，它的方程是

$$x^2-y^2=c$$

对应于直线 $v=c$ 的也是等轴双曲线，它们以坐标轴为渐近线并且与前述等轴双曲线相交成直角(因为在共形映射下，角度保持不变(图 12(b))).

位于不同的叶上的两条直线 $u=c$，被映射成双曲线的两支，它们以 ∞ 为公共点. 对于直线 $v=c$，也有同样情形. 由此已经不难看出，利用函数 $w=z^2$，我们可以把等轴双曲线的一支的内部，双方单值并且共形地映射成上半平面. 实际上，让我们来考虑一个以实轴 Ox 为轴的双曲线的右支的内部(图 13). 正如我们已经知道的，直

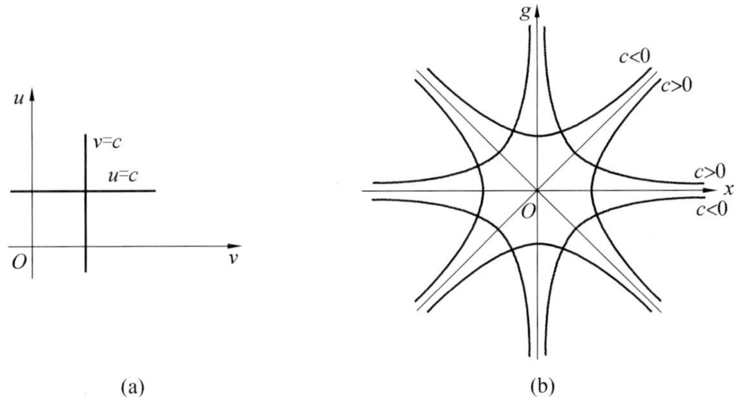

(a) (b)

图 12

线 $u=c$ 与双曲线的这一支相对应. 试问究竟是哪一个以 $u=c$ 为边界的半平面对应于所讨论的双曲线的内部呢? 很明显,是那个不包含坐标原点的半平面,因为,我们所讨论的双曲线内部不包含原点. 不仅如此,我们所考虑的区域不包含临界点,所以映射还是双方单值的与共形的. 如果我们取双曲线左支的内部,那么利用函数 $w=z^2$,它还是双方单值并且共形地映射成同一个半平面,即右支内部映射成的那个半平面. 利用线性函数,我们可以把这个半平面变换成上半平面. 因此,我们可以把等轴双曲线任何一支的内部映射成上半平面.

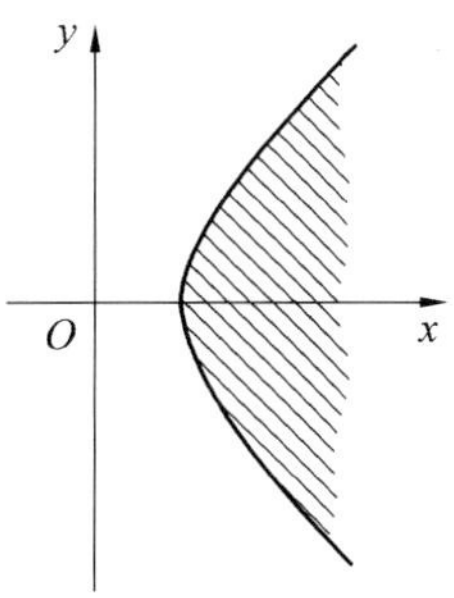

图 13

至于要把等轴双曲线的外部区域变换成上半平面,如果用函数 $w=z^2$,就不能再是单值而且共形的了,因为在点 O 它不再有共形性.

2. 抛物线

在前段中,我们已经研究了,在 z 平面上什么曲线对应于 w 平面上与坐标轴平行的直线 $u=c$ 与 $v=c$. 现在我们来讨论相反的问题,就是,要研究在 w 面上什么曲线对应于 x 等于常数,与 y 等于常数.

当点 z 沿直线 $x=c$(图 14) 移动时,u 与 v 就只是一个参变数 y 的函数. 在这种情形从(37′) 的第二个方程,就得到

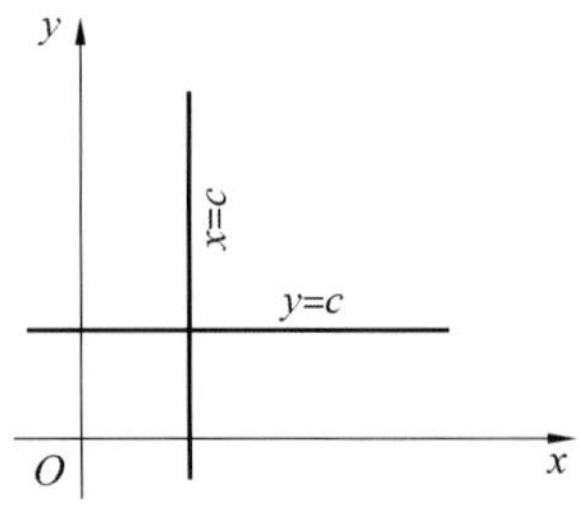

图 14

$$y=\frac{v}{2c}$$

把这个 y 的表达式代入(37′)的第一个方程,我们就得到

$$u=c^2-\frac{v^2}{4c^2}$$

或者,最后写成

$$v^2=4c^2(c^2-u)$$

这个方程是以 Ou 轴为对称轴的抛物线方程.抛物线的顶点在点$(c^2,0)$;焦点(若 $y^2=2px$ 则焦点在离顶点的距离是$\frac{p}{2}$的地方)在原点(图 15).如果我们考虑直线 $y=c$,它们在 w 平面上的映射像也是一些抛物线.实际上,从方程(37′)消去 x,就得到

$$x=\frac{v}{2c},u=\frac{v^2}{4c^2}-c^2$$

或即

$$v^2=4c^2(u+c^2)$$

这些抛物线的焦点是原点,顶点是$(-c^2,0)$(图 15).

必须注意,这两种抛物线中的每一个抛物线都是双重的:一个在黎曼曲面的一叶上,另一个在另一叶上.现在我们来考虑由方程

$$v^2=4c^2(u+c^2)$$

所给出的抛物线的外部(图 16).因为这个抛物线的外部不包含临界点(即零点),所以函数 $z=\sqrt{w}$ 把这抛物线的外部双方单值并且共形地映射成以直线$y=c$ 为边界的上半平面.

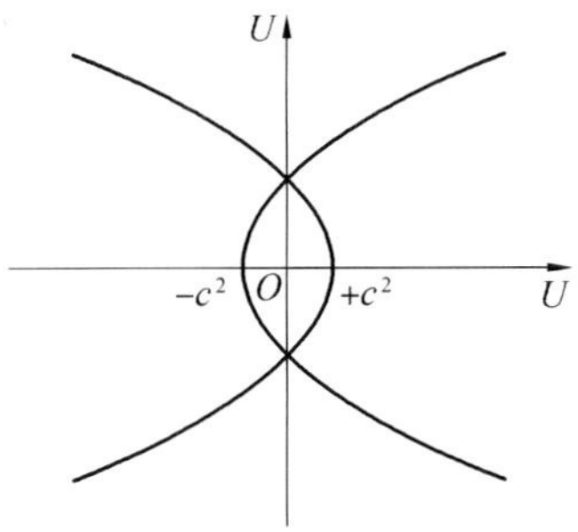

图 15

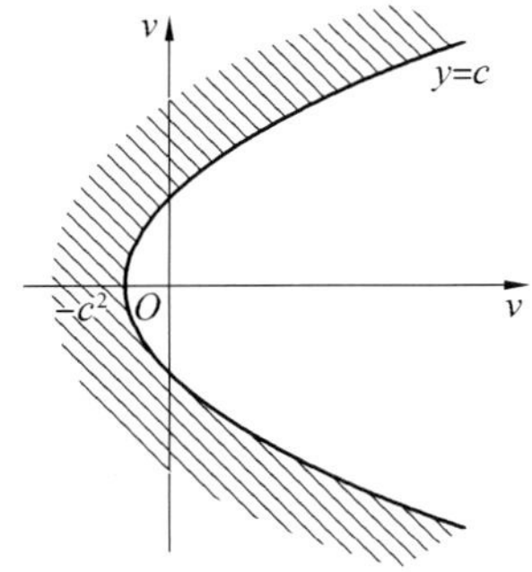

图 16

让我们来解决这样一个问题：把抛物线的内部映射成上半平面.很明显，我们在这里要避免临界点——原点.我们首先来考虑由抛物线的上半部分与实轴所包围的区域(图 17(a)).

如我们所已知的，所考虑的整个抛物线是对应于直线 $y=c$ 的.对于抛物线的上半段，我们有 $v\geqslant 0$，因此 $x=\dfrac{v}{2c}\geqslant 0(c>0)$，所以抛物线的上半段对应于从虚轴到无穷远的半直线 $y=c$(图 17(b)).

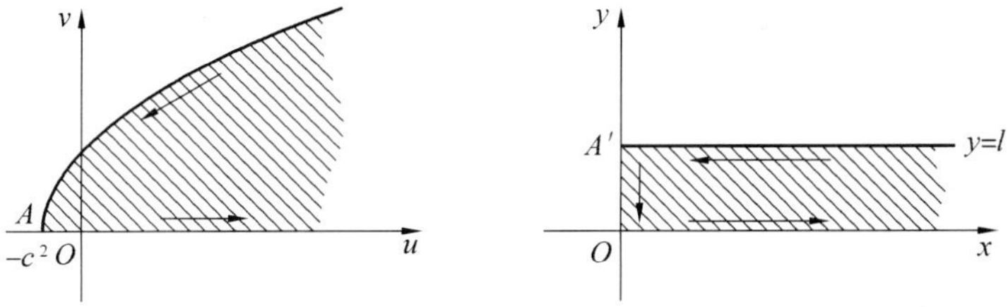

(a) (b)

图 17

现在我们来研究：究竟是什么对应于所考虑区域的直线部分的边界(图 17(a)).首先我们求出：对应于正半实轴 Ou 的是什么(这里 $v=0$ 而 $u\geqslant 0$).从方程(37′)不难知道：在这种情形下 $y=0$ 而 $u=x^2$.由此就很清楚，对应于 w 平面的正半实轴的是 z 平面的正半实轴.那么，又是什么对应于由抛物线顶点到焦点(即当 $v=0$ 而 u 从 0 变到 $-c^2$)的线段呢？从公式(37′)，我们看到，这时 $x=0$ 而 y 从 0 变到 c.因此，所考虑的区域被变换 $z=\sqrt{w}$ 双方单值并且共形地映射成一个宽度为 c 的半带形区域(图 17(b)).

现在我们从抛物线的顶点 A(图 18(a))到焦点—原点——剪

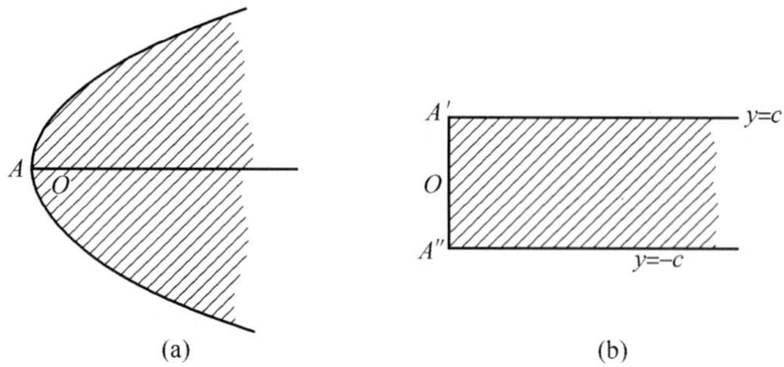

图 18

开所考虑的区域，并应用对称原则. 由此就可以推出，对应于用上述方法剪开的抛物线内部的是一个宽度是 $2c$ 的半带形(图 18(b)). 又如果给定的区域是沿正半实轴 Ou 剪开的，也应用对称原则，把函数越过虚轴开拓出去，我们就看到，这样剪开的抛物线内部被函数 $z=\sqrt{w}$ 映射成实轴 Ox 与直线 $y=c$ 所包围的带形区域(图 19(b)). 应该指出，在上面两种情形中，因为临界点 O 是在区域的边界(即剪口) 上，所以映射是双方单值的与共形的.

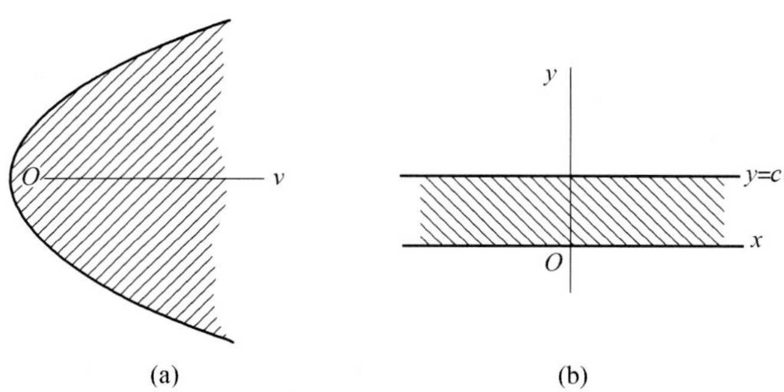

图 19

怎么样才能把(未剪开的) 抛物线内部双方单值并且共形地映射成上半平面呢？什么样的函数才能体现这个映射呢？为此，我们再来考虑上半段抛物线与它的对称轴所包围的区域(图 17(a)). 我们已经知道，利用函数 $z=\sqrt{w}$ 可以把这个区域双方单值并且共形地映射成一个半带形(图 17(b)). 我们可以利用替换

$$z'=-e^{-\frac{\pi z}{c}} \tag{38}$$

将此半带形映射成一个半圆. 事实上，当点 z 沿直线 $y=c$ 移动时，替

换(38)取下列形式

$$z' = -\mathrm{e}^{-\frac{\pi}{c}(x+y\mathrm{i})} = -\mathrm{e}^{-\frac{\pi}{c}(x+c\mathrm{i})} = -\mathrm{e}^{-\frac{\pi x}{c}} \cdot \mathrm{e}^{-\pi\mathrm{i}} = \mathrm{e}^{-\frac{\pi x}{c}} \qquad (38')$$

由此可见,当 x 从 ∞ 变到 0 时,z' 从 0 变到 1. 在线段 OA'(图 17(b))上,我们有 $x=0$ 并且 y 从 0 变到 c;因此 $\frac{y}{c}$ 从 0 变到 1. 替换(38)就给出 $z' = -\mathrm{e}^{-\pi\mathrm{i}\frac{y}{c}}$. 由此可见,当点 z 沿 $A'O$ 移动时,z' 沿单位半径的半圆(因 $|z'|=1$)从点 1 移动到点 -1,并且由于角的方向保持不变,所以半圆周位于变数 z' 的上半平面上. 最后,当点 z 沿实轴从 0 移动到 ∞ 时,则 $y=0$ 而 x 从 0 变到 ∞;这时 $z' = -\mathrm{e}^{-\frac{\pi}{c}x}$ 就从 -1 变到 0(图 20).

所以,我们可以把一个以上半段抛物线以及这个抛物线的对称轴的边界的区域映射成一个半圆. 我们还要把这个半圆映射成上半平面. 为此,我们选取这样一个函数

$$-\frac{z'+1}{z'-1} \qquad (39)$$

显然,这个线性函数把从 -1 到 $+1$ 的线段变换成正半实轴而把半圆周变换成正半虚轴. 因此,线性函数(39)把半圆变换成第一象限(图 21).

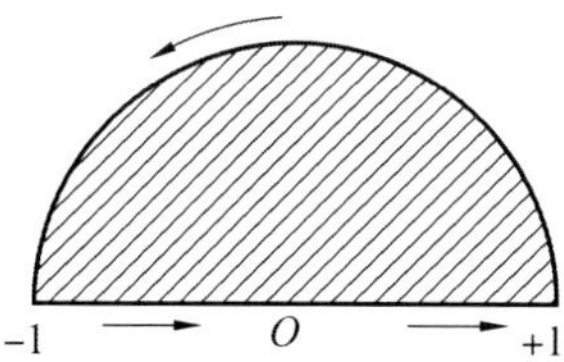

图 20

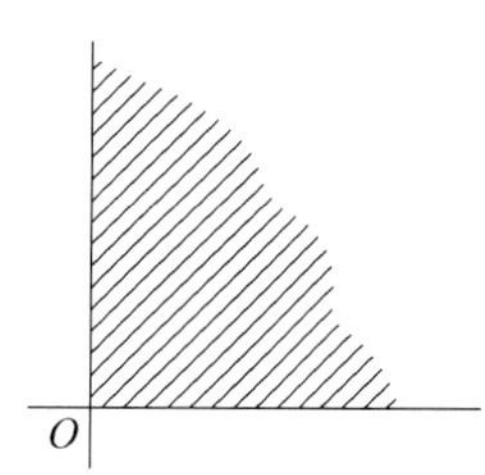

图 21

很清楚,变换

$$\zeta = \left(\frac{z'+1}{z'-1}\right)^2$$

就把我们的半圆映射成上半平面(图 22).

注意到所有上面的那些变换,我们知道,抛物线的上半段被映射到 ζ 平面上成为位于正半实轴上从 1 到 ∞ 的半直线(图 22). 现在我们来应用对称原则. 根据这个原则,整个(没有剪开的)抛物线的内部被映射成沿实轴从 1 到 ∞ 剪开了 ζ 平面,而且切口的上沿对应

于抛物线的上半段，下沿对应于下半段. 剩下来要把剪过的平面变换成上半平面. 为此，显然利用公式$\sqrt{\zeta-1}$ 或公式

$$W=-\frac{1}{\sqrt{\zeta-1}} \tag{40}$$

就成.

由于在这里，整个抛物线被双方单值地映射成 W 平面的实轴，我们可以断定，函数 W 把抛物线的内部双方单值地并且共形地映射成为上半平面.

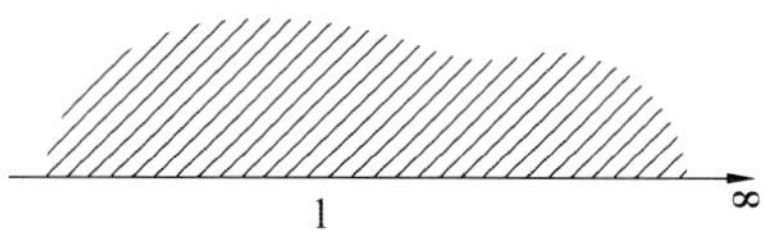

图 22

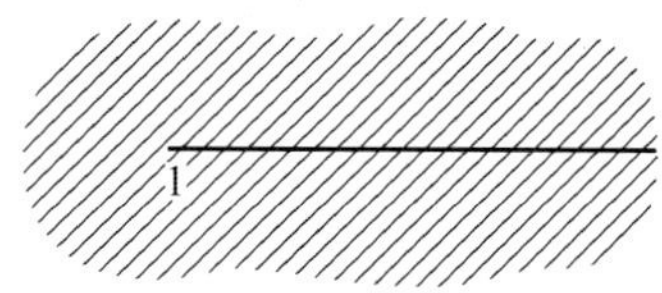

图 23

因此，问题是解决了，剩下来我们要把函数 W 写成明显的形式.

$$z=\sqrt{w}, \quad z'=-\mathrm{e}^{\frac{-\pi\sqrt{w}}{c}}$$

$$\zeta=\left(\frac{1-\mathrm{e}^{\frac{-\pi\sqrt{w}}{c}}}{1+\mathrm{e}^{\frac{-\pi\sqrt{w}}{c}}}\right)^2=\left(\frac{\mathrm{e}^{\frac{\pi\sqrt{w}}{2c}}-\mathrm{e}^{-\frac{\pi\sqrt{w}}{2c}}}{\mathrm{e}^{\frac{\pi\sqrt{w}}{2c}}+\mathrm{e}^{-\frac{\pi\sqrt{w}}{2c}}}\right)$$

因为$\frac{\mathrm{e}^x-\mathrm{e}^{-x}}{2}=\operatorname{sh} x$，$\frac{\mathrm{e}^x+\mathrm{e}^{-x}}{2}=\operatorname{ch} x$，所以我们有

$$\zeta=\operatorname{th}^2 \frac{\pi\sqrt{w}}{2c}$$

最后，我们得到

$$W=-\frac{1}{\sqrt{\zeta-1}}=\frac{1}{-\mathrm{i}\sqrt{1-\zeta}}=\frac{\mathrm{i}}{\sqrt{1-\zeta}}=\mathrm{i}\operatorname{ch}\frac{\pi\sqrt{w}}{2c} \tag{41}$$

这就是把抛物线内部双方单值并且共形地映射成上半平面的函数.

3. 双曲线与椭圆

在本段中，我们要解决关于把双曲线与椭圆所包围的区域映射成上半平面的问题. 为此我们需要研究

$$w=z+\frac{1}{z} \tag{42}$$

反过来，就得到

$$z=\frac{w+\sqrt{w^2-4}}{2} \tag{42'}$$

因此,式(42)给出了一个把 z 平面映射成一个双叶黎曼曲面的变换.我们不难得到临界点,只要把函数(42)取导数,并令它等于零

$$1-\frac{1}{z^2}=0,\text{就给出 } z=\pm 1$$

因此,临界点是 $w=2$ 与 $w=-2$.沿实轴从 -2 到 2 剪开变数 w 的叶片(图 24).我们要想得到黎曼曲面,只要联结第一叶的下沿与第二叶的上沿,同时联结第二叶的下沿与第一叶的上沿.

为了更进一步详细地研究这个变换,我们引进实变数如下

$$w=u+v\mathrm{i},\quad z=\rho\mathrm{e}^{\theta\mathrm{i}}$$

注意到式(42),我们有

$$u+v\mathrm{i}=\rho\mathrm{e}^{\theta\mathrm{i}}+\frac{1}{\rho}\mathrm{e}^{-\theta\mathrm{i}}=\left(\rho+\frac{1}{\rho}\right)\cos\theta+\mathrm{i}\left(\rho-\frac{1}{\rho}\right)\sin\theta$$

由此可见,式(42)与下面两个关系式等价

$$u=\left(\rho+\frac{1}{\rho}\right)\cos\theta,\quad v=\left(\rho-\frac{1}{\rho}\right)\sin\theta \tag{43}$$

我们要在 z 平面上取两族坐标曲线.一族取作是圆周 $\rho=c$.

我们来看,是什么对应于这些圆周.为此,我们在方程(43)中用常数 c 来代替 ρ.于是方程(43)成为椭圆的参变方程.

从中消去 θ,就得到

$$\frac{u^2}{\left(c+\frac{1}{c}\right)^2}+\frac{v^2}{\left(c-\frac{1}{c}\right)^2}=1 \tag{44}$$

这个椭圆的中心是在坐标原点.它的长半轴的长度等于 $c+\frac{1}{c}$,而短半轴的长度是 $c-\frac{1}{c}$(假定 $c>1$).焦点的坐标是 $(-2,0)$ 与 $(2,0)$(图 25).

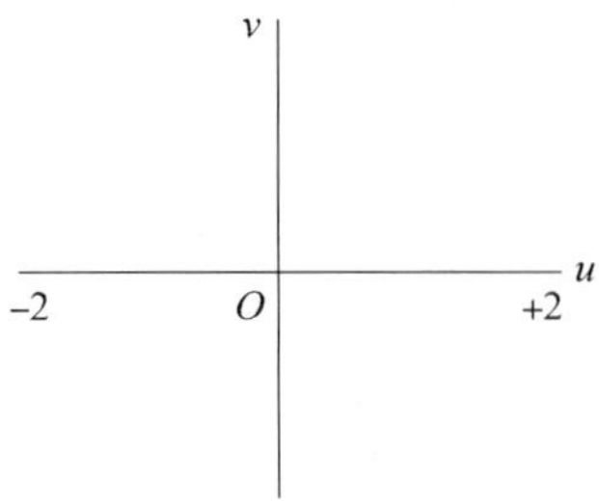

图 24

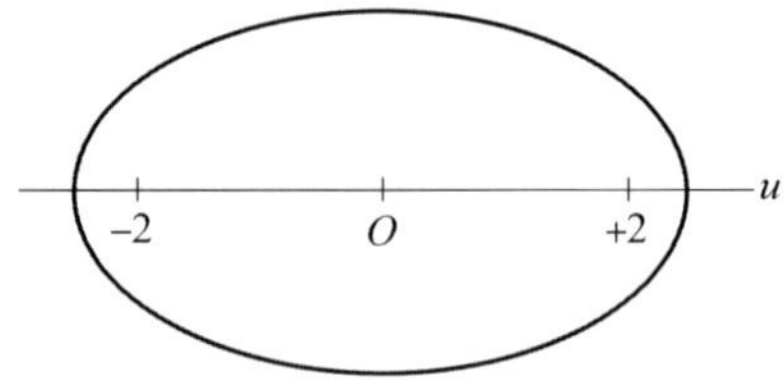

图 25

因为焦点坐标与 c 无关，所以很清楚，改变 c，我们将得到共焦点的椭圆. 再则，容易看到，对应于（z 平面上）以 $\rho=c$ 与 $\rho=\frac{1}{c}$（图 26(a)）（假定 $c\neq 1$）为半径的两个不同的圆周的，是同一个椭圆（图 26(b)）. 这个椭圆是双重的：一个位于黎曼曲面的一叶，另一个位于另一叶. 因此，比如说，半径是 c 的圆周对应于一叶上的椭圆，而半径是 $\frac{1}{c}$ 的圆周对应于另一叶上的同一个椭圆. 不过，这里有一个例外，就是当 $c=1$ 时的情形，也就是说圆周（在 z 平面上）的半径 ρ 等于单位长时的情形. 这时，如方程(43) 所示，我们的圆周将变换成实轴上从 -2 到 $+2$ 的双重线段.

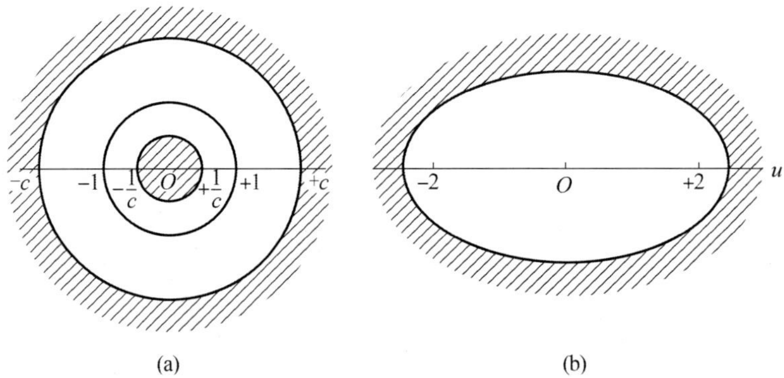

图 26

由此我们可以达到以下的结论. 让我们来考虑 w 平面上在椭圆外部的区域（图 26(b)）. 这个区域不包含临界点，因此函数 $z=\frac{w+\sqrt{w^2-4}}{2}$ 把它双方单值并且共形地映射成以圆周 $\rho=c$ 为边界,不包含点 -1 与 $+1$ 的区域.

所以,椭圆的外部区域映射成以 c 为半径($c>1$)的圆周的外部,只要我们的椭圆对应于这个圆周.但假如椭圆对应于圆周 $\rho=\frac{1}{c}$(图 26(a)),那就会映射成以 $\frac{1}{c}$ 为半径的圆周的内部.

现在我们来考虑对应于 z 平面的另一族坐标曲线(半直线)$\theta=a$ 的是什么.

从方程(43)中消去 ρ,我们得到

$$\frac{u^2}{4\cos^2 a}-\frac{v^2}{4\sin^2 a}=1 \tag{45}$$

这是以 $2|\cos a|$ 与 $2|\sin a|$ 为半轴长的双曲线的方程.它的焦点的坐标是 $(-2,0)$ 与 $(2,0)$.因此,我们知道双曲线对应于与实轴 Ox 成为角度 a 的直线.进一步考察方程(43),还容易断定,对应于半直线 $\theta=a$ 的是双曲线的右支

$$u>0,\text{如果 } a<\frac{\pi}{2}$$

而位于同一叶的双曲线的左支则对应于半直线 $\theta=\pi-a$,因为从 $\theta=a$ 到 $\theta=\pi-a$ 转动半直线,我们不会经过临界点.同样,半直线 $\theta=\pi+a$ 与 $\theta=2\pi-a$(或即,$\theta=-a$)分别映射成位于另一叶上的双曲线的左、右两支.

根据以上这些讨论,可见利用函数 $z=\frac{w+\sqrt{w^2-4}}{2}$ 可以把双曲线的外部区域(图 27(a))双方单值并且共形地映射成某一个角形区域(图 27(b)).只要利用线性函数与 z^r 形式的函数(其中 r 是实数),把所得到的角形区域映射成上半平面,我们就解决了把双曲线的外部区域映射成上半平面的问题.

现在让我们来把双曲线的右支的内部区域双方单值并且共形地映射成上半平面(图 28).

要想避免支点,我们首先考虑双曲线上半支与对称轴所包围的区域的映射.我们知道,对应于整个这一支双曲线的是一条与实轴相交成角度 a,并且通过 z 平面的坐标原点的半直线.从方程(43)不难看出,对应于这支双曲线的上半支的是同一条半直线,不过这里半直线是从离 O 的距离等于单位长的点 A' 开始的(图 29).其次,

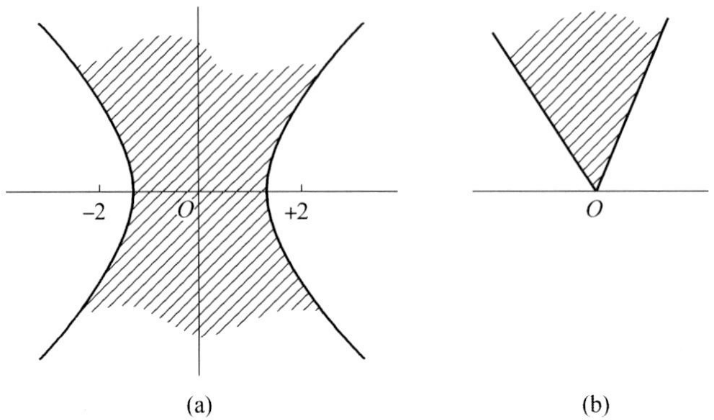

图 27

从这同一个方程(43)可以看到,当点 w 沿实轴(因而,$v=0$)从点 A 起,向点 B 移动时(图 28),对应的点 z 就描画出一段半径为 1 的,从点 A' 到点 B' 的圆弧(图 29). 最后,当点 w 沿实轴从点 B 移动到 ∞ 时,则点 z 沿实轴从 1 移动到 ∞. 因此,对应于双曲线上半支与对称轴所包围的区域的,是一个角度等于 a 的圆的扇形的外部(图 29).

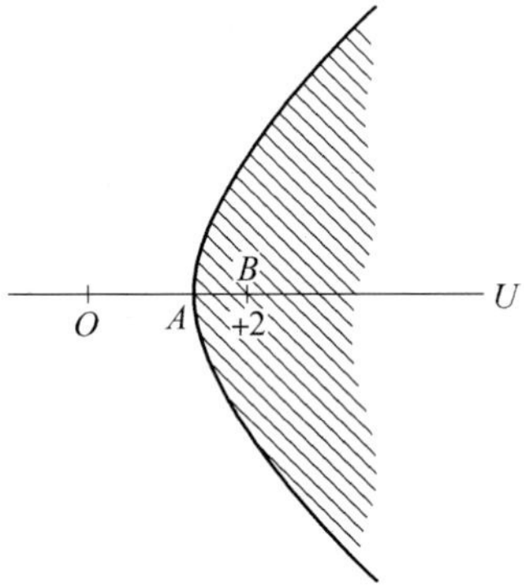

图 28

把双曲线的内部沿 AB 剪开. 应用对称原则到这个剪过的双曲线的内部,我们不难看出,这个沿 AB 剪过的双曲线内部可以映射成单位圆的一个角度为 $2a$ 的扇形的外部区域(图 30).

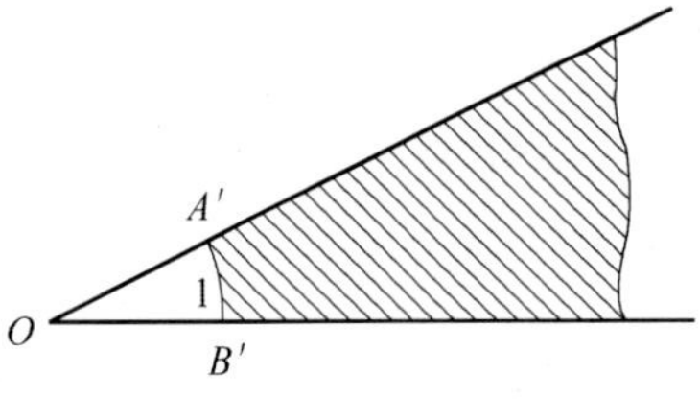

图 29

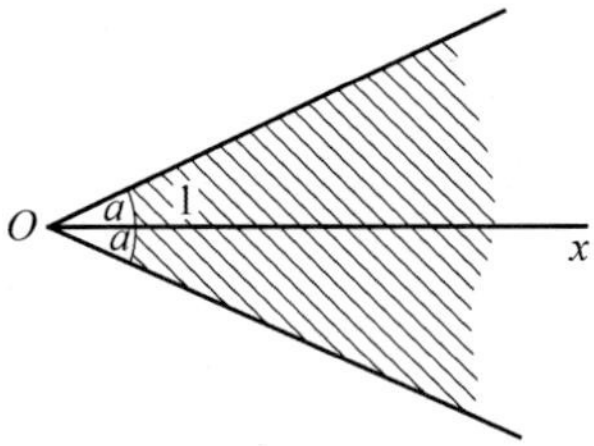

图 30

假如把双曲线的内部区域从 B 到 ∞ 剪开并应用对称原则,我们就可以得到结论,这样剪过的双曲线的内部可以映射成一个角度为 a 的角形区域(图 31). 但是我们的问题是要把整个双曲线的内部区域双方单值并且共形地映射成一个最简单的区域——上半平面(或圆).为此,我们再重新考虑这个以上半支双曲线的对称轴为边界的区域.我们已经知道,利用我们所研究的函数可以把这个区域双方单值并且共形地映射成一个角度为 a 的圆扇形的外部(图29).作变换

$$z' = z^{\frac{\pi}{a}}$$

后,我们的区域就映射成如图 32 所示的区域.令 $z'' = z' + \frac{1}{z'}$,我们再继续变换这个区域.我们前面已经知道,利用这个函数,单位半径的圆周要变成实轴上从 -2 到 2 的线段.因此,我们所考虑的区域的边界就变到 z'' 平面上的实轴.除此之外,很清楚,在我们的区域内函数 $z' + \frac{1}{z'}$ 还是全纯的.

因此,根据已知定理,我们的区域(图 32)被双方单值而且共形地映射成了上半平面,从而,为双曲线的上半支与对称轴所包围的,原来的那个区域也就映射成了上半平面.另外,考察一下所有我们构造的变换,就可以看出,在 z'' 平面上,双曲线的上半支的象是一条位于实轴上,从 -2 到 $-\infty$ 的半直线.

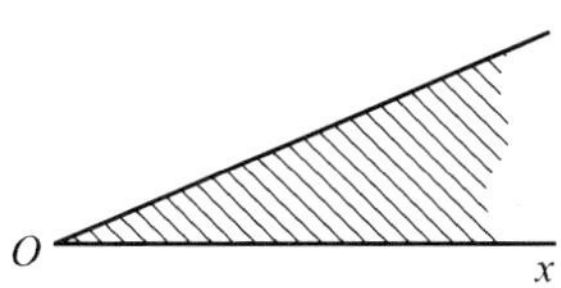

图 31

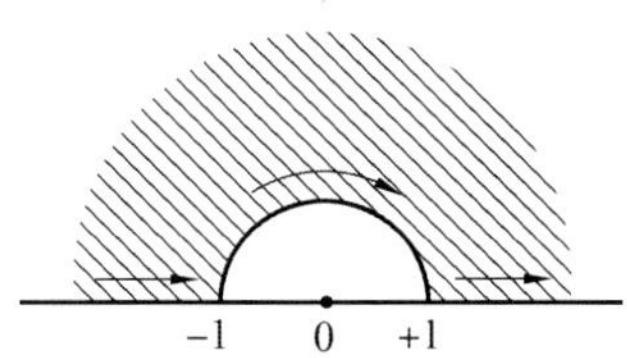

图 32

现在我们应用对称原则.从它就可以知道,函数 z'' 把双曲线的整个内部双方单值并且共形地映射成沿实轴从 -2 到 $-\infty$ 剪开的 z'' 平面,并且剪口的上沿将对应于双曲线的上半支,下沿对应于下半支.

利用变换 $z''' = z'' + 2$,我们可以把剪开的 z'' 平面再变换成沿实轴从 0 到 $-\infty$ 剪开的 z''' 平面.然后,用变换 $\sqrt{z'''}$,我们把剪过的 z''' 平面变成右半平面.剩下来只要再把这个半平面变成上半平面,这只需利用乘数 $e^{\frac{i\pi}{2}} = i$ 把 z''' 平面转了一个直角就行了.因此,函数

$$W = i\sqrt{z'''}$$

就能够把双曲线的内部区域双方单值并且共形地映射成上半平面.

现在,我们把函数 W 完全写出来,就是

$$W=\mathrm{i}\sqrt{z''}=\mathrm{i}\sqrt{z''+2}=\mathrm{i}\sqrt{z'+\frac{1}{z'}+2}=\mathrm{i}\sqrt{z^{\frac{\pi}{a}}+\frac{1}{z^{\frac{\pi}{a}}}+2}=$$

$$\mathrm{i}\sqrt{\left(\frac{w+\sqrt{w^2-4}}{2}\right)^{\frac{\pi}{a}}+\left(\frac{2}{w+\sqrt{w^2-4}}\right)^{\frac{\pi}{a}}+2}$$

或者最后写成

$$W=\mathrm{i}\left[\left(\frac{w+\sqrt{w^2-4}}{2}\right)^{\frac{\pi}{2a}}+\left(\frac{w-\sqrt{w^2-4}}{2}\right)^{\frac{\pi}{2a}}+2\right] \tag{46}$$

把双曲线右支的内部区域双方单值并且共形地变成上半平面的函数就是这个样子.

4. 把椭圆内部变成半平面的映射

利用同样的方法,我们可以把椭圆的内部映射成上半平面.

取定一个椭圆,设它的方程是

$$\frac{u^2}{\left(c+\frac{1}{c}\right)^2}+\frac{v^2}{\left(c-\frac{1}{c}\right)^2}=1$$

我们在前段中已经知道,有一个半径为 c 的圆周对应于这个椭圆.

我们来考察由上半个椭圆与它的对称轴所包围的区域(图33).这时,我们知道,对应于椭圆的上半周的,是 z 平面上的上半圆周(图 34).因为事实上,当 $z=\rho e^{\theta i}$ 沿这个半圆周变动时,从方程(43)就可以知道 v 大于零($c>1$);当点 w 沿 DA(图 33)移动时,点 z 沿实轴从 $-c$ 移到 -1(图 34).当点 w 沿 -2 到 2 的线段移动时,点 z 沿单位圆的半圆周从 -1 到 $+1$.最后,当 w 描画出 BE 时,点 z 沿实轴从 $+1$ 到 c 移动.总体来说,我们所考虑的区域被映射成一个曲线四角形,这个四角形是由两个半径各为 1 与 c 的圆周与实轴上的两个线段围成的(图 34).把我们的椭圆的内部沿实轴从 -2 到 $+2$ 剪开(图 35(a)),根据许瓦兹原则,我们可以断定,在函数 $z=z(w)$ 构成的变换下,这个剪过的椭圆内部被双方单值并且共形地映射到一个半径分别等于 1 和 c 的两个同心圆周所围成的区域(图 35(b)).

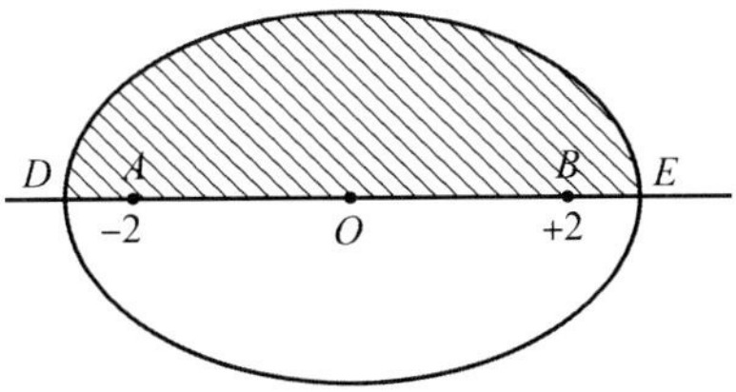

图 33

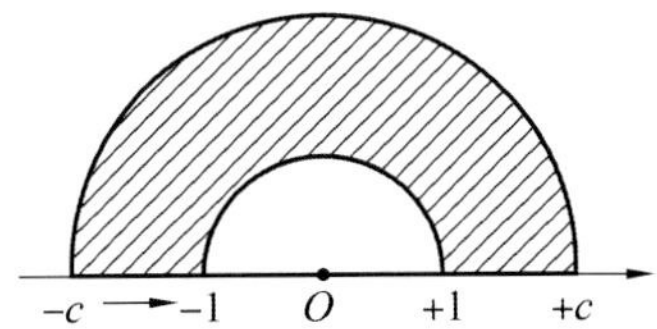

图 34

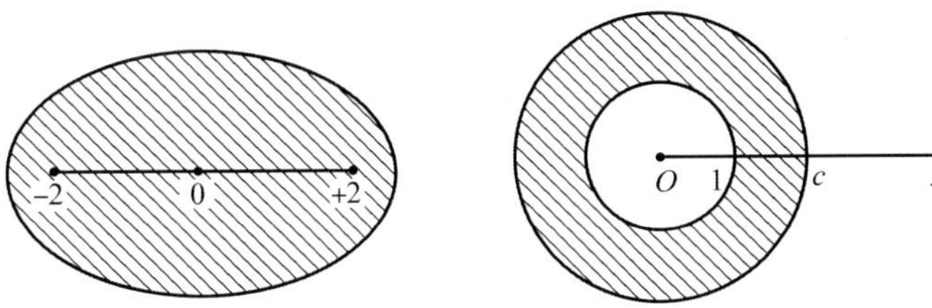

(a) (b)

图 35

假如我们把椭圆沿 DA 与 BE(图 36(a)) 剪开,那么,这样剪过的椭圆将映射成一个半径分别是 c 与 $\dfrac{1}{c}$ 的圆周以及实轴上的两个线段所围成的曲线四角形(图 36(b)).不过,对于我们来说,有兴趣的还是整个椭圆内部的映射象.

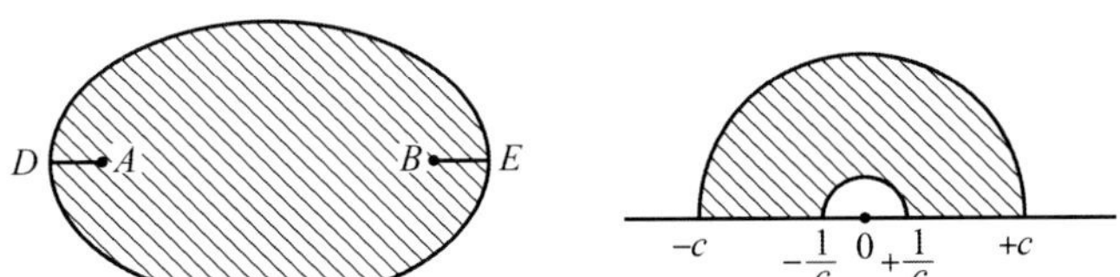

(a) (b)

图 36

我们已经知道,这个椭圆内部的上半可以映射成一个曲线四角形(图 34).我们曾经把这样的曲线四角形变成直线的矩形(图 37),这只需要令

$$z' = \ln z = \ln\,(\rho + \theta \mathrm{i})$$

所以,我们已经能够把椭圆内部的上半变成一个矩形.剩下来只需把这个矩形再变成上半平面.这个问题我们将在以下的某一

部分中解决.我们在那里将要找出一个函数 f,它双方单值并且共形地把矩形映射成上半平面.于是很明显,函数

$$f\left(\ln\frac{w+\sqrt{w^2-4}}{2}\right)$$

就把椭圆内部的上半部分,双方单值并且共形地映射成上半平面.应用对称原则,我们就会看到,这个函数把整个椭圆内部双方单值并且共形地映射成一个沿实轴上某一个线段剪开的平面.然后,要得到一个把整个椭圆内部变换成上半平面的双方单值并且共形的映射,就只要再把这一个剪过的平面变成上半平面就行了.

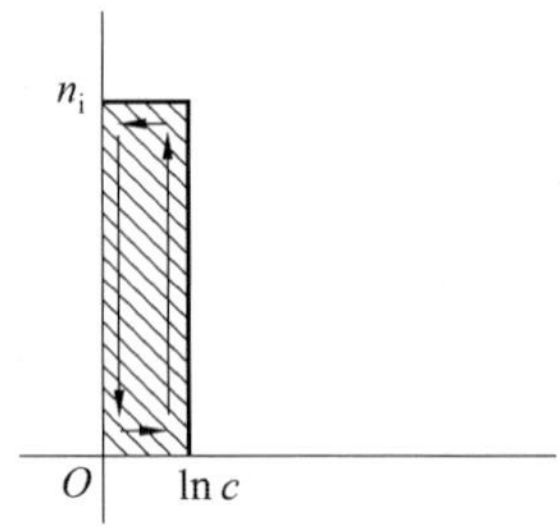

图 37

(六) 单连通区域的共形映射

我们已经知道,由区域 G 内的解析函数 $w=f(z)$ 构成的,把 z 平面上的区域 G 变到 w 平面的映射,在所有导函数 $f'(z)$ 不等于零的点 z 都是共形的.如果对应于区域 G 的不同的点 z_1 与 z_2 的,在 w 平面上总是不同的点 w_1 与 w_2,那么这个区域 G 的映射还是双方单值的.在这个情形中,对应于单连通区域 G 的每一个点 z,有 w 平面上某一个单连通区域 T 的一个确定的点 w,对于区域 T 的一个确定的点 w,对于区域 T 的每一个点,区域 G 内也只有唯一的点和它对应.换句话说,对于把区域 G 变成区域 T 的双方单值的变换来说,单值解析函数 $w=f(z)$ 的反函数自己,也是区域 T 内的一个单值函数.我们很自然会提出这样的问题:能否在双方单值的情形下,有导数 $f'(z)$ 等于零,从而破坏映射的共形性?关于这个问题我们已经给予了否定的回答,我们曾经指出了,对于区域 G 的双方单值的映射,导函数 $f'(z)$ 在区域 G 内任何地方都不能等于零.

因此,对于把区域 G 变成区域 T 的双方单值的映射来说,导函数 $f'(z)$ 在区域内不可能等于零,因而这个映射处处都是共形的.

共形映射理论的基本问题是这样的:分别在平面 z 与 w 上给定了两个单连通区域 G 与 T,要求出一个 G 内的解析函数 $w=f(z)$ 来,使它给出这两个区域彼此之间的一个双方单值的(从而也就是共形的)映射.

对于这个问题的解决，不失去一般性，我们可以假定给定的区域中的一个，比如说 T，是一个以坐标原点为中心以 1 为半径的圆，因为，要想求出两个任意的单连通区域间的一个双方单值的共形映射，显然只要能够找到把这两个给定的区域中的每一个变成这个圆的双方单值的共形映射就行了.

于是产生了通常称为黎曼命题的如下定理，它是函数理论的最重要的结果之一：除了整个平面或去掉一个点的平面，每一个单连通区域 G 都可以用一个解析函数双方单值并且共形地映射成单位圆的内部，并且可以使原点与实轴的正方向对应于 G 内的任意给定的一点与在该点任意给定的一个方向.

对这个定理，我们再补充说明一点，就是在所给的原始条件下，构成所求的映射的函数，还是唯一的. 因此从黎曼命题我们得到了一个构成解析函数的一般的几何原则.

1. 黎曼定理提法的化简

设 T 是 w 平面的单位圆，我们知道，经过线性变换，单位圆可以变成它自己，而且可以使两个给定的线性元素(即两个点与通过这两点中每一个点的一个方向) 彼此互变. 因此，如果我们一般地要把区域 G 映射成单位圆时，我们总可以使得这个映射把区域 G 内的给定的线性元素变成单位圆的圆心与实轴的正方向. 我们现在丝毫没有限制其一般性，把区域 G 放在 z 平面上，使得给定的线性元素就是 z 平面的原点与实轴的正方向，这对于构成映射的函数 $w=f(z)$ 来说，等于是下面的要求

$$f(0)=0,\quad f'(0)>0$$

为了着重指出黎曼定理的一般性，我们要证明在其他两个情形，即当 G 是整个平面或去掉一点的平面的情形，区域 G 不可能共形地映射成单位圆的内部区域. 我们来考虑函数 $w=f(z)$，假定它能够把整个平面 z 或去掉一点的平面 z，双方单值并且共形地映射成单位圆内部区域. 这个去掉的点，我们不妨假定是 z 平面的无穷远点，因为只要应用一个线性变换，这总是可以做到的. 显然，这个函数 $f(z)$ 应当是一个整函数；但是，因为这个函数构成的映射把 z 平面变成 w 平面的单位圆的内部，所以它又是有界的. 因此，根据刘维尔定理 $f(z)$ 是一个常数，而这是不可能的.

因此，除去了这两个情形，我们应当可以假定被映射的区域 G，

在边界上至少有两个不同的点(分别为数值 $z=a$ 与 $z=b$),因而,由于单连通性,它就一定具有一个联结这两点的、连通的边界集合.

利用变换

$$z^{*}=\sqrt{\frac{z-a}{z-b}}$$

我们可以把区域 G 共形地映射成 z^{*} 平面的一个区域 G^{*},并且使得 z^{*} 平面有一部分在区域 G^{*} 之外. 事实上,我们可以把区域 G 看作位于以 $z=a$ 与 $z=b$ 为支点的双叶黎曼曲面的一叶上的一部分;而这个黎曼曲面,包括它的支点在内,在上面写出的变换下,变成整个 z^{*} 平面.

现在假定 c 是 z^{*} 平面上的一个点,它连同它的一个足够小的邻域 $|z^{*}-c|<\rho$ 一起在区域 G^{*} 之外. 于是利用线性变换 $\zeta=\frac{\rho}{z^{*}-c}$,我们从区域 G^{*} 可以得到一个新的区域,这个新区域整个地位于一个有限圆的内部. 显然,经过这个圆的平行移动与相似变换之后,我们最后可以把我们的区域,变成一个位于单位圆内部并且包含坐标原点在它自己的内部的区域.

因此当证明黎曼定理时,不失去一般性,我们可以假定被映射的区域 G,是在单位圆的内部,并且含有坐标原点.

2. 辅助函数及其基本性质

当证明黎曼定理时,我们要利用一个简单的辅助函数,它把一个在中心外具有一个支点的双叶单位圆共形地映射成单叶的单位圆.

要想定义这个辅助函数,我们可以设想 t 平面的单位圆带有一条从点 P 直到这个圆的边界的剪口,其中点 P 离原点的距离等于 $\mu(\mu<1)$;再假定把两个这种剪过的、彼此重叠的圆片,按照习惯的方法彼此沿剪口连接起来(图 38). 我们不妨假定函数

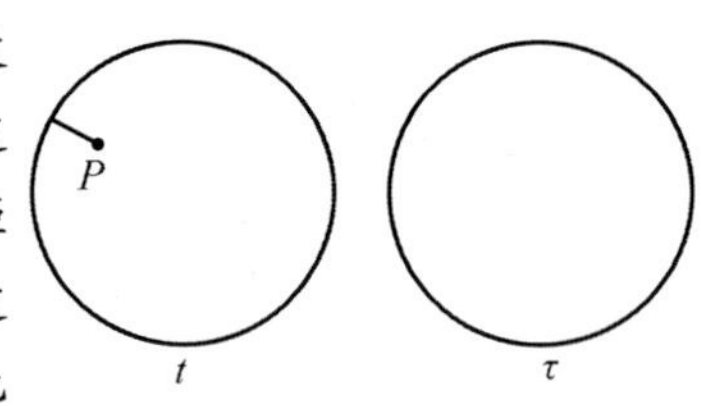

图 38

$$\tau=\varphi(t)=\varphi_{\mu}(t)$$

把 t 平面上的这个双叶圆共形地映射成 τ 平面的单位圆,并且使得在一个叶片上它满足条件

$$\varphi(0)=0, \quad \varphi'(0)>0$$

我们没有必要给出这个函数的明显的解析表达式，只需注意，这样一个函数是一定可以构造出来的，这只要首先利用线性变换把单位圆变成它自己，使得支点 P 变成坐标原点；然后，取这个线性变换的平方根；最后，再利用一个新的线性变换，来得到（在原点处）线性元素的给定的对应关系. 函数 $\tau=\varphi(t)$ 的反函数 —— 用 $t=\psi(\tau)$ 来记它 —— 在单位圆内是一个单值的全纯函数.

因为 $\psi(0)=0$，所以很明显，$\dfrac{\psi(\tau)}{\tau}$ 在圆 $|\tau|\leqslant 1$ 上也同样是一个全纯函数. 由于 $\left|\dfrac{\psi(\tau)}{\tau}\right|$ 在圆周 $|\tau|=1$ 上总是等于1，根据解析函数的最大模原理，我们知道下列不等式对于内点 τ，$|\tau|<1$ 都是成立的

$$\left|\frac{\psi(\tau)}{\tau}\right|<1$$

其中符号"$<$"的确成立，因为函数 $\dfrac{\psi(\tau)}{\tau}$ 不是一个常数（同样的结论也可以对函数 $\psi(\tau)$ 利用许瓦兹预备定理来得到）.

所以，我们已经证明了：在变数 t 与 τ 之间，当 $|t|<1$ 时不等式 $|\tau|>|t|$ 常成立，或者更精确地说，对于所有适合 $|t|\leqslant\mu$ 的 t，不等式 $|\tau|\geqslant q(\mu)|t|$ 永远成立，其中 $q(\mu)$ 表示一个大于1而且只与 μ 有关的数. 不难看到，$q(\mu)$ 是 $\mu(\mu<1)$ 的一个连续函数，函数值总大于1.

根据函数 $\tau=\varphi(t)$ 已经证明的性质可以推出：如果区域 G 位于 t 平面的单位圆内，而它又包含一个半径为 ρ 的圆的内部，$\rho\leqslant\mu<1$，那么我们可以用函数的一支 $\tau=\varphi_\mu(t)$ 把这个区域映射成 τ 平面的单位圆内的一个区域 G^*，并且 G^* 包含一个以 $\rho^*=q(\mu)\cdot\rho>\rho$ 为半径的圆的内部，原点与正实轴方向在这时还保持不变.

3. 基本预备定理

为了黎曼定理的证明，我们需要利用下面的辅助定理：如果一串在区域 G 内解析的单叶函数

$$f_1(z), f_2(z), \cdots, f_n(z), \cdots$$

在区域 G 内的每一个闭区域上都一致收敛于一个不等于常数的极限函数 $f(z)$，那么这个极限函数也是一个单叶函数.

要证明这个定理，让我们反过来假定在区域G内有不同的两个点z_1与z_2存在，使解析函数$f(z)$在这两点等于同一个数值w_0. 我们在区域G内画一条内部包含点z_1与z_2的闭路Γ，使得在这条闭路上$f(z)$不等于w_0，这是可以做到的，因为按照假设，$f(z)$不是一个常数. 于是

$$\frac{1}{2\pi \mathrm{i}}\int_{\Gamma} \frac{f'(z)\mathrm{d}z}{f(z)-w_0}=v$$

其中v是一个不小于$2(v\geqslant 2)$的整数. 因为从函数$f_n(z)$一致收敛于$f(z)$，可能推出$f'_n(z)$一致收敛于$f'(z)$，所以积分

$$\frac{1}{2\pi \mathrm{i}}\int_{\Gamma} \frac{f'_n(z)\mathrm{d}z}{f_n(z)-w_0}$$

当n无限增加时，收敛于极限v. 另外，按照假设，每一个方程$f_n(z)=w_0$在区域G内要么没有根，要么只有一个单根(在重根的情形，导数$f'_n(z)$要等于零，这与函数$w=f_n(z)$的双方单值性矛盾). 因此，这个积分只能取数值0或1，不可能当n无限增加时收敛于数值$v\geqslant 2$. 这个矛盾证明了预备定理.

4. 黎曼定理的证明

在证明(六)开始时所述的黎曼定理时，根据第1段我们可以假定被映射的区域G是在圆$|z|<1$内，并且它含有原点. 我们可以使所求的函数$w=f(z)$适合条件

$$f(0)=0,\quad f'(0)>0 \tag{47}$$

我们用$\rho(H)$来记以原点为中心而它的内部整个属于区域H的最大的圆的半径.

我们来构造一串在区域G内解析，并且满足条件$f_n(0)=0$，$f'_n(0)>0$的函数

$$f_1(z),f_2(z),\cdots,f_n(z),\cdots \tag{48}$$

使得每一个函数$f_n(z)$把区域G双方单值并且共形地映射成单位圆内的某一个区域H_n，并且使对应的半径$\rho(H_n)$随n一同增加，而且趋向于极限1. 换句话说，用函数$f_n(z)$可以把区域G双方单值并且共形地映射成某一个区域H_n，而这个H_n当n充分大时可以任意地逼近单位圆.

我们取函数$f_1(z)=\varphi_{\rho_0}(z)$(第2段)作为序列(48)的第一项$w=f(z)$，其中$\rho_0=\rho(G)$，它把区域$G$双方单值并且共形地映射成

单部的双方单一区域 H_1，并且 $\rho_1=\rho(H_1)$ 大于 $\rho_0 q(\rho_0)$（第 2 段）于圆周 $|w|=1\varphi_{\rho_1}(z)$ 所构成的变换到区域 H_1，我们得到一个区域对应点列 $z_1,z_2,\cdots,z_n>\rho_1 q(\rho_1)>\rho_1$，其中 $\rho_2=\rho(H_2)$. 显然，函数 $f_2(z)=\varphi_{\rho_1}[\varphi_{\rho_2}(z)]$ 将给出一个把区域 G 变成区域 H_2 的双方单值的共形映射. 继续这样作函数 φ_{ρ_n} 的步骤，并用 ρ_n 来记区域 H_n 的半径，我们得到函数 $f_n(z)=\varphi_{\rho_{n-1}}[f_{n-1}(z)]$，它把原来的区域 G 双方单值并且共形地映射成半径为 ρ_n 的区域 H_n，而且有 $\rho_n>\rho_{n-1}q(\rho_{n-1})>\rho_{n-1}$. 我们余下只需证明 $\lim\limits_{n\to\infty}\rho_n=1$.

假定不然，设 $\lim\limits_{n\to\infty}\rho_n=\mu<1$. 在不等式 $\rho_n>\rho_{n-1}q(\rho_{n-1})$ 中取极限，我们得到 $\mu\geqslant\mu q(\mu)$. 但这个不等式是不可能的，因为当 $\mu<1$ 时 $q(\mu)>1$. 另外，很明显，这里所作的函数 $f_n(z)$ 都满足条件：$f_n(0)=0,f'_n(0)>0$，因为函数 φ_{ρ_n} 是满足这些条件的.

现在我们来证明这一串函数 $f_n(z)$ 当 n 无限增加时收敛于所求的映射函数 $f(z)$. 为了这个目的，我们来考虑比式 $\dfrac{f_{n+p}(z)}{f_n(z)}$. 这个函数在区域 G 内是解析的，并且不等于零. 所以在区域 G 内任一点 z，它的模是介于它在边界上的模的最小值与最大值之间，由此，我们有不等式

$$\rho_{n+p}<\left|\frac{f_{n+p}(z)}{f_n(z)}\right|<\frac{1}{\rho_n} \tag{49}$$

这里，z 是区域 G 的点. 从而，在区域 G 内，下列极限一致收敛

$$\lim_{n\to\infty}\left|\frac{f_{n+p}(z)}{f_n(z)}\right|=1 \tag{50}$$

因为 $\lim\limits_{n\to\infty}\rho_n=1$.

由于当 $z=0$ 时，$\dfrac{f_{n+p}(z)}{f_n(z)}$ 有正的实数值，我们来考虑函数

$$F_n(z)=\ln\frac{f_{n+p}(z)}{f_n(z)}=\ln\left|\frac{f_{n+p}(z)}{f_n(z)}\right|+\mathrm{i}\psi$$

根据(50)，$F_n(z)$ 的实数部分在整个区域 G 内一致收敛于零，于是在原点，也有

$$\lim_{n\to\infty}F_n(0)=\lim_{n\to\infty}\ln\left|\frac{f_{n+p}(z)}{f_n(z)}\right|=0$$

应用已知定理到函数序列 $F_n(z)$，我们断定这个序列在每一个 G 内

的闭区域上都一致收敛于零，也就是说，$\lim \dfrac{f_{n+p}(z)}{f_n(z)}=1$，由此推出 $\lim\limits_{n\to\infty}[f_{n+p}(z)-f_n(z)]=0$. 因此，函数序列 $f_n(z)$ 在每一个 G 内的闭区域上都一致收敛于一个极限函数 $f(z)$，根据魏尔斯特拉斯定理这个函数在区域 G 内是解析的. 因为 $f_n(0)=0, f_n'(0)>0$，所以，极限函数 $f(z)$ 显然满足条件

$$f(0)=0,\quad f'(0)\geqslant 0$$

在不等式(49) 中让 p 无限增加同时把 n 固定，我们得到极限情形

$$1\leqslant\left|\frac{f(z)}{f_n(z)}\right|\leqslant\frac{1}{\rho_n}$$

因为 $|f_n(z)|$ 当 n 充分大时，在与区域 G 的边界足够近的地方，可以与 1 相差任意小，而 $\lim\limits_{n\to\infty}\rho_n=1$，所以从上面这个不等式可以推出：在与区域 G 的边界足够近的地方，函数 $f(z)$ 的模与 1 相差可以任意小. 因此，函数 $f(z)$ 不是一个常数，因为 $f(0)=0$. 这样一来，根据第 3 段的基本预备定理，这个函数 $f(z)$ 把区域 G 双方单值地映射成某一个区域 T，由此特别可以推出，$f'(0)$ 的确大于零. 这个区域 T 整个在单位圆内，因为从不等式 $|f_n(z)|<1$ 可以得到 $|f(z)|\leqslant 1$. 最后，回想到在与 G 的边界足够近的地方，函数 $f(z)$ 的模可以任意接近于 1，我们可以断言，区域 T 与单位圆完全重合. 这样，我们就证明了黎曼定理.

(七) 在共形映射下边界的对应关系

在证明关于单连通区域 G 变成单位圆内部的共形映射的黎曼定理时，我们没有考虑区域 G 的边界点与单位圆的圆周上的点. 设 $w=f(z)$ 是一个函数，它构成一个把区域 G 变成单位圆 $|w|<1$ 内部的双方单值的共形映射. 我们来考虑单位圆内一个任意的，收敛于圆周 $|w|=1$ 上一点 w_0 的点列 $w_1, w_2, \cdots, w_n, \cdots$. 对于区域 G 内的对应点列 $z_1, z_2, \cdots, z_n, \cdots$ 来说，在一般的情形，我们只能断定它所有的极限点都在 G 的边界上. 事实上，这种极限点不可能在 G 的外部，因为在它的任何邻域内都有属于区域 G 的点 z_n. 另外，它也不能在内部，否则它的某一个邻域就要被函数 $w=f(z)$ 映射成某一个整个在单位圆内的区域. 但极限点的邻域内含有无穷多个点

z_n;从而,这个邻域在单位圆内的对应区域将含有无穷多个点 w_n,而这与点列 $w_1,w_2,\cdots,w_n,\cdots$ 收敛于单位圆周上的点这个假设发生矛盾. 所以,点集 $z_1,z_2,\cdots,z_n,\cdots$ 的极限点全部都在区域 G 的边界上. 在特殊情形下,点列 $z_1,z_2,\cdots,z_n,\cdots$ 可以只有一个极限点 z_0,换句话说,点列 $z_1,z_2,\cdots,z_n,\cdots$ 收敛于 z_0. 不过,如果我们在单位圆内取另外一个收敛于同一点 w_0 的点列 $w'_1,w'_2,\cdots,w'_n,\cdots$,来代替点列 $w_1,w_2,\cdots,w_n,\cdots$,那么,这又可能发生,区域 G 内的对应点列 $z'_1,z'_2,\cdots,z'_n,\cdots$ 或者已经不收敛,或者虽然收敛于一个点 z'_0,但却不同于 z_0. 我们以后如果说区域 G 的边界上一点 z_0,在共形映射 $w=f(z)$ 的对应下,对应于圆周 $|w|=1$ 上的点 w_0,那就是指对于任意一个收敛于 w_0 的点列 $\{w_n\}$,区域 G 内的对应点列 $\{z_n\}$ 都收敛于 z_0.

我们现在假定,对圆周 $|w|=1$ 上的每一个点这种对应都成立. 于是函数 $w=f(z)$ 的反函数 $z=\varphi(w)$ 可以在圆周上每一点确定,只需令 $\varphi(w_0)=z_0$. 不难看出,这样补充定义之后,函数就在整个闭圆上连续. 关于这一点,我们只要证明函数在圆周 $|w|=1$ 上一个点 w_0 的连续性就够了,也就是说,只要证明,对于任意的 $\varepsilon>0$,我们总可以找到一个 $\delta(\varepsilon,w_0)>0$,使得当 $|w-w_0|<\delta$ 且 $|w|\leqslant 1$ 时,就有 $|\varphi(w)-\varphi(w_0)|<\varepsilon$. 假定不然,设有点列 $w_1,w_2,\cdots,w_n,\cdots$ 存在,它收敛于 w_0,然而却使 $|\varphi(w_n)-\varphi(w_0)|\geqslant\alpha$,其中 α 是一个正数. 显然,点 w_n 可以算作是在圆周 $|w|=1$ 上的,因为对于每一个圆内的点列来说,都有:$\varphi(w_n)\underset{n\to\infty}{\to}\varphi(w_0)$. 但是,对圆周上的每一点 w_n,我们都可以在单位圆内部取一点 w'_n,使得 $|w'_n-w_n|<\dfrac{1}{n}$, 同时, $|\varphi(w_n)-\varphi(w'_n)|<\dfrac{\alpha}{2}$. 于是我们就有 $|\varphi(w'_n)-\varphi(w_0)|\geqslant\dfrac{\alpha}{2}>0$, 而这是不可能的, 因为点列 $w'_1,w'_2,\cdots,w'_n,\cdots$ 收敛于 w_0,而且是由单位圆内的点组成的,所以函数 $\varphi(w)$ 的确是在闭区域上连续的.

当 w 描画圆周 $|w|=1$ 时,点 $z=\varphi(w)$ 描画出一条由区域 G 的边界点所组成的连续曲线 S. 我们要证明这条曲线就是 G 的整个边界. 假如不然,用 z' 来记 G 的一个不属于 S 的边界点,并且设 $z'_1,z'_2,\cdots,z'_n,\cdots$ 是由区域 G 内的点组成的收敛于 z' 的点列. 在单位圆

内对应于它有一个点列 $w'_1, w'_2, \cdots, w'_n, \cdots$，其极限点全部都在圆周上. 如果我们固定这些极限点中之一，比如说 w_0，从点列 $\{w'_n\}$ 中我们可以取出一个点列 $\{w_n\}$ 使它收敛于 w_0，于是在区域 G 内对应的点列 $\{z_n\}$ 应当收敛于曲线 S 上的一点 $z_0=\varphi(w_0)$，但是根据假定，这个点列又应该收敛于点 z'，$z'\neq z_0$，这就发生了矛盾. 所以，当圆周上每一点，通过共形映射 $z=\varphi(w)$，都对应于区域 G 的一个边界点时，区域 G 的边界一定是一条连续曲线 S. 曲线 S 一般是可以有重点的，也就是说，曲线 S 上同一点 z 可以对应于圆周 $|w|=1$ 上不同的点 w. 因此，要想由共形映射所建立的圆周与区域边界间的对应是双方单值的，就必须要求区域 G 的边界是一条没有重点的连续曲线，换句话说，是一条约当曲线. 我们现在要证明，以上这个条件还是充分条件，换句话说，以下这个一般定理成立：假定 G 是 z 平面上以一条约当曲线 S 为边界的一个区域；又函数 $w=f(z)$ 使此区域双方单值而且共形地映射成 w 平面上以 Σ 为周界的单位圆的内部. 那么，这同一个函数 $w=f(z)$，就双方单值而且双方连续地把边界 S 映射成圆周 Σ. 在（七）中，我们要给出这个一般定理的证明.

1. 问题的提法

首先我们注意从边界 S 与 Σ 是双方单值地对应的这一事实，已经可以推出函数 $f(z)$ 在区域 G 内的一致连续性以及它的反函数在圆 $|w|<1$ 内的一致连续性，从而也就可以推出这两个边界的对应的双方连续性.

事实上，我们已经知道函数 $z=\varphi(w)$ 在圆 $|w|\leqslant 1$ 上连续，所以它也就在这个圆上一致连续. 另外，我们要证明，如果函数 $f(z)$ 在区域 G 内不一致连续，在圆周 $|w|=1$ 上就至少要有两个不同的点 Q'_1 与 Q'_2 对应于区域 G 的同一个边界点 P. 把这个结果用到反函数上去，就可以推出我们上面所求的结论. 因此，现在我们假定 $f(z)$ 在区域 G 内不一致连续. 这时，在区域 G 内就有一对点列 z'_n，$z''_n(n=1,2,\cdots)$ 存在，使 $\lim\limits_{n\to\infty}|z'_n-z''_n|=0$，同时使对应的象点间的距离

$$|w'_n-w''_n|=|f(z'_n)-f(z''_n)|$$

永远大于一个固定的正数 α. 根据极限点的波尔察诺-魏尔斯特拉斯定理我们可以（在去掉一些适当的点对之后）算作这些点对有唯

一的极限点 P，并且同时它们的象 w'_n, w''_n 有两个极限点 Q' 与 Q''，Q' 与 Q'' 间的距离应不小于 α. 这些极限点 P 与 Q', Q'' 应当分别在边界 S 与 Σ 上，因为函数 $f(z)$ 在区域 G 的每一个内点的充分小的邻域内都是一致连续的.

这样一来，我们已经证明了，函数 $f(z)$ 与它的反函数在各自的区域内都是一致连续的，因此从边界 S 与 Σ 的对应的双方单值性，我们的确可以推得这个对应的双方连续性. 反之，如果 $f(z)$ 和它的反函数分别在区域 G 与 $|w|<1$ 内一致连续，那么，很明显，边界 S 与 Σ 的对应就是双方单值而且双方连续的. 所以，在(七)中开始时所提出的关于边界 S 与 Σ 间的双方单值而又双方连续的对应的问题，它的几何提法与下述的分析提法完全一样，那就是：要证明函数 $w=f(z)$ 在区域 G 内一致连续，同时它的反函数在区域 $|w|<1$ 内也一致连续.

2. 关于边界对应的定理的证明

在从事证明以前，我们应当提出以闭约当曲线为边界的区域的一个性质，这个性质完全刻画了这种区域. 那就是这种区域的任一个边界点都可以用一条约当弧与任一内点或任一外点联结起来，而所用的约当弧，除了所考虑的那个边界点，区域的边界不再有另外的公共点. 在这里我们并不证明这个属于点集拓扑学的定理. 我们只举出一个不具备这个性质的区域的简单例子(这种区域的边界必定不是约当曲线). 这个例子是从正方形 $0<x<1, 0<y<1$ 中除去以下这无穷多个线段

$$x=\frac{1}{2}, 0<y<\frac{2}{3}; x=\frac{1}{2^2}, \frac{1}{3}<y<1, \cdots$$

$$x=\frac{1}{2^{2k-1}}, 0<y<\frac{2}{3}; x=\frac{1}{2^{2k}}, \frac{1}{3}<y<1, \cdots (\text{图 } 39)$$

剩下的点所作成的集点，是一个以正方形的周界 $ABCD$ 与所有上述的线段为边界的区域. 显然，线段 AD 上的无论哪一个边界点 M 都不可能用(不再与边界相交的)约当曲线和区域的任何一个内点 N 联结起来. 实际上，假如不然的话，我们应当把联结点 N 与 M 的曲线上的点的纵坐标看作一个关于某一个参变数 t 的连续函数，并且当 $t=t_0$ 时取值 y_0，等于点 N 的纵坐标，而当 $t=t_1$ 时取值 y_1，等于点 M 的纵坐标. 所以，当 t 趋向 t_1 时，曲线上点的纵坐标应当趋向

于 y_1，而这是不可能的，因为它应当无限多次地取大于$\frac{2}{3}$的值与小于$\frac{1}{3}$的值.

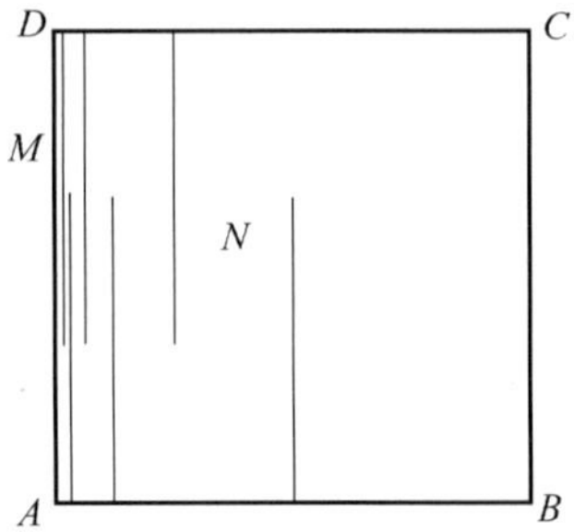

图 39

一个区域的边界上的点，如果可以用约当弧与区域的内点联结起来（这个弧与区域的边界，除给定的边界点外，应当没有其他的公共点），那么这个点称为一个（从内部）可以达到的点；没有这个性质的点称为不能达到的点. 在我们的例子中，线段 AD 上的点是不能达到的，而所有其他的边界点都是可以达到的. 我们前面提到的，关于以约当曲线为边界的区域的性质，可以重新叙述如下：这样区域的每一个边界点都是可以达到的（从内部或从外部）.

要想证明（七）开始时所叙述的那个定理，根据第一段的结果，我们应当证实函数 $f(z)$ 在区域 G 内的一致连续性与它的反函数在单位圆内部的一致连续性. 为了这个目的，我们暂且假定 $f(z)$ 在区域 G 内不是一致连续函数，然后我们由此引出一个矛盾来. 从第 1 段我们知道，在现在的假定下，区域 G 的边界（约当曲线 S）上存在一点 P，它对应于圆周 $|w|=1$ 上两个彼此距离不小于 2α 的点 Q' 与 Q''. 在图 40 上，我们画出了这些点，也画出了趋向于点 P 的点，z'_n，z''_n 以及它们的对应点 w'_n 与 w''_n，w'_n 与 w''_n 分别有极限点 Q' 与 Q''. 点 w'_n 与 w''_n 间的距离，无疑地可以算作总是大于 α 的.

取点 P 作为极点，我们要引进极坐标 r 与 θ，并且利用它们来确定一串在 G 内的，属于点 P 而又包含在一个里面的单连通区域 K_r 如下：任取区域 G 的一个固定点 P_0（例如点 $z=0$）我们用在 G 内的一条连续曲线 L 把它与点 P 联结起来（根据本段开初的申明，这是可能的，因为区域 G 的边界是约当曲线）. 显然，当曲线 L 从 P_0 走向 P 时，将与以点 P 为中心 r 为半径的圆周相交，只要我们有 $r<P_0P$. 当我们沿曲线 L 从 P_0 向 P 走去时，一般说来，我们会碰到这个圆周若干次（甚至无限多次）. 我们记下曲线 L 与这个圆周的最后一个交点，然后从这一点出发，沿圆弧 c_r 向两端行进，再记下 c_r 与区域 G 的边界 S 首次相遇的点. 这段（半径为 r 的）圆弧 c_r，与边界 S 的含有点 P 的那一部分，围出区域 G 的一部分来. 我们把区域 G

的这一部分记作 K_r(图 40).

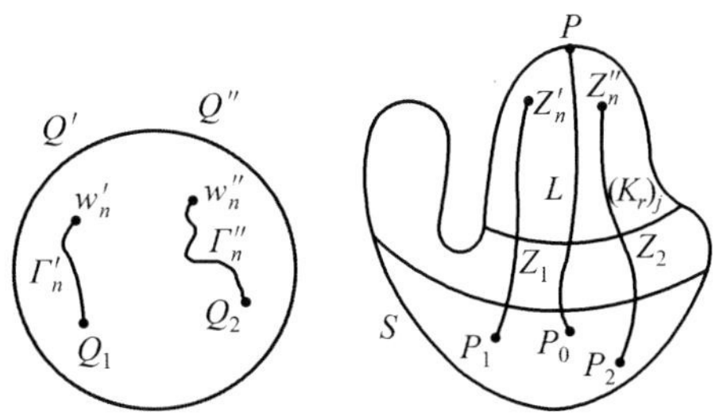

图 40

我们注意,不管 $\varepsilon, \varepsilon < P_0P$,怎样小,当 n 充分大以后点 z'_n 与 z''_n 总是区域 K_ε 的内点(图 40). 事实上,假如不然的话,我们就会得出这样的结论:在点列 $\{z'_n\}$ 与 $\{z''_n\}$ 中,有无穷多个点都在区域 G_ε 的内部,这里,G_ε 是从区域 G 中去掉 K_ε 中所有的点以及圆弧 c_ε 所有的内点后剩下的点作成的. 因为 P 是 G 的边界点,而又是 $\{z'_n\}$ 与 $\{z''_n\}$ 的极限点,这就推出点 P 也是 G_ε 的边界点的结论. 这样,点 P 就同时属于 c_ε 的端点分 S 而成的两段弧. 但是因为点 P 不能是这两段弧的端点,所以 P 应当是 S 的重点,而这与约当曲线 S 的定义产生矛盾.

设 Q_1 与 Q_2 是单位圆 T 内部任意选定的两个固定点,又 P_1 与 P_2 是它们在区域 G 内的对应点. 我们用曲线 Γ'_n 和 Γ''_n 分别联结点 Q_1 与 w'_n,点 Q_2 与 w''_n,使得这两条曲线间的距离不小于 α. 假定 R 是这样一个数,它使得点 P_1 与 P_2 在区域 K_R 之外;于是曲线 Γ'_n 和 Γ''_n 的象与区域 K_r 的边界的圆周弧部分相交,对于每一个 $r < R$,只要 n 充分大就行,因为 Γ'_n 与 Γ''_n 的象是分别联结 P_1 与 z'_n,P_2 与 z''_n 的曲线.

因此,在弧 c_r 上可以找到两个点 z_1 与 z_2,使得

$$\alpha \leqslant | f(z_2) - f(z_1) | = \left| \int_{z_1}^{z_2} f'(z) \mathrm{d}z \right| \leqslant \int | f'(z) | r \mathrm{d}\theta \quad (51)$$

这里积分展布在弧 c_r 的相应部分 $z_1 z_2$ 上.

在分析中有一个具有极大价值的,所谓许瓦兹的不等式,现在我们立刻就要用到它. 这个不等式构成如下:设 g 与 h 是定义在一个一维或者多维的区域 D 内的两个实函数,又 $\mathrm{d}\omega$ 是 D 的积分元

素，于是我们有

$$\left(\int gh\,\mathrm{d}\omega\right)^2 \leqslant \int g^2\,\mathrm{d}\omega \cdot \int h^2\,\mathrm{d}\omega$$

这个不等式立刻可以从下面的事实推出来：关于实参变数λ的二次三项式

$$\int (\lambda g + h)^2\,\mathrm{d}\omega = \lambda^2 \int g^2\,\mathrm{d}\omega + 2\lambda \int gh\,\mathrm{d}\omega + \int h^2\,\mathrm{d}\omega$$

永远不取负值.

应用许瓦兹不等式到式(51)右面的积分，取$g = |f'(z)|r, h = 1$，我们就得到

$$\alpha^2 \leqslant \left(\int |f'(z)| r\mathrm{d}\theta\right)^2 \leqslant 2\pi \int |f'(z)|^2 r^2\,\mathrm{d}\theta$$

或即

$$\frac{\alpha^2}{r} \leqslant 2\pi \int |f'(z)|^2 r\mathrm{d}\theta$$

把这个不等式关于r从$r=\varepsilon$到$r=R$积分，我们有

$$\alpha^2 \ln \frac{R}{s} \leqslant 2\pi \iint |f'(z)|^2 r\mathrm{d}r\mathrm{d}\theta < 2\pi \iint_{K_R} |f'(z)|^2 r\mathrm{d}r\mathrm{d}\theta$$

其中最后的一个积分是展布在整个区域K_R上，它代表K_R的象区域的面积，又因为我们显然有

$$\iint |f'(z)|^2 r\mathrm{d}r\mathrm{d}\theta < \pi$$

(因为π是整个单位圆的面积)，所以，我们最后得到

$$\alpha^2 \ln \frac{R}{\varepsilon} < 2\pi^2$$

这个不等式是不可能的，因为当$\varepsilon \to 0$时，它的左边无穷增大而右边则是一个常数. 这个矛盾证明了函数$f(z)$在区域G内的一致连续性. 因为同样的考虑对反函数一样有效，所以反函数也在区域T内一致连续.

换句话说，根据第1段，我们已经证明了：把一个以约当曲线为边界的区域G变成单位圆T的内部的双方单值的共形映射，同时把G的边界S双方单值而且双方连续地映射成T的周界圆周Σ.

(八) 把矩形与任意多角形变成上半平面的映射

1. 矩形

要想把矩形映射成上半平面，我们必须讨论下列形式的椭圆积分

$$\zeta=\int_{0}^{z}\frac{\mathrm{d}t}{\sqrt{(1-t^2)(1-k^2t^2)}} \tag{52}$$

其中 k 是满足条件 $0<k<1$ 的一个实数. 我们假定这个椭圆积分的上限 z 是上半平面上的复数.

换句话说，我们假定积分是沿着上半 z 平面上的一条由原点出发的积分路线取的. 所以，这个积分本身就构成复变数 z 的一个函数，我们把它记作 $\zeta(z)$.

显然，被积函数有下列四个奇异点，它们都在实轴上

$$t=+1,\quad t=-1,\quad t=\frac{1}{k},\quad t=-\frac{1}{k}$$

因为我们讨论的 z 在上半平面上，所以无论哪一条积分路线都不会遇到奇异点. 由此可见，积分的结果与路线无关.

因此，只要 z 是在上半平面上，$\zeta(z)$ 就是 z 的全纯函数. 此外，对于上述各奇异点之外的实数值 z，$\zeta(z)$ 也是全纯的. 显然，这些奇异点是被积函数的支点.

现在我们就要看到，当 z 在上半平面上变动时，ζ 是在一个矩形的内部变动. 要想证实这一点，我们很自然地让点 z 去描画实轴，同时来观察点 ζ 会描画出一条什么样的路线. 显然，这里点 z 要四次经过奇异点. 不过我们可以如下来避开这些奇异点：环绕这些奇异点画一个半径为 ρ 的半圆，然后让点 z 沿图 41 所示的路线移动. 这里立刻就可以看出，半圆的半径 ρ 可以渐减地趋向于零($\rho\rightarrow 0$)，因为在这种情形下，被积函数是一个$\frac{1}{2}$ 级的无穷大量.

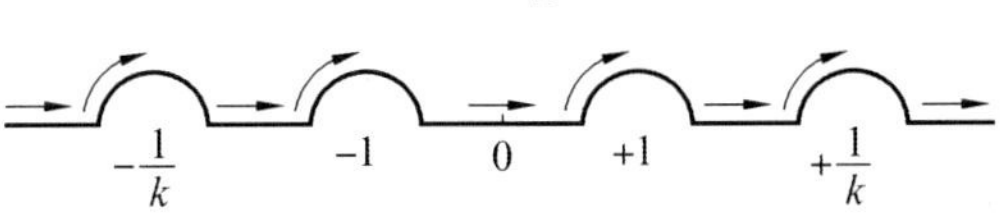

图 41

因此，我们让点 z 由原点出发沿着实数轴向右移动. 当 z 通过

区间 $0 \leqslant z < 1$ 时，被积函数总取正的实数值. 因此，当 z 由零开始渐增趋向 1 时，ζ 也由零起渐增地趋向值

$$\int_0^1 \frac{\mathrm{d}t}{\sqrt{(1-t^2)(1-k^2t^2)}}$$

我们已经指出过，这个积分有确定的有限值. 我们把它记作$\frac{\omega_1}{2}$

$$\frac{\omega_1}{2} = \int_0^1 \frac{\mathrm{d}t}{\sqrt{(1-t^2)(1-k^2t^2)}} \tag{53}$$

其次，点 z 沿着环绕 1 的半圆移动. 我们来考察相应的 ζ 移动的情形. 在被积函数的根号内有以下这些因子

$$1-t,\quad 1+t,\quad 1-kt,\quad 1+kt$$

我们来看当 z 沿着上述半圆移动时，这些因子的辐角改变的情形. 显然，在这个过程中，后面三个因子的辐角没有变化. 但是第一个因子的辐角减少了 π，这一点只要看图 42 就可明白，因为 $\arg(1-t)$ 从 0 变成了 $-\pi$. 由此可见，根式的辐角减少了 $\frac{\pi}{2}$，而整个被积函数的辐角就增加了 $\frac{\pi}{2}$(图 43). 因此，函数 ζ 在 z 沿着半圆迂回之后就可以写成

$$\zeta = \frac{\omega_1}{2} + \mathrm{i}\int_0^z \frac{\mathrm{d}t}{\sqrt{(1-t^2)(1-k^2t^2)}} \tag{54}$$

其中 z 在区间 $1 \leqslant z < \frac{1}{k}$ 上.

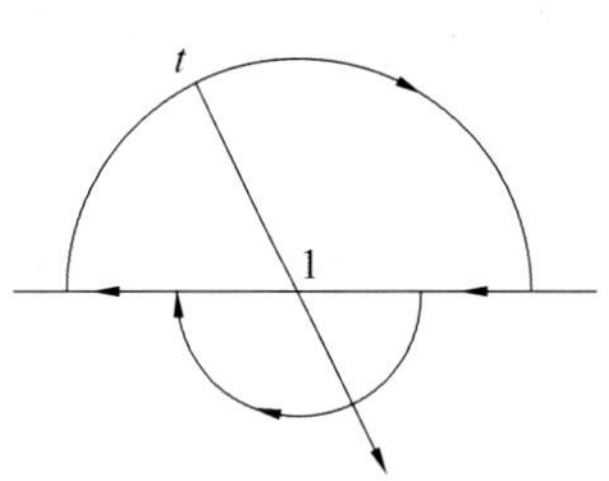

图 42

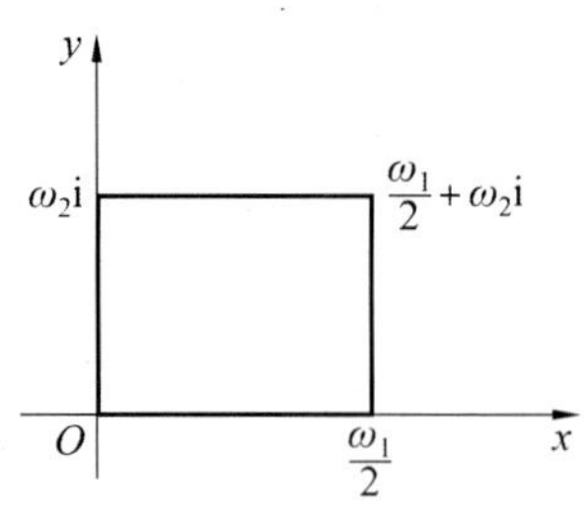

图 43

当 z 渐增地通过区间 $1 \leqslant z < \frac{1}{k}$ 时，积分(54) 也逐渐增大，而

且当 $z \to \frac{1}{k}$ 时，它也趋向一个确定的极限，我们把它记作 ω_2. 换句话说，我们令

$$\omega_2 = \int_1^{\frac{1}{k}} \frac{\mathrm{d}t}{\sqrt{(t^2-1)(1-k^2t^2)}} \tag{55}$$

由此可见：当 $z \to \frac{1}{k}$ 时，$\zeta \to \frac{\omega_1}{2} + \mathrm{i}\omega_2$.

然后，再让点 z 沿着环绕 $\frac{1}{k}$ 的半圆移动. 和前面的讨论一样，我们知道矢量 $\zeta - \left(\frac{\omega_1}{2} + \mathrm{i}\omega_2\right)$ 应当旋转一个角度 $\frac{\pi}{2}$（图 43）. 因此，当 z 迂回过现在这个半圆之后，函数 ζ 就成为

$$\zeta = \frac{\omega_1}{2} + \mathrm{i}\omega_2 - \int_{\frac{1}{k}}^{z} \frac{\mathrm{d}t}{\sqrt{(t^2-1)(k^2t^2-1)}} \tag{56}$$

当 z 由 $\frac{1}{k}$ 变向 ∞ 时，上式中的积分总是增大，所以函数 ζ 的实数部分总是减小. 在极限情形，当 $z=\infty$ 时，这个积分可以写成

$$\int_{\frac{1}{k}}^{\infty} \frac{\mathrm{d}t}{\sqrt{(t^2-1)(k^2t^2-1)}}$$

不难知道，这个积分等于 $\frac{\omega_1}{2}$. 事实上，引进新变数 τ，作变换 $t=\frac{1}{k\tau}$，这个积分就成为

$$\int_0^1 \frac{\mathrm{d}\tau}{k\tau^2\sqrt{\left(\frac{1}{k^2\tau^2}-1\right)\left(\frac{1}{\tau^2}-1\right)}}$$

在这个积分的被积函数中把 $k\tau^2$ 移入根号内，就证明了我们上述的论断.

因此，当 $z \to \infty$ 时，$\zeta \to \omega_2 \mathrm{i}$（图 43）. 当 z 由 $-\infty$ 变到 $-\frac{1}{k}$ 时（图 41），点 ζ 显然由 $\mathrm{i}\omega_2$ 移到 $-\frac{\omega_1}{2} + \mathrm{i}\omega_2$. 当 z 由 $-\frac{1}{k}$ 移动到 -1，ζ 就沿着直线由 $-\frac{\omega_1}{2} + \mathrm{i}\omega_2$ 到 $-\frac{\omega_1}{2}$，最后，当 z 由 -1 变到 0 时，函

数 ζ 沿着实数轴由 $-\frac{\omega_1}{2}$ 变到 0(图 44).

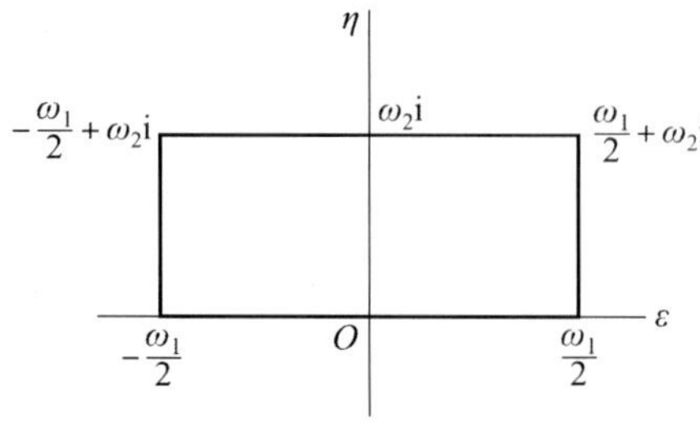

图 44

因此,我们看到了:用椭圆积分,我们可以把上半平面映射成一个边长为 ω_1 与 ω_2 的矩形.在这里,这个映射还是一个双方单值的共形映射.

如果我们考虑反函数 $z=s(\zeta)$,这个函数就给出把矩形内部变成上半平面的共形映射.

附注 在这一段中我们已经看到:用椭圆积分 $\zeta=\int_0^z\frac{\mathrm{d}t}{\sqrt{(1-t^2)(1-k^2t^2)}}$ 可以把上半平面双方单值并且共形地映射成 ζ 平面上一个矩形,这个矩形的边平行于坐标轴,长度等于 ω_1 与 ω_2,其中

$$\omega_1=2\int_0^1\frac{\mathrm{d}t}{\sqrt{(1-t^2)(1-k^2t^2)}},\quad \omega_2=\int_1^{\frac{1}{k}}\frac{\mathrm{d}t}{\sqrt{(t^2-1)(k^2t^2-1)}}$$

很自然我们会提出下述疑问:怎么样才能把一个事先就给定了的矩形映射成上半平面呢? 不难看出,这样一个映射一定由 $A\zeta(z)+B$ 形式的函数构成,其中 A 与 B 都是常数.事实上,我们可以选取参变数 k,使得 $\frac{\omega_1}{\omega_2}$ 等于给定的矩形的边长之比.于是对应于这样一个值 k 的函数 $\zeta(z)$,就把上半平面映射成某一个矩形,这个矩形的边长 ω_1 与 ω_2 之比等于给定的矩形的边长之比.然后,经过平移与旋转,我们可以使得这两个矩形的中心彼此重合,边互相平行.再根据它们的边长之比相等的性质,只要以它们的公共中心为相似中心作相似变换,就可以最后使这两个矩形完全重合了.只要

适当地选择常数 A 与 B 就可以给出上述这些初等变换(平移、旋转与相似变换).

2. 雅可比椭圆函数

要想弄清楚我们在前段中所引进的函数 $s(\zeta)$ 的性质,我们要利用许瓦兹对称原则.

把前段中得到的矩形的边记为 Ⅰ,Ⅱ,Ⅲ 与 Ⅳ(图 45(a)).对应于这些边的是 z 平面的实轴上的一些线段.我们把这些对应的线段也记为对应的罗马数字(图 45(b)).

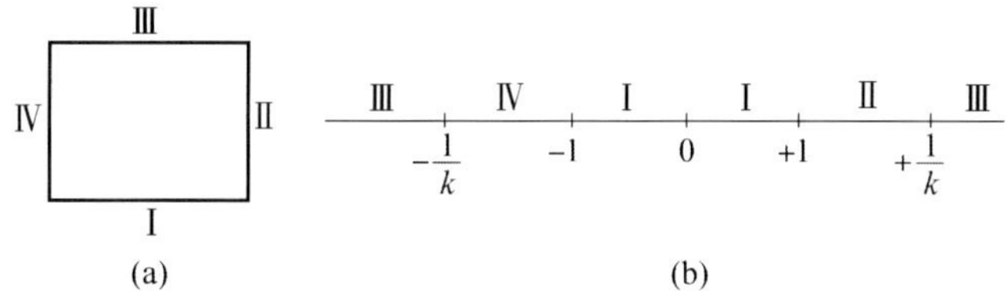

图 45

现在我们把矩形对称于边 Ⅰ 作反射.于是新的(两倍的)矩形的内部就被开拓 $s(\zeta)$ 双方单值并且共形地映射成为沿实轴从 1 到 ∞ 和 $-\infty$ 到 -1 剪开了的 z 平面.但是我们可以对称于任何一边反射我们的矩形(图 46),所以我们还可以得到变成整个 z 平面的其他映射,不过这个平面当然是按照另外的式样来剪开的.继续在 ζ 平面上建立这种新的、更新的对称的矩形,最后我们就可以用这些矩形网覆盖了整个 ζ 平面(图 47),因而,函数 $s(\zeta)$ 在整个平面上都有了定义.

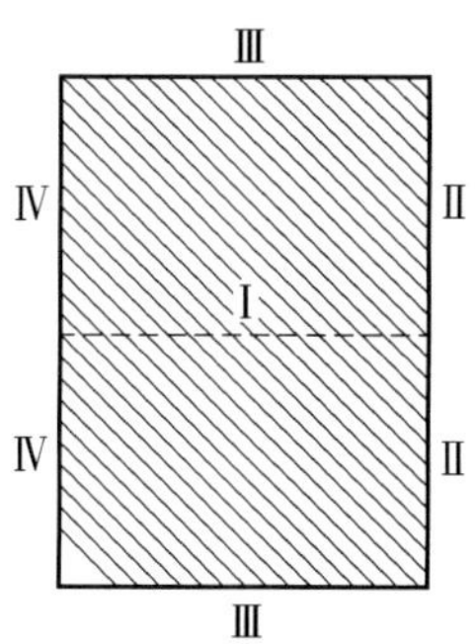

图 46

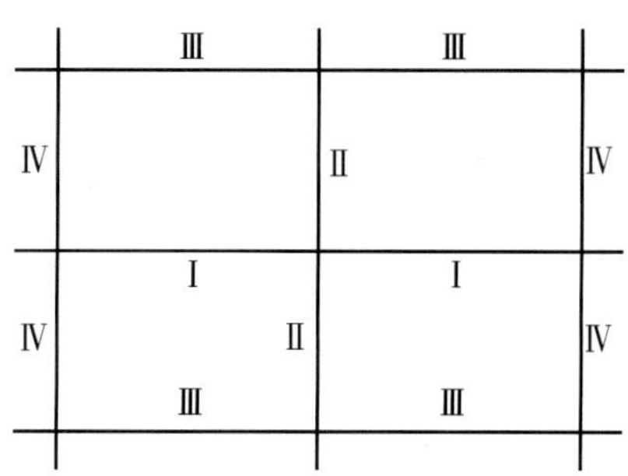

图 47

要想在整个 ζ 平面与变数 z 之间建立一个双方单值的对应关

系，我们要引用无穷多叶的黎曼曲面来代替 z 平面. 这个黎曼曲面要以 $1, \frac{1}{k}, -\frac{1}{k}, -1$ 为它的支点，它的叶片要按照对应的矩形的连接关系互相粘合起来.

由上所述，不难看出函数 $s(\zeta)$ 的一个非常重要的性质，它的双周期性质. 在 ζ 平面上取一个矩形. 先把它对称于边 Ⅱ 作反射，然后照样把新得到的矩形对称于边 Ⅳ 再作反射(图 48). 随便在原来的矩形内任取一点 ζ_1. 这个点在经过两次按照同一个方向的反射之后变成了点 ζ_2. 由图 48 显然有 $\zeta_2 = \zeta_1 + 2\omega_1$，因为边 Ⅰ 的长度是 ω_1.

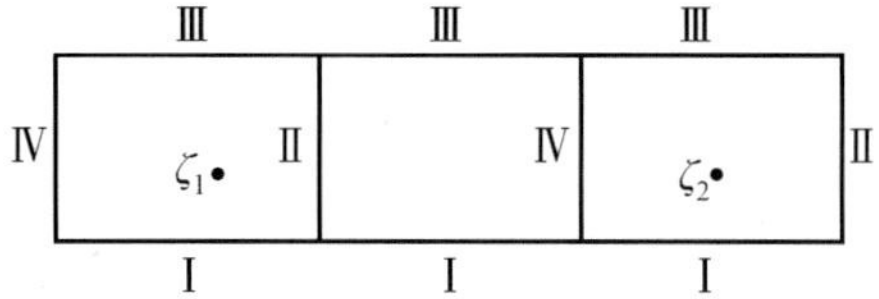

图 48

此外，我们假定 ζ_1 在 z 平面上相应的是点 z_1，即 $z_1 = s(\zeta_1)$. 经过矩形的第一次反射，点 z_1 变成了和 Ox 轴对称的点 z_1'. 经第二次反射，z_1' 再变到和它自己对称的位置，那就是说又再变成了点 z_1.

因此，我们已经证明了 $s(\zeta + 2\omega_1) = s(\zeta)$. 如果我们是在垂直的方向反射我们的矩形，类似地，我们可以得到 $s(\zeta + 2\omega_2 \mathrm{i}) = s(\zeta)$. 一般说来，我们不难看出

$$s(\zeta + 2k\omega_1 + 2h\omega_2 \mathrm{i}) = s(\zeta)$$

其中 h 和 k 是任何的整数，因此 $2\omega_1$ 与 $2\omega_2 \mathrm{i}$ 就是函数 $s(\zeta)$ 的周期.

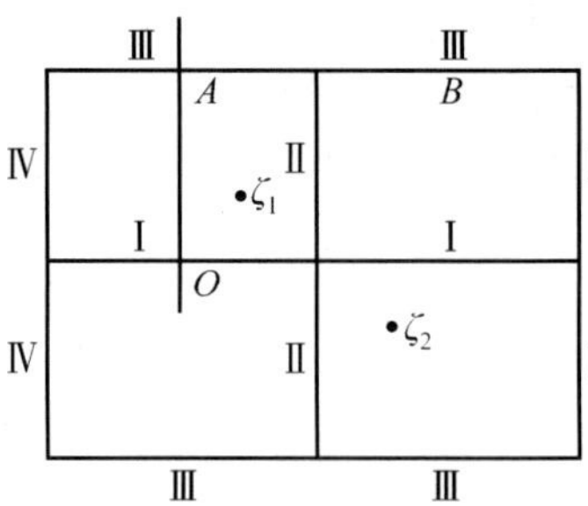

图 49

在周期矩形上，函数 $s(\zeta)$ 有两个简单极点：$\omega_2 \mathrm{i}$ 与 $\omega_1 + \omega_2 \mathrm{i}$(图 49 中的点 A 与点 B)，与两个简单零点 0 与 ω_1. 因此，函数 $s(\zeta)$ 在整个 ζ 平面上是单值的，并且在有限距离内，除极点外，没有其他的奇异点. 换句话说，它是一个半纯函数. 把这里造成的函数 $s(\zeta)$ 与雅可比的第一个椭圆函数加以比较，(如果

它们都用同样的周期 $2\omega_1$ 与 $2\omega_2 \mathrm{i}$ 构成）显然我们看出它们完全是一样的，因为它们有同样的零点与极点，并且在原点的导数都等于1. 因此，把矩形的内部映射成上半平面的函数 $s(\zeta)$ 就是雅可比的第一个椭圆函数：$s(\zeta) \equiv \operatorname{sn} \zeta$.

3. 多角形

我们现在来讨论一个更一般性的问题：如何把一个 n 角形双方单值并且共形地映射成上半平面.

假定 w 平面上有一个 n 角形（图 50(a)），它的内角分别等于 $\alpha_1\pi, \alpha_2\pi, \alpha_3\pi, \cdots, \alpha_n\pi$，其中 $\alpha_1, \alpha_2, \alpha_3, \cdots, \alpha_n$ 都是实数，此外，每一个 α_k 显然都不超过 2，并且 $\alpha_1 + \alpha_2 + \cdots + \alpha_n = n - 2$. 我们要证明：能够共形地把上半平面 $I(z) > 0$ 映射成这个多角形内部的函数 $w = f(z)$ 一定是下列形式

$$w = C\int_0^z (t - a_1)^{\alpha_1 - 1} \cdots (t - a_n)^{\alpha_1 - 1} \mathrm{d}t + C_1 \tag{57}$$

其中 $a_1, a_2, \cdots, a_n$ 是实轴上对应于多角形的顶点的点，而 C 与 C_1 是某些复常数（特别是，C_1 显然应当代表多角形的边界上相当于 $z=0$ 的那个点）. 公式(57) 称为克里斯脱弗-许瓦兹公式. 第 1 段中所讨论的，把上半平面映射成矩形的函数，是公式(57) 的特例：事实上，它可表示成

$$w = \frac{1}{k}\int_0^z \left(t + \frac{1}{k}\right)^{\frac{1}{2}-1} (t+1)^{\frac{1}{2}-1} (t-1)^{\frac{1}{2}-1} \left(t - \frac{1}{k}\right)^{\frac{1}{2}-1} \mathrm{d}t$$

这里 $\alpha_1 = \alpha_2 = \alpha_3 = \alpha_4 = \frac{1}{2}, a_1 = -\frac{1}{k}, a_2 = -1, a_3 = 1, a_4 = \frac{1}{k}, C = \frac{1}{k}$，并且 $C_1 = 0$.

为了掌握一般的公式(57)，我们首先假定 $a_1, a_2, \cdots, a_n$ 是预先给定的排成了一定次序（例如说，渐增的次序：$a_1 < a_2 < \cdots < a_n$）的实数. 假定 $\alpha_1, \alpha_2, \cdots, \alpha_n$ 也同样是预先给好的不大于2的实数，并且它们之和等于 $n-2$.

$$\alpha_1 + \alpha_2 + \cdots + \alpha_n = n - 2 \tag{58}$$

我们同意把 $(z - a_k)^{\alpha_k - 1}$ 在上半平面上了解成它所对应的多值函数，在实轴上当 $z = x > a_k$ 时取正实数值的那一个分支，于是公式

$$\zeta=\int_0^z(t-a_1)^{\alpha_1-1}\cdots(t-a_k)^{\alpha_k-1}\mathrm{d}t \qquad (57')$$

在闭上半平面上定义了一个单值的连续函数，并且当 $I(z)>0$ 时，它还是解析的. 要想知道这一点，显然只需要证明函数(57′) 在 $z=\infty$ 处是连续的. 但是，被积函数显然可以写成下列形式

$$t^{\alpha_1+\cdots+\alpha_n-n}\left(1-\frac{a_1}{t}\right)^{\alpha_1-1}\cdots\left(1-\frac{a_n}{t}\right)^{\alpha_n-1}=$$

$$\frac{1}{t^2}\left(1-\frac{a_1}{t}\right)^{\alpha_1-1}\cdots\left(1-\frac{a_n}{t}\right)^{\alpha_n-1}$$

由此推出积分

$$\int_0^\infty(t-a_1)^{\alpha_1-1}\cdots(t-a_n)^{\alpha_n-1}\mathrm{d}t$$

是收敛的. 并且，积分的值并不依赖于积分路线，只要这整个路线是在上半平面上，并且是联结点 0 与 ∞ 的. 因此，根据柯西积分定理，我们可以取极限. 而由此我们就知道函数(57′) 在点 $z=\infty$ 是连续的. 现在令点 z 沿实轴的正方向移动. 于是对应地点 ζ 就描画出一条连续的封闭路线来，一般说来，这条曲线可以自己相交，因而也就具有重点(图 50(b)). 但是我们要证明，这条曲线对应于实轴上每一个线段 $a_{k-1}a_k$ 的部分都是一个直线段，并且每一个这种线段都是沿一个方向描画出来的(换句话说点 ζ 不做来回的移动). 为此，我们只需要证明当 z 在线段 $a_{k-1}a_k$ 上移动时，导函数

$$\frac{\mathrm{d}\zeta}{\mathrm{d}z}=(z-a_1)^{\alpha_1-1}\cdots(z-a_n)^{\alpha_n-1}$$

的辐角不变，并且在线段的内点导函数的值不等于零. 但是，所有这一切都是显然的，直接就可以看出来.

因此，点 ζ 所描画出来的曲线是一个有 n 段的折线，它的顶点是

$$A_k=\int_0^{a_k}(t-a_1)^{\alpha_1-1}\cdots(t-a_n)^{\alpha_n-1}\mathrm{d}t,k=1,2,\cdots,n$$

我们下面来证实顶点 A_k，线段 A_kA_{k-1} 与 A_kA_{k+1} 的交角是 $\alpha_k\pi$. 事实上，向量 $\overrightarrow{A_{k-1}A_k}$ 与 $\overrightarrow{A_kA_{k+1}}$ 可以用复数

$$\int_{a_{k-1}}^{a_k}(t-a_1)^{\alpha_1-1}\cdots(t-a_n)^{\alpha_n-1}\mathrm{d}t$$

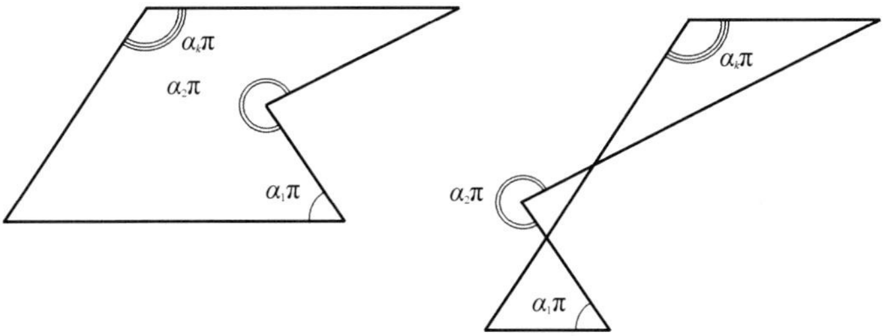

(a) (b)

图 50

与

$$\int_{a_k}^{a_{k+1}} (t-a_1)^{\alpha_1-1}\cdots(t-a_n)^{\alpha_n-1}\,\mathrm{d}t$$

来表示，它们的辐角分别与对应的被积函数的辐角相等（在积分区间上保持不变）. 但是，第一个被积函数的辐角是$(\alpha_k-1)\pi+\cdots+(\alpha_n-1)\pi$，第二个是$(\alpha_{k+1}-1)\pi+\cdots+(\alpha_n-1)\pi$. 因此，向量 $A_{k-1}A_k$ 与 A_kA_{k+1} 间的交角是$-(\alpha_k-1)\pi=\pi-\pi\alpha_k$，换句话说，$A_kA_{k-1}$ 与 A_kA_{k+1} 之间的角度是 $\pi\alpha_k$.

所以，用函数(57′) 可以把实轴映射成一条有 n 段的，内角是 $\alpha_1\pi,\cdots,\alpha_n\pi$ 的闭折线，这条折线的每一段的长度依赖于点 $a_1,\cdots,a_n$ 的选择. 如果这些点是任意选择的，我们已经指出过，折线可以自己相交，因而它不是一个多角形区域的边界（图 50(b)）. 但是，如果这条折线自己不相交，那么函数(57′) 既然在上半平面上是解析的，并且建立了实轴上的点与多角形的边界上的点之间的一个双方单值连续的对应，它就必然把上半平面共形地映射成多角形的内部. 此外，从公式(57′) 过渡到更一般的公式(57)，在实质上相当于以下的线性变换

$$w=C\zeta+C_1 \tag{59}$$

利用这个线性变换，我们可以达到和利用(57′) 所得到的多角形相似的任何其他多角形，无论它们在 w 平面上的位置怎样. 因此，克里斯脱弗-许瓦兹公式的全部基本问题不外乎就是以下的这个问题：对任意给定的 $\alpha_1,\cdots,\alpha_n$，$0<\alpha_k<2$，$\alpha_1+\alpha_2+\cdots+\alpha_n=n-2$，是否可能选择公式(57′) 中的实数 $a_1,\cdots,a_n$，使得用这个公式可以

把实轴变成一个多角形的周界，这个周界和一个事先给定的（内角是 $\alpha_1\pi,\cdots,\alpha_n\pi$ 的）周界相似？因为边 A_kA_{k+1} 的长度等于

$$\lambda_k = \left| \int_{a_k}^{a_k+1} (t-a_1)^{\alpha_1-1}\cdots(t-a_n)^{\alpha_n-1}\mathrm{d}t \right|$$

所以全部问题也就是下列这一组 $n-1$ 个方程式

$$\lambda_1 : \lambda_2 : \cdots : \lambda_n = l_1 : l_2 : \cdots : l_n \tag{60}$$

是否可解的问题，其中 $l_1,l_2,\cdots,l_n$ 是给定的多角形的边长（a_1，$a_2,\cdots,a_n$ 作为未知数）. 我们不去把这个方程组的解确实求出来，而只是采用立足在黎曼存在定理上的另一个方法来证明其确实可解. 事实上，按照这个定理，确实有这样一个函数 $w=f(z)$ 存在，它把上半平面共形地映射成给定的多角形 P. 并且，根据（七）的结果，这个函数还建立起实轴与多角形边界上的点间的一个双方单值的对应. 特别是，我们还可以说实轴上的点 $a_1,\cdots,a_n$ 对应于多角形顶点（a_k 对应于内角是 $\alpha_k\pi$ 的顶点）. 因此，我们就只剩下要来证明公式(57) 中的 C 与 C_1（对这些 $a_1,\cdots,a_n$ 与 $\alpha_1,\cdots,\alpha_n$ 来说）的确可以这样选择，使得公式(57) 刚好就代表这个函数 $w=f(z)$.

我们来考虑函数

$$\zeta = \Psi(z) = \int_0^z (t-a_1)^{\alpha_1-1}(t-a_2)^{\alpha_2-1}\cdots(t-a_n)^{\alpha_n-1}\mathrm{d}t$$

它把上半 z 平面变成 ζ 平面上的某一个多角形 P'，并且这个多角形对应于点 a_i 的顶角的角度等于 $\alpha_i\pi$. 我们现在来构造一个把多角形 P 变成多角形 P' 的映射如下：把 z 平面上同一个点在多角形 P 与 P' 上的象点算作是对应的. 就分析上来看，这个对应由函数 $w=F(\zeta)$ 给出，这个函数是由等式 $w=f(z)$ 与 $\zeta=\psi(z)$ 中消去 z 来得到的. 我们现在要来证明 $F(\zeta)=C\zeta+C_1$.

为此，我们来研究函数 $w=F(\zeta)$ 在多角形 P' 的顶点附近的情形. 我们用 ζ_k 与 $w_k=F(\zeta_k)$ 来代表多角形 P' 与 P 的对应的顶点，然后按照下列等式引进辅助变量 s 与 t 来代替 ζ 和 w

$$\zeta-\zeta_k = t^{\alpha_k}, \quad w-w_k = s^{\alpha_k} \tag{61}$$

显然，运用这两个关系式，顶点 ζ_k 与 w_k 的属于多角形 P' 与 P 的邻域分别被映射到 t 平面与 s 平面上，边界含有通过原点的直线段的两个区域 Q' 与 Q. 映射 $w=F(\zeta)$ 与公式(61) 决定了一个区域

Q' 到区域 Q 的变换

$$s=(w-w_k)^{1/\alpha_k}=[F(\zeta)-F(\zeta_k)]^{1/\alpha_k}=[F(\zeta_k+t^{\alpha_k})-F(\zeta_k)]^{1/\alpha_k}$$

把这个等式的右端用 $g(t)$ 表示，换句话说，令 $s=g(t)$

$$g(t)=[F(\zeta_k+t^{\alpha_k})-F(\zeta_k)]^{1/\alpha_k}$$

根据对称原则，由函数 $s=g(t)$ 所构成的把区域 Q' 变成区域 Q 的映射可以扩张到 t 平面与 s 平面的原点的整个邻域，因此，我们有 $g(t)=a_1t+a_2t^2+\cdots$，其中 $a_1\neq 0$，因为 t 与 s 之间的对应关系是双方单值的.

利用函数 $g(t)$，ζ 与 w 之间的对应关系可以写成

$$w=w_k+s^{\alpha_k}=w_k+[g(t)]^{\alpha_k}$$

其中 $t=(\zeta-\zeta_k)^{1-\alpha_k}$.

现在我们不难研究导函数 $\dfrac{\mathrm{d}w}{\mathrm{d}\zeta}$ 在顶点 ζ_k 的邻域内的性质了. 事实上

$$\frac{\mathrm{d}w}{\mathrm{d}\zeta}=\frac{\mathrm{d}w}{\mathrm{d}t}\cdot\frac{\mathrm{d}t}{\mathrm{d}\zeta}=\alpha_k[g(t)]^{\alpha_k-1}g'(t)\frac{1}{\alpha_k}(\zeta-\zeta_k)^{1/\alpha_k-1}$$

或者

$$\frac{\mathrm{d}w}{\mathrm{d}\zeta}=\left(\frac{g(t)}{t}\right)^{\alpha_k-1}g'(t)=(a_1+a_2t+\cdots)^{\alpha_k-1}(a_1+2a_2t+\cdots)$$

这个等式告诉我们，作为 t 的函数来看，$\dfrac{\mathrm{d}w}{\mathrm{d}\zeta}$ 在点 $t=0$ 是连续的，因而，当点 ζ 从角形 P' 的内部趋向顶点 ζ_k 时，$\dfrac{\mathrm{d}w}{\mathrm{d}\zeta}$ 连续. 因此，在多角形 P' 内以及在它的边上(由于对称原则)都是解析的函数 $\dfrac{\mathrm{d}w}{\mathrm{d}\zeta}$ 在整个闭区域 P' 上都是连续的. 此外，$\dfrac{\mathrm{d}w}{\mathrm{d}\zeta}$ 处处都不等于零.

我们来考虑函数 $\varphi(\zeta)=\ln\dfrac{\mathrm{d}w}{\mathrm{d}\zeta}=\ln\left|\dfrac{\mathrm{d}w}{\mathrm{d}\zeta}\right|+\mathrm{i}\arg\dfrac{\mathrm{d}w}{\mathrm{d}\zeta}$，它在区域 P' 内解析，在 $\overline{P'}$ 上连续. 这个函数的虚数部分在多角形 P' 的周界上固定不变，因为在多角形 P' 的边上的任何一点，$\arg\dfrac{\mathrm{d}w}{\mathrm{d}\zeta}$ 表示在映射成 P 时对应的边旋转的角度(这些角度对于所有的边都是一样的，因为多角形 P' 与 P 的角度两两相等).

因此,调和函数 $\arg\frac{\mathrm{d}w}{\mathrm{d}\zeta}$ 既然在周界上等于一个常数,它本身也就是一个常数. 它的共轭函数 $\ln\left|\frac{\mathrm{d}w}{\mathrm{d}\zeta}\right|$,根据柯西-黎曼条件,也同样是一个常数,因而 $\varphi(\zeta)=$ 常数,由此就得出

$$\frac{\mathrm{d}w}{\mathrm{d}\zeta}=C,\text{或即 } w=C\zeta+C_1$$

于是证完.

4. 三角形

在最简单的情形,也就是三角形的情形,这个映射问题可以直接加以解决.

假定给定了一个三角形,它的角度是 $\alpha_1\pi,\alpha_2\pi,\alpha_3\pi$. 显然 $\alpha_1+\alpha_2+\alpha_3=1$. 再假定我们要把这个三角形映射成上半平面. 在这个情形,公式(57) 有下列形式

$$\zeta=C\int_{z_0}^{z}(t-a_1)^{\alpha_1-1}(t-a_2)^{\alpha_2-1}(t-a_3)^{\alpha_3-1}\mathrm{d}t+C_2 \tag{62}$$

其中 a_1,a_2,a_3 是实数. 为了简化公式(62),我们这样来取 a_i 的值: $a_1=0,a_2=1,a_3=\infty$.

要想使得 a_3 变成无穷大,不难看出,我们应当在被积函数中引进一个新变数 τ,使得

$$t=-\frac{1}{\tau}+a_3$$

于是公式(62) 变成了

$$\zeta=C\int_{z_0}^{z}\left(-\frac{1}{\tau}+a_3-a_1\right)^{\alpha_1-1}\left(-\frac{1}{\tau}+a_3-a_2\right)^{\alpha_2-1}\left(-\frac{1}{\tau}\right)^{\alpha_3-1}\frac{\mathrm{d}\tau}{\tau^2}+C_2 \tag{62′}$$

把被积函数中的 $\frac{1}{\tau}$ 提出括弧之外,并且注意到

$$\alpha_1-1+\alpha_2-1+\alpha_3-1=-2$$

我们就得到

$$\zeta=C'\int_{\tau_0}^{z}(\tau-b_1)^{\alpha_1-1}(\tau-b_2)^{\alpha_2-1}\mathrm{d}\tau+C_2 \tag{62″}$$

作线性变换: $\tau=a\tau'+b$,其中 a 与 b 的取法如下: 当 $\tau=b_1$ 时,

$\tau'=0$；当 $\tau=b_2$ 时，$\tau'=1$. 于是公式(62″)中的积分可以写成

$$\zeta=C_1\int_{T_0}^{z}\tau^{\alpha_1-1}(1-\tau)^{\alpha_2-1}\mathrm{d}\tau+C_2 \tag{63}$$

这样我们就引进了公式(62)的标准形式. 毋庸证明，函数(63)给出把上半 z 平面变成任何预先给定的三角形的映射. 事实上，在公式(63)中，如果我们取 $C_1=1, C_2=0$，对于适当的值 α_1 与 α_2，(63)就给出把上半平面变成和给定的三角形相似的三角形的映射.

因此，要想得到把上半平面变成给定的三角形的映射，剩下就只要把由函数(63)得到的三角形变成给定的三角形. 这当然不难办到，只要把我们所得到的三角形的一个顶点移动到与给定的三角形的对应顶点重合，然后经过一个旋转，最后再作相似变换就行了. 所有这一切相当于我们正确地去选择公式(63)中的因子 C_1 与常数 C_2.

由公式(63)(当 $C_1=1, C_2=0$ 时)确定的函数 $\zeta(z)$，给出一个把上半 z 平面变成 ζ 平面上的一个三角形的内部的双方单值的共形映射. 当 z 在上半平面上时，它是确定的.

ζ 平面上的直线段 Ⅰ(图 51(a))相当于 z 平面的实轴上的线段 Ⅰ(图 51(b)). 因此，我们可以应用对称原则. 例如说，把三角形对称于边 Ⅱ 作反射，得到一个四角形(图 52(b)). 于是，按照图 52(a)指出的方法来剪开了的 z 平面就映射成 ζ 平面上的这个四角形(图 52(b)).

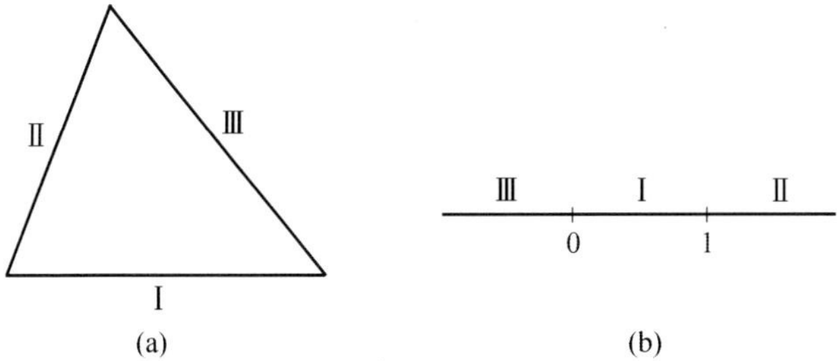

图 51

我们可以继续地应用许瓦兹对称原则，显然，这时每一个三角形都可以对称于它的任何一边进行反射. 结果，整个 ζ 平面就被三角形网所覆盖. 当然，一般来说，这些三角形是会要彼此重叠的. 要

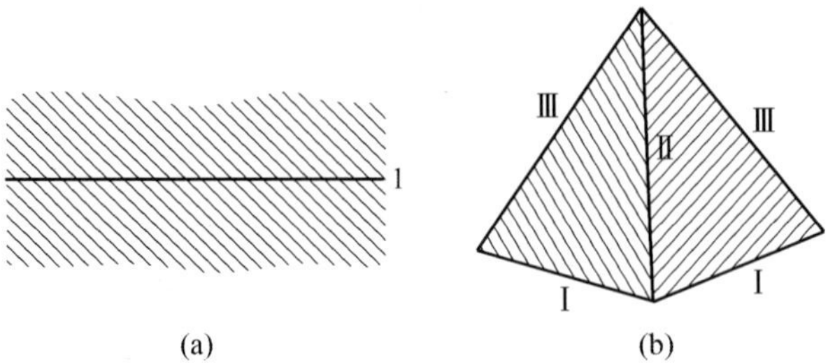

图 52

想得到 ζ 平面与变数 z 之间的一个双方单值的对应,我们必须取无穷多叶的黎曼曲面来代替 z 平面;当然,要想真正得 ζ 平面与 z 平面之间的双方单值对应,那是要在,而且也只有在 ζ 平面上的三角形没有彼此重叠的现象时,才能够谈得到的.

那么,这些三角形不彼此重叠的必要充分条件又是什么呢?

首先从图 53 就很清楚,例如 $\dfrac{2\pi}{2\alpha_1\pi}$ 就必须是一个整数.对于另外的角,当然也同样要求有这个性质.

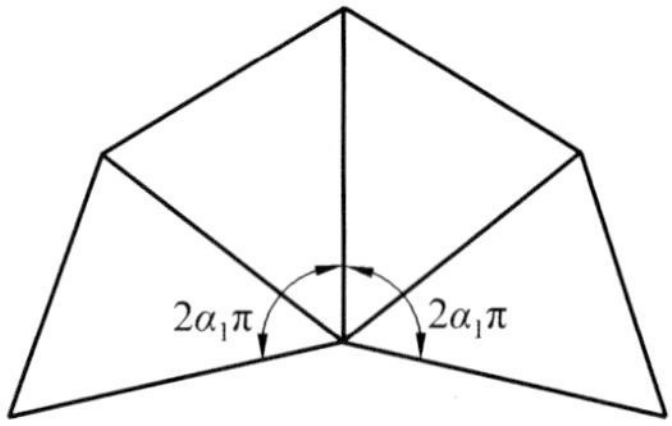

图 53

其次,也很显然,这个条件还完全是充分的.所以,我们所求的充分必要条件就是

$$\frac{1}{\alpha_1}=r_1,\quad \frac{1}{\alpha_2}=r_2,\quad \frac{1}{\alpha_3}=r_3$$

其中 r_1,r_2,r_3 都是整数.

只有在这个条件下,函数 $\zeta=\zeta(z)$ 才有一个单值的反函数 $z=z(\zeta)$,把 ζ 平面双方单值地映射成以上所说的黎曼曲面.此外,我们已经知道 $\alpha_1+\alpha_2+\alpha_3=1$.所以有

$$\frac{1}{r_1}+\frac{1}{r_2}+\frac{1}{r_3}=1 \tag{64}$$

这个关系式是一个不定方程:解它,就可以得到所有可能的 r_1,r_2,r_3 的值.当然,我们不妨算作

$$r_1\leqslant r_2\leqslant r_3$$

这样一来,显然 r_1 不能大于 3.事实上,不难看出,全部可能的情形都在下列表 1 中:

表 1

r_1	3	2	2	2	1
r_2	3	4	2	3	∞
r_3	3	4	∞	6	∞

相当于 r 的这些值的三角形究竟是什么样子呢？我们先来看表 1 中的第五列. 在这种情形，三角形的角分别是 $\pi, 0, 0$. 因此它是一个带形. 公式(63) 这时成为(为简单起见，我们令 $C_1=1, C_2=0$)

$$\zeta=\int_0^z \tau^{\alpha_1-1}(1-\tau)^{\alpha_2-1}\mathrm{d}\tau=\int_0^z \frac{\mathrm{d}\tau}{1-\tau}=\ln\frac{1}{1-z}$$

这里得到的是我们所熟知的把上半平面映射成带形的函数.

再看表 1 中的第三列. 在这种情形，三角形的角分别是 $\frac{\pi}{2}, \frac{\pi}{2}$, 0，换句话说，它是一个半带形. 这时，公式(63) 的形状是

$$\zeta=\int_0^z \tau^{-1/2}(1-\tau)^{-1/2}\mathrm{d}\tau=\int_0^z \frac{\mathrm{d}\tau}{\sqrt{\tau(1-\tau)}}=\arcsin(2z-1)$$

或即 $2z-1=\sin\zeta$. 这里又再度得到了那个把半带形映射成上半平面的初等函数.

现在来看表 1 中剩下的三种情形. 显然，它们是:

第一情形 —— 等边三角形. 不难看见，在这种情形，公式(63) 是

$$\zeta=\int_0^z \frac{\mathrm{d}\tau}{\sqrt[3]{\tau^2(1-\tau)^2}}$$

第二种情形 —— 等腰直角三角形. 这里公式(63) 可以写成

$$\zeta=\int_0^z \frac{\mathrm{d}\tau}{\sqrt[4]{\tau^2(1-\tau)^3}}$$

第三种情形 —— 有 30° 与 60° 角的直角三角形. 公式(63) 是

$$\zeta=\int_0^z \frac{\mathrm{d}\tau}{\sqrt[6]{\tau^3(1-\tau)^4}}$$

现在，我们已经讨论完了所有的可能情形. 无论在后三种情形或前两种初等函数的情形，$z=z(\zeta)$ 在整个 ζ 平面上都是确定的而且是单值函数.

我们建议读者用类似第 2 段中的办法，证明函数 $z(\zeta)$ 在后三

种情形都是双周期函数，并且指出它们都属于半纯函数族.

5. 把多角形的外部变成上半平面的映射

在第 3 段中我们已经研究了把一个任意的多角形的内部双方单值并且共形地映射成上半平面的问题.

现在我们来讨论关于(包含无穷远点的)外部区域的双方单值的共形映射的同一问题(图 54).

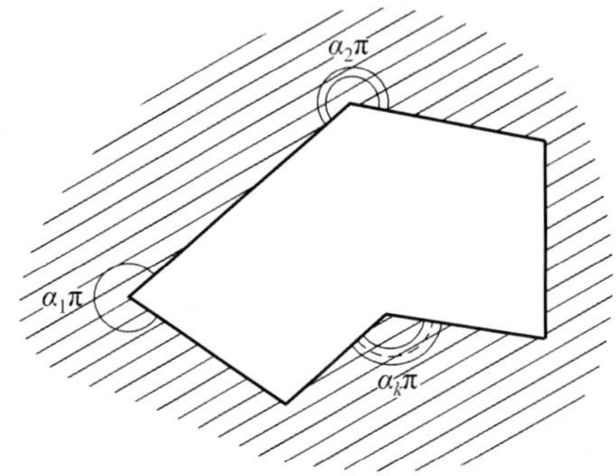

图 54

显然，对于外部区域来说，角度$\alpha_1\pi,\cdots,\alpha_n\pi$之和是$\alpha_1\pi+\cdots+\alpha_n\pi=(n+2)\pi$，即

$$\alpha_1+\cdots+\alpha_n=n+2$$

数$\alpha_1,\cdots,\alpha_n$当然也是正数而且不超过 2. 仍然采用第 3 段中的符号，不过，另外再用$\beta(I(\beta)>0)$表示上半平面上对应于无穷远点的那个点，于是，把上半平面双方单值并且共形地映射成我们的外部区域的函数$w=f(z)$就是

$$w=C\int_0^z\frac{(t-a_1)^{\alpha_1-1}\cdots(t-a_n)^{\alpha_n-1}}{(t-\beta)^2(t-\bar{\beta})^2}\mathrm{d}t+C_1 \qquad (66)$$

对于这个公式的讨论，可以按照第 3 段中的步骤进行. 这一点我们留给读者自己来完成它.

二、单叶函数的一般性质

设$w=f(z)$是一个把圆$|z|<1$双方单值并且共形地映射成w平面上的一个单连通区域D的函数. 下面，我们假定区域D不包含无穷远点，换句话说，无穷远点不是区域D的内点. 也就是说，我们假定函数$f(z)$在单位圆$|z|<1$内是全纯的.

我们不妨假定 $f(0)=0$，这不致丧失一般性，因为否则我们总可以讨论函数 $f(z)-f(0)$，而这在几何上来说，只表示把区域 D 平移了一下而已. 因为对于圆 $|z|<1$ 而言，$z=0$ 是一个内点，所以它的对应点 $w=0$ 也是区域 D 的内点. 显然，我们可以把函数 $w=f(z)$ 表成级数的形式

$$w=a_1z+a_2z^2+\cdots$$

由于函数 w 在圆 $|z|<1$ 内是全纯的，这个展开式在整个圆内都是成立的. 另外，因为 z 与 w 之间的对应关系是双方单值的，所以 $\frac{\mathrm{d}w}{\mathrm{d}z}$ 在圆 $|z|<1$ 内不等于零. 特别是，我们令 $z=0$，就知道系数 $a_1=f'(0)$ 不等于零. 因此，在讨论中可以只考虑函数

$$\frac{w}{a_1}=z+\frac{a_2}{a_1}z^2+\cdots$$

这样得到的结果是可以一般化的，只要代替 $f(x)$ 我们去考虑 $a_1f(x)$，也就是说，只要把区域 D 加以旋转与相似变换就行.

因此，我们要讨论的函数是

$$w=f(z)=z+a_2z^2+\cdots \tag{1}$$

它是单位圆 $|z|<1$ 内的一个全纯的单叶函数，当 $z=0$ 时它等于零，并且在它的展开式中，z 的系数等于 1.

为简单计算，我们把满足条件 $f(0)=0$，$f'(0)=1$ 的函数称为是已经标准化的函数. 这种函数有一个值得特别注意的点是，我们可以找到绝对一般的界限，使得这种函数的模不超出这些界限. 同样地，也可以为 $|f'(z)|$ 与 $|\arg f'(z)|$ 找到这种界限. 在我们下面确定了系数的模的上界之后，我们就可以得到这里所说的结果.

(一) 系数问题

对于圆 $|z|<1$ 内的一个全纯的、单叶的并且已经标准化的函数来说，要想求得它的展开式中系数的模的上界，我们必须建立两个辅助定理，这两个定理通常称为内部面积定理与外部面积定理.

1. 内部面积定理

假定

$$w=f(z)=z+a_2z^2+a_3z^3+\cdots \tag{2}$$

是圆 $|z|<1$ 内的一个全纯函数. 我们来考虑圆 $|z|\leqslant r(r<1)$ 以

及用 $w=f(z)$ 映射这个圆所得到的象区域 $\overline{D}_r$. 一般地说,如果给定的函数不是单叶的,区域 $\overline{D}_r$ 就是多叶的. 我们的问题就在于要确定这个区域 $\overline{D}_r$ 的面积的大小. 这个面积可以表示为积分

$$\int_0^r\int_0^{2\pi} |f'(\zeta)|^2\rho\mathrm{d}\rho\mathrm{d}\varphi$$

因此问题就归结到要去计算这个积分.

由于 $|f'(\zeta)|^2=f'(\zeta)\overline{f'(\zeta)}$,我们得到

$$\int_0^r\int_0^{2\pi} |f'(\zeta)|^2\rho\mathrm{d}\rho\mathrm{d}\varphi=$$

$$\int_0^r\int_0^{2\pi}(1+2a_2\zeta+3a_3\zeta^2+\cdots)(1+2\bar{a}_2\zeta+3\bar{a}_3\zeta^2+\cdots)\rho\mathrm{d}\rho\mathrm{d}\varphi=$$

$$\int_0^r 2\pi\rho(1+4|a_2|^2\rho^2+9|a_3|^2\rho^4+\cdots+$$

$$n^2|a_n|^2\rho^{2n-2}+\cdots)\mathrm{d}\rho$$

把这个积分直接算出来,我们得到区域 $\overline{D}_r$ 的面积的值是

$$\pi(r^2+2|a_2|^2r^4+3|a_3|^2r^6+\cdots+n|a_n|^2r^{2n}+\cdots) \quad (3)$$

由于区域 D 是用函数 $w=f(z)$ 映射圆 $|z|<1$ 所得到的象,按照定义,我们取 $\overline{D}_r$ 的面积,当 r 趋向 1 时,所趋的极限来作为 D 的面积. 但因为当 r 增加时,式(3) 所表达的 $\overline{D}_r$ 的面积也增加,所以这里只有两种可能的情形:

(1) 区域 $\overline{D}_r$ 的面积,即表达式(3),当 $r\to1$ 时趋向一个确定的有限值,这就是区域 D 的面积的值.

(2) 区域 $\overline{D}_r$ 的面积,即表达式(3),当 $r\to1$ 时无穷增大,在这种情形,区域 D 的面积是无穷大.

先来考虑第一种情形,我们要指出,这时级数 $\sum\limits_{n=2}^{\infty}n|a_n|^2$ 是收敛的. 实际上,级数 $\sum\limits_{n=2}^{\infty}n|a_n|^2r^{2n}$ 当 $0<r<1$ 时是有界的,因为根据假设它渐增地趋向一个有限的极限. 我们现在假定级数 $\sum\limits_{n=2}^{\infty}n|a_n|^2$ 发散,然后从级数 $\sum\limits_{n=2}^{\infty}n|a_n|^2r^{2n}$ 的有界性这个条件推出一个矛盾来.

事实上，这两个级数的前 $n-1$ 项之差是

$$\delta_n = 2|a_2|^2(1-r^4)+\cdots+n|a_n|^2(1-r^{2n})$$

取 $1-r=\frac{1}{2n^4}$，我们可以证明，不管 n 怎样，δ_n 总是有界的．为此，我们先注意

$$1-r^p=(1-r)(1+r+r^2+\cdots+r^{p-1})<p(1-r)$$

由此得到

$$\delta_n<(1-r)[2\cdot 4|a_2|^2+\cdots+n\cdot 2n|a_n|^2]$$

再代入 $1-r=\frac{1}{2n^4}$，就得到

$$\delta_n<\frac{|a_2|^2}{2^2}+\cdots+\frac{|a_n|^2}{n^2}<\frac{|a_2|^2}{2^2}+\cdots+\frac{|a_n|^2}{n^2}+\cdots$$

由此可见，δ_n 比后面这个级数的和为小，而这个级数是收敛的，因为根据当 $0<r<1$ 时式(3)是有界的这个条件，全体 $|a_n|$ 是有界的．

因此，如果 $2|a_2|^2+\cdots+n|a_n|^2$ 跟随 n 一起无限增大，那么表达式 $2|a_2|^2r^4+\cdots+n|a_n|^2r^{2n}$ 也要如此，其中 $r=1-\frac{1}{2n^4}$，这就表明当 $r=1-\frac{1}{2n^4}$ 趋向 1 时，级数

$$2|a_2|^2r^4+\cdots+n|a_n|^2r^{2n}+\cdots$$

的和也同样要无限增大，这与假设相矛盾．

因此，在我们所考虑的情形(1)当区域 D 有有限面积时，级数 $\sum_{n=2}^{\infty}n|a_n|^2$ 是收敛的．因此，我们有

$$\lim_{r\to 1}\sum_{n=2}^{\infty}n|a_n|^2r^{2n}=\sum_{n=2}^{\infty}n|a_n|^2 \tag{4}$$

在表达区域 $\overline{D}_r$ 的面积的式(3)中取极限，令 $r\to 1$，我们就得到区域 D 的面积的值

$$\pi+\pi\sum_{n=2}^{\infty}n|a_n|^2 \tag{5}$$

至于情形(2)，即当区域 D 的面积是无穷大时，区域 D 的面积公式(5)仍然是有效的，因为这时式中的无穷级数 $\sum_{n=2}^{\infty}n|a_n|^2$ 发

散. 实际上,如果级数 $\sum_{n=2}^{\infty} n \mid a_n \mid^2$ 收敛,那么关系式(4) 就要成立,而这就说明当 $r \to 1$ 时式(3) 趋于一个有限的极限;这个极限,根据定义,就是区域 D 的面积,这与区域 D 的面积是无穷大的假设相矛盾.

因此,我们已经完全证明了以下这个称为内部面积定理的命题.

假如 $w = f(z) = z + a_2 z^2 + \cdots$ 是圆 $\mid z \mid < 1$ 内的一个已经标准化的全纯函数,则这个函数把圆 $\mid z \mid < 1$ 共形地映射成一个(一般说来是多叶的) 区域 D,面积由公式(5) 决定.

特别是由此可以推出,在所有这些满足面积定理的条件的函数 $f(z)$ 中,使面积最小的映射只能由函数 $w=z$ 构成,换句话说,当 D 与原来的区域(即单位圆) 重合时,映射成的区域 D 的面积才达到最小值.

2. 外部面积定理

通常称为外部面积定理的命题如下:如果

$$w = \zeta + \frac{a_1}{\zeta} + \frac{a_2}{\zeta^2} + \cdots = \varphi(\zeta)$$

是区域 $\mid \zeta \mid > 1$ 内的一个单叶函数,并且除去在无穷远点有一个极点,它在整个区域内都是全纯的,那么我们有

$$\sum_{n=1}^{\infty} n \mid a_n \mid^2 \leqslant 1$$

这个命题之所以称为面积定理,是因为它是下述几何事实的解析表达.

用单叶函数 $w=\varphi(\zeta)$ 映射单位圆的外部 $\mid \zeta \mid > 1$ 所成的象,必然盖不满整个 w 平面而要留下一个面积大于或等于零的集合.

从这个几何解释立刻可以看出证明的方法.

最简单的方法,是这样的:把圆周 $\mid \zeta \mid = r, r > 1$ 映射成一条闭的正则的解析曲线,如果令 $\zeta = re^{i\theta}$,那么这条曲线的方程就是 $w = w(\theta) = \varphi(re^{i\theta})$,然后,我们计算这条曲线所包围的有限区域的面积 A,令 $w = u + iv$,则

$$A = \int_0^{2\pi} uv' \mathrm{d}\theta = \int_0^{2\pi} \frac{w(\theta) + \overline{w}(\theta)}{2} \cdot \frac{w'(\theta) - \overline{w}'(\theta)}{2i} \mathrm{d}\theta =$$

$$\int_0^{2\pi}\left\{\frac{re^{i\theta}+re^{-i\theta}}{2}-\sum_{n=1}^{\infty}\frac{a_n e^{-in\theta}+\bar{a}_n e^{in\theta}}{2r^n}\right\}\cdot$$
$$\left\{\frac{re^{i\theta}+re^{-i\theta}}{2}-\sum_{n=1}^{\infty}\frac{na_n e^{-in\theta}+n\bar{a}_n e^{in\theta}}{2r^n}\right\}d\theta$$

实际做完这个计算，则由于所有包含 $e^{i\theta}$ 而方幂是异于零的整数的项在积分结果中都得到零，所以我们得到

$$A=\pi r^2-\pi\sum_{n=1}^{\infty}\frac{n\mid a_n\mid^2}{r^{2n}}$$

显然，就几何上来看，有 $A>0$，换句话说

$$\sum_{n=1}^{\infty}\frac{n\mid a_n\mid^2}{r^{2n}}<r^2 \tag{6}$$

跟第一段中一样，我们可以证明级数 $\sum\limits_{n=1}^{\infty}n\mid a_n\mid^2$ 是收敛的，于是，令 $r\to 1$，在不等式(6) 中取极限，就得到

$$\sum_{n=1}^{\infty}n\mid a_n\mid^2\leqslant 1$$

3. 在单叶函数展开式中含 z^2 项系数的模的上界

设 $w=f(z)=z+a_2z^2+\cdots$ 构成圆 $\mid z\mid<1$ 的一个单叶映射，我们不难证明

$$F(z)=\sqrt{f(z^2)}=z+\frac{1}{2}a_2z^3+\cdots$$

也同样构成圆 $\mid z\mid<1$ 的一个单叶映射. 为此，我们要证明只有当 $z_1=z_2$ 时才能有 $f(z_1)=f(z_2)$.

事实上，从等式 $F(z_1)=F(z_2)$ 可知$[F(z_1)]^2=[F(z_2)]^2$，或即 $f(z_1^2)=f(z_2^2)$. 因为 $f(z)$ 是一个单叶函数，所以最后这个等式说明：$z_1^2=z_2^2$，换句话说，不是 $z_1=z_2$ 就是 $z_1=-z_2$. 但是这里后一个等式与假设 $F(z_1)=F(z_2)$ 矛盾，因为由于函数 $F(z)$ 是一个奇函数，从 $z_1=-z_2$ 应该得出 $F(z_1)=-F(z_2)$. 因此，$F(z)$ 在圆 $\mid z\mid<1$ 内的确是一个单叶函数.

这个结论也可以由另外的方法得到. 用函数 z^2 可以把圆 $\mid z\mid<1$ 变成一个以 $z=0$ 为支点的双叶单位圆，再用 $f(z^2)$ 把这个双叶单位圆映射成一个同样以 $z=0$ 为支点的区域. 最后，在过渡到 $\sqrt{f(z^2)}$ 时，再去掉这种分支现象.

显然，函数 $\Phi(\zeta)=\dfrac{1}{F\left(\dfrac{1}{\zeta}\right)}$ 单叶地映射单位圆的外部区域 $|\zeta|>1$,并且当 $|\zeta|>1$ 时有下列展开式

$$\Phi(\zeta)=\zeta-\frac{1}{2}a_2\frac{1}{\zeta}+\cdots$$

根据外部面积定理(第 2 段),我们有$\dfrac{1}{2}|a_n|\leqslant 1$,因而 $|a_n|\leqslant 2$. 这样,我们已经证明了一个命题:如果 $w=z+a_2z^2+\cdots$ 在圆 $|z|<1$ 内是一个单叶的全纯函数,则 $|a_2|\leqslant 2$.

一个值得注意的事实是:这个界限不能再缩小了. 实际上,函数

$$\frac{z}{(1-z)^2}=z+2z^2+3z^3+\cdots$$

已经达到了这个界限,因为这个函数正是单叶地把圆 $|z|<1$ 映射成一个以实轴上 $-\dfrac{1}{4}$ 到 $-\infty$ 的那个线段为整个边界的区域.

要证明这一点,可以不必考虑 $f(z)=\dfrac{z}{(1-z)^2}$,而去考虑函数 $\varphi(\zeta)=\dfrac{1}{f\left(\dfrac{1}{\zeta}\right)}=\dfrac{\left(1-\dfrac{1}{\zeta}\right)^2}{\dfrac{1}{\zeta}}=\zeta+\dfrac{1}{\zeta}-2$,并且证明这个函数单叶地把 $|\zeta|>1$ 映射成以实轴上 -4 与 0 之间的那个线段为边界的区域就行了,但是这一点我们已经证明过了.

4. 柯比常数

我们再来考虑在 $|z|<1$ 内全纯的单叶函数

$$w=f(z)=z+a_2z^2+\cdots$$

假定在 $|z|<1$ 内,$f(z)\neq c$. 于是当 $c\neq 0$ 时函数

$$f_1(z)=\frac{cf(z)}{c-f(z)}=z+\left(a_2+\frac{1}{c}\right)z^2+\cdots$$

在圆 $|z|<1$ 内是单叶的并且也是全纯的. 因此,根据第 3 段,我们有 $\left|a_2+\dfrac{1}{c}\right|\leqslant 2$,也就是 $|c|>\dfrac{1}{4}$,因为 $|a_2|\leqslant 2$. 由此可见:用 $w=f(z)$ 映射单位圆所成的区域,不会有任何一个边界点离原点

的距离小于$\frac{1}{4}$. 换句话说，用$w=f(z)$映射单位圆所成的区域的边界，离坐标原点的距离至少是$\frac{1}{4}$.

以上得到的这个界限$\frac{1}{4}$是不能再改善的，因为有这样的函数存在能达到这个界限. 我们可以再用$\frac{z}{(1-z)^2}$为例，在第 3 段末曾经看到，用这个函数映射成的区域的边界，离原点的距离恰好等于$\frac{1}{4}$. 这个界限$\frac{1}{4}$称为柯比常数.

5. 变形定理

现在我们进而讨论所谓变形定理，再假定

$$f(z)=z+a_2z^2+\cdots$$

在圆$|z|<1$内是全纯而且单叶的. 作表达式：$f\left(\frac{\zeta+z}{1+\zeta\bar{z}}\right)$，如果看作$\zeta$的一个函数，这个表达式也是一个在单位圆$|\zeta|<1$内全纯的单叶函数，因为线性变换$\frac{\zeta+z}{1+\zeta\bar{z}}$把单位圆双方单值地变成单位圆本身. 我们要把这个表达式标准化，这可以考虑函数

$$g(\zeta)=\frac{f\left(\frac{\zeta+z}{1+\zeta\bar{z}}\right)-f(z)}{f'(z)(1-z\bar{z})}$$

这个函数在圆$|\zeta|<1$内是全纯的和单叶的，并且具有如下的幂级数展开式

$$g(\zeta)=\zeta+\beta_2\zeta^2+\cdots$$

从泰勒公式，可以算出系数β_2为

$$\beta_2=\frac{1}{2}g''(0)=\frac{1}{2}\left[\frac{f''(z)(1-z\bar{z})}{f(z)}-2\bar{z}\right]$$

因为根据第 3 段有$|\beta_2|\leqslant 2$，故$\left|\frac{f''(z)(1-z\bar{z})}{f'(z)}-2\bar{z}\right|\leqslant 4$. 用$1-z\bar{z}$除，再用$|z|$去乘，我们就得到

$$\left|\frac{zf''(z)}{f'(z)}-\frac{2|z|^2}{1-|z|^2}\right|\leqslant\frac{4|z|}{1-|z|^2}$$

由此可见

$$-\frac{4|z|}{1-|z|^2}\leqslant R\left(\frac{zf''(z)}{f'(z)}\right)-\frac{2|z|^2}{1-|z|^2}\leqslant\frac{4|z|}{1-|z|^2}$$

或即

$$\frac{2|z|^2-4|z|}{1-|z|^2}\leqslant R\left(\frac{zf''(z)}{f'(z)}\right)\leqslant\frac{2|z|^2+4|z|}{1-|z|^2} \tag{7}$$

由于

$$\frac{zf''(z)}{f'(z)}=\frac{\mathrm{d}\ln f'(z)}{\mathrm{d}\ln z}=\frac{\partial\ln f'(z)}{\partial\ln|z|}=|z|\frac{\partial\ln f'(z)}{\partial|z|}$$

从不等式(7)我们求出

$$\frac{2|z|^2-4|z|}{1-|z|^2}\leqslant|z|\frac{\partial}{\partial|z|}R\ln f'(z)\leqslant\frac{2|z|^2+4|z|}{1-|z|^2}$$

或者消去 $|z|$ 并代入 $R\ln f'(z)=\ln|f'(z)|$

$$\frac{2|z|-4}{1-|z_0|^2}\leqslant\frac{\partial}{\partial|z|}\ln|f'(z)|\leqslant\frac{2|z|+4}{1-|z|^2} \tag{8}$$

最后,把不等式(8)从 0 积分到 $|z|$ 我们得到

$$\frac{1-|z|}{(1+|z|)^3}\leqslant|f'(z)|\leqslant\frac{1+|z|}{(1-|z|)^3} \tag{9}$$

这就是 $|f'(z)|$ 界于其间的上、下两个界限.这些界限是最好的界限,因为函数 $\frac{z}{(1-z)^2}$ 达到了它们,这个函数的导函数等于 $\frac{1+z}{(1-z)^3}$.

不等式(9)就是所谓变形定理.这个定理指出不管是哪一个在圆 $|z|<1$ 内全纯的单叶函数,只要它在原点是已经标准化的,那么,当用这个函数作映射时,在点 z 的长度总是界于两个只与 $|z|$ 有关的有限数之间的.

不用不等式(9),变形定理还可以用其他若干形式表达出来.

因为 $f'(z)$ 在圆 $|z|<r<1$ 内没有零点,所以对于适合 $|z|\leqslant r$ 的 z 来说,$f'(z)$ 的模的最大与最小值都在圆周 $|z|=r$ 上达到.因此,从不等式(9)得到

$$\frac{1-r}{(1+r)^3}\leqslant|f'(z)|\leqslant\frac{1+r}{(1-r)^3},\text{只要 } |z|\leqslant r \tag{10}$$

最后,如果 z_1 与 z_2 是圆 $|z|\leqslant r$ 上的两点,那么

$$\frac{1-r}{(1+r)^3}\leqslant|f'(z_1)|\leqslant\frac{1+r}{(1-r)^3}$$

$$\frac{1-r}{(1+r)^3} \leqslant | f'(z_2) | \leqslant \frac{1+r}{(1-r)^3}$$

由此得

$$\left(\frac{1-r}{1+r}\right)^4 \leqslant \left|\frac{f'(z_1)}{f'(z_2)}\right| \leqslant \left(\frac{1+r}{1-r}\right)^4 \tag{11}$$

6. 单叶函数的模的界限

由于 $| f(z) | = \left| \int_0^z f'(z) \mathrm{d}z \right|$，其中积分是沿通过点 z 的半径取的，我们得到

$$| f(z) | \leqslant \int_0^{|z|} | f'(z) | \mathrm{d} | z |$$

利用不等式(9) 的第二部分，我们得到

$$| f(z) | \leqslant \int_0^{|z|} \frac{1+| z |}{(1-| z |)^3} \mathrm{d} | z | = \frac{| z |}{(1-| z |)^2} \tag{12}$$

要找下界，我们可以以点 0 为中心通过点 z 作一个圆周 C 并设函数 $f(z)$ 把圆周 C 映射成曲线 Γ. 我们用直线联结点 $f(z)$ 与点 $f(0)=0$，并记出这个线段与 Γ 的交点中离原点最近的一个. 若 z_1 是 C 上对应的点，则所求出的点的附标是 $f(z_1)$. 函数 $f(z)$ 把联结点 0 与 z_1 的某一条曲线映射成点 $f(z_1)$ 的矢量半径，我们把这条曲线的方程记作 $t=t(s)$，于是我们得到

$$| f(z) | \geqslant | f(z_1) | = \int_0^{z_1} | f'(t) | | \mathrm{d}t |$$

其中积分是沿曲线 $t=t(s)$ 取的. 根据不等式(9) $| f'(t) | \geqslant \frac{1-| t |}{(1+| t |)^3}$，因此

$$| f(z) | \geqslant \int_0^{z_1} \frac{1-| t |}{(1+| t |)^3} | \mathrm{d}t | \geqslant \int_0^{|z_1|} \frac{1-| t |}{(1+| t |)^3} \mathrm{d} | t | = \frac{| z_1 |}{(1+| z_1 |)^2}$$

由于 $| z_1 | = | z |$，我们得到

$$| f(z) | \geqslant \frac{| z |}{(1+| z |)^2} \tag{13}$$

结合(12) 与(13) 两个不等式，可以把最后结果写成

$$\frac{| z |}{(1+| z |)^2} \leqslant | f(z) | \leqslant \frac{| z |}{(1-| z |)^2} \tag{14}$$

这样得到的 $|f(z)|$ 界限是最好的界限，因为函数 $\dfrac{z}{(1-z)^2}$ 就达到了这两个界限.

不等式(14) 左边，包含了第四段中关于边界点位置的已知结果，因为当 $|z| \to 1$ 时，$|f(z)|$ 的下界趋于 $\dfrac{1}{4}$. 不等式(14) 的右边限制了在单位圆内全纯的单叶函数的变动范围.

当点 z 逼近圆周时，函数的模可以无穷增大，但是不管怎样，它仅仅是到圆周的距离倒数的平方. 现在我们可以来推断以下这一般命题的正确性：设 D 是包含点 $z=0$ 的一个任意的单叶区域，而 $f(z)$ 是区域 D 内的一个全纯函数，它单叶地映射区域 D. 又设 G 是属于区域 D 的任意一个闭集合. 在这些条件下，一定有一个仅与 D 及 G 有关而与 $f(z)$ 无关的数 M 存在，使得在整个 G 上都有

$$|f(z)| < |f(0)| + |f'(0)| M$$

要证明这个命题，可以先注意到

$$\varphi(z) = \frac{f(z) - f(0)}{f(0)}$$

是在 D 内全纯的一个单叶函数.

因此，对于一个以 $z=0$ 为中心的充分小的圆，我们就可以利用不等式(14)，明确地说，如果圆 $|z| < R$ 属于区域 D，那么在圆 $|z| \leqslant \theta R\,(0 < \theta < 1)$ 内，我们有

$$|\varphi(z)| \leqslant \frac{\theta}{(1-\theta)^2}$$

这就证明

$$|f(z)| < |f(0)| + |f'(0)| \frac{\theta}{(1-\theta)^2} \tag{15}$$

现在，与进行解析开拓时一样，从以 $z=0$ 为中心的圆出发，用一串有限个圆把给定的集合覆盖起来. 串内第二个圆的中心 z_0 是在第一个圆内，在这第二个圆内，我们有

$$\left|\frac{f(z) - f(z_0)}{f'(z_0)}\right| \leqslant \frac{\theta}{(1-\theta)^2}$$

换句话说，就是

$$|f(z)| < |f(z_0)| + |f'(z_0)| \frac{\theta}{(1-\theta)^2}$$

因为

$$|f(z_0)|<|f(0)|+|f'(z_0)|\frac{\theta}{(1-\theta)^2}$$

并且

$$|f'(z_0)|<|f'(0)|\frac{1+\theta}{(1-\theta)^2}$$

所以我们得出

$$|f(z)|<|f(0)|+|f'(0)|\frac{\theta}{(1-\theta)^2}\left[1+\frac{1+\theta}{(1-\theta)^3}\right] \tag{16}$$

比较(15)与(16),可以看出,不等式(16)同时在这两个圆内部都成立.把这个步骤继续进行下去,我们就可以断定,对于串内所有的圆而言(对于整个点集 G 来说,当然更是如此),都有不等式

$$|f(z)|<|f(0)|+|f'(0)|M$$

其中数 M 与函数 $f(z)$ 的形状无关.

7. 旋转定理

从第 5 段中建立的不等式

$$\left|\frac{zf''(z)}{f'(z)}-\frac{2|z|^2}{1-|z|^2}\right|\leqslant\frac{4|z|}{1-|z|^2}$$

(其中 $f(z)$ 是在单位圆 $|z|<1$ 内已经标准化的一个全纯单叶函数),我们得到

$$-\frac{4|z|}{1-|z|^2}\leqslant I\left(\frac{zf''(z)}{f'(z)}\right)\leqslant\frac{4|z|}{1-|z|^2}$$

在第 5 段中我们已经指出过

$$\frac{zf''(z)}{f'(z)}=|z|\frac{\partial\ln f'(z)}{\partial|z|}$$

由此我们得

$$I\left(\frac{zf''(z)}{f'(z)}\right)=|z|\frac{\partial}{\partial|z|}\arg f'(z)$$

因为

$$I\ln f'(z)=\arg f'(z)$$

因此,我们有

$$-\frac{4}{1-|z|^2}\leqslant\frac{\partial}{\partial(z)}\arg f'(z)\leqslant\frac{4}{1-|z|^2}$$

把这个不等式对于 $|z|$ 求积分,我们就得到所谓旋转定理

$$|\arg f'(z)| \leqslant 2\ln\frac{1+|z|}{1-|z|} \tag{17}$$

这个命题是变形定理的一个自然的补充，因为它控制着在单叶映射下方向的变化.

8. 单叶函数展开式中系数的模的一般界限

我们再回到在单位圆 $|z|<1$ 内全纯的单叶函数 $f(z)$，并假定它已经按照条件 $f(0)=0, f'(0)=1$ 加以标准化

$$f(z)=z+a_2z^2+\cdots+a_nz^n+\cdots$$

对于任何一个 $r(r<1)$，我们都有

$$a_nr^n=\frac{1}{2\pi}\int_0^{2\pi}f(re^{i\varphi})e^{-in\varphi}d\varphi$$

这说明(令 $r=\rho^2$)

$$|a_n|r^n\leqslant\frac{1}{2\pi}\int_0^{2\pi}|f(re^{i\varphi})|d\varphi=\frac{1}{2\pi}\int_0^{2\pi}|f(\rho^2e^{i\varphi})|d\varphi$$

或者，更近一步

$$\begin{aligned}|a_n|r^n\leqslant\frac{1}{2\pi}\int_0^{2\pi}|f(\rho^2e^{i\varphi})|d\varphi=\frac{1}{2\pi}\int_0^{4\pi}|f(\rho^2e^{i\varphi})|\frac{d\varphi}{2}=\\ \frac{1}{2\pi}\int_0^{2\pi}|f(\rho^2e^{2i\varphi})|d\Psi=\\ \frac{1}{2\pi}\int_0^{2\pi}\left|\sqrt{f(\rho^2e^{2i\Psi})}\right|^2d\Psi\end{aligned} \tag{18}$$

令 $F(\zeta)=\sqrt{f(\zeta^2)}$，$\zeta=\rho^{e^{i\Psi}}=\sqrt{r}e^{i\Psi}$，我们可以把式(18)改写成

$$|a_n|r^n\leqslant\frac{1}{2\pi}\int_0^{2\pi}|F(\zeta)|^2d\Psi \tag{19}$$

现在假定

$$F(\zeta)=\zeta+b_2\zeta^2+\cdots, b_1=1$$

于是(19)还可以表示成

$$|a_n|r^n\leqslant\sum_{n=1}^{\infty}|b_n|^2\rho^{2n}=2\int_0^{\rho}\sum_{n=1}^{\infty}n|b_n|^2\rho^{2n-1}d\rho$$

这个积分的被积函数，显然等于用函数 $F(\zeta)$ 映射圆 $|\zeta|\leqslant\rho$ 所成的区域的面积除以 $\pi\rho$(第1段). 由于这个区域的面积自然不会超

过以 $|F(\zeta)|$ 在圆 $|\zeta|\leqslant\rho$ 上的最大值为半径的圆面积，所以我们得到

$$|a_n|r^n\leqslant 2\int_0^\rho \frac{1}{\pi\rho}\pi\max_{|\zeta|=\rho}|F(\zeta)|^2\mathrm{d}\rho \tag{20}$$

因为 $F(\zeta)=\sqrt{f(\zeta^2)}$，按照第 6 段的定理，就有 $|f(\zeta^2)|\leqslant\frac{\rho^2}{(1-\rho^2)^2}$，因而

$$|F(\zeta)|\leqslant\frac{\rho}{1-\rho^2}$$

这样一来，不等式(20) 就可以写成

$$|a_n|r^n\leqslant 2\int_0^\rho \frac{1}{\rho}\frac{\rho^2}{(1-\rho^2)^2}\mathrm{d}\rho=\frac{\rho^2}{1-\rho^2}$$

或者再引用等式 $\rho=\sqrt{r}$

$$|a_n|r^n\leqslant\frac{r}{1-r}$$

因为 r 是任意一个比 1 小的数，特别可以令

$$r=1-\frac{1}{n}$$

于是，我们得到

$$|a_n|<\frac{n}{\left(1-\frac{1}{n}\right)^{n-1}}=n\left(1+\frac{1}{n-1}\right)^{n-1}<\mathrm{e}n$$

因为对于任何一个 $n(n\geqslant 2)$，都有

$$\left(1+\frac{1}{n-1}\right)^{n-1}<\mathrm{e}$$

以上所得到的不等式 $|a_n|<\mathrm{e}n$ 表明，只要单叶函数在原点标准化之后，它的展开式中每一个系数的模就都有不随函数的形式改变的固定的上界.

虽然完全有理由假定 $|a_n|\leqslant n$(这个猜想的界限 n 为函数 $\frac{z}{(1-z)^2}=\sum_{n=1}^{\infty}nz^n$ 所达到)，但这一点到现在为止还没有得到证明. 不过，除了第 3 段的结果之外，我们可以证明，只要所有的系数都是实数，就一定有 $|a_n|\leqslant n$.

9. 在单叶函数展开式中实系数的模的共同界限

刚才第 8 段末提到的结果,可以借助下述的预备定理来证明:如果$f(z)=1+b_1z+b_2z^2+\cdots+b_nz^n+\cdots$在单位圆$|z|<1$内是全纯的,并且满足条件$Rf(z)\geqslant 0$,那么对于任何一个$n=1,2,\cdots$,都有$|b_n|<2$. 事实上,条件$Rf(z)\geqslant 0$相当于不等式$|f(z)-1|\leqslant|f(z)+1|$,从这个不等式可以推知函数

$$g(z)=\frac{f(z)-1}{f(z)+1}=\frac{b_1}{2}z+\cdots$$

在单位圆$|z|<1$内全纯并满足条件$|g(z)|\leqslant 1$. 因此有$\left|\frac{b_1}{2}\right|=|g'(0)|\leqslant 1$,亦即$|b_1|\leqslant 2$. 现在用$\omega_k$,$k=1,2,\cdots,n$来表示 1 的$n$个$n$次根,我们就有

$$R\left(\frac{1}{n}\sum_{k=1}^{n}f(\omega_k z^{\frac{1}{n}})\right)\geqslant 0$$

这说明函数

$$\frac{1}{n}\sum_{k=1}^{n}f(\omega_k z^{\frac{1}{n}})=1+b_nz+\cdots$$

满足预备定理中的一切条件. 根据已经证明的部分(即$|b_1|\leqslant 2$),就得出$|b_n|\leqslant 2$,这里$n=1,2,\cdots$.

现在设$f(z)=z+a_2z^2+\cdots$是一个在单位圆$|z|<1$内全纯的单叶函数并且它所有的系数a_n都是实数.

根据函数$f(z)$的单叶性,对于单位圆$|z|<1$内的任意两点z_1与z_2,表达式

$$\frac{f(z_1)-f(z_2)}{z_1-z_2}=1+\sum_{n=2}^{\infty}a_n\frac{z_1^n-z_2^n}{z_1-z_2}\neq 0$$

由此可见,特别当$z_1=re^{i\varphi}$,$z_2=re^{-i\varphi}$,$r<1$时,表达式$F(r,\varphi)=1+\sum_{n=2}^{\infty}a_nr^{n-1}\cdot\frac{\sin n\varphi}{\sin\varphi}$,是异于零的实数,换句话说,当$r<1$而$\varphi$取任意值时,它总不变号. 因此,表达式

$$\begin{aligned}2\sin^2\varphi\cdot F(r,\varphi)=1+a_2r\cos\varphi+(a_3r^2-1)\cos 2\varphi+\\(a_4r^2-a_2)r\cos 3\varphi+\cdots+\\(a_nr^2-a_{n-2})r^{n-3}\cos(n-1)\varphi+\cdots\end{aligned}$$

也不变号,又因为当$r=0$时,它等于 1,所以它的符号是正的. 由此

我们可以做出结论：函数

$$F(z)=1+a_2rz+(a_3r^2-1)z^2+(a_4r^2-a_2)rz^3+\cdots+(a_nr^2-a_{n-2})r^{n-2}z^{n-1}+\cdots$$

在单位圆 $|z|\leqslant 1$ 内是全纯的，并且在圆周 $|z|=1$ 上满足条件 $RF(z)\geqslant 0$. 根据调和函数的最小值原则，在圆 $|z|<1$ 内也应该有不等式 $RF(z)\geqslant 0$. 因此根据预备定理，我们得到下列各不等式

$$|a_2|r\leqslant 2,\quad |a_3r^2-1|\leqslant 2,\quad |a_4r^2-a_2|r\leqslant 2,\quad \cdots\quad |a_nr^2-a_{n-2}|r^{n-3}\leqslant 2,\quad \cdots$$

令 $r\to 1$，即得

$$|a_2|\leqslant 2,\quad |a_3-1|\leqslant 2,\quad |a_4-a_2|\leqslant 2,\quad \cdots,\quad |a_n-a_{n-1}|\leqslant 2,\quad \cdots$$

由此可以用归纳法推出：对于任何一个 n 都有 $|a_n|\leqslant n$.

(二) 凸性界限与星性界限

1. 凸性界限

我们回头来研究不等式(7) 的几何解释，这个在(一)，第 5 段中对于在单位圆内全纯的单叶函数所建立的不等式是

$$R\left(\frac{zf''(z)}{f'(z)}\right)\geqslant\frac{2|z|^2-4|z|}{1-|z|^2}\tag{7}$$

我们要得到它的几何解释，只要来考虑圆周 $|z|=r$ 的映射象. 圆周 $|z|=r$ 上在点 $z=re^{i\varphi}$ 的切线正方向的角是 $\frac{\pi}{2}+\varphi$. 在象点 $f(z)$ 与象曲线相切的方向是 $\tau=\frac{\pi}{2}+\varphi+\arg f'(z)$. 注意曲线的曲率是 $\frac{d\tau}{ds}=\frac{\frac{d\tau}{d\varphi}}{\frac{ds}{d\varphi}}$，我们把 τ 对 φ 微分

$$\frac{d\tau}{d\varphi}=1+\frac{\partial}{\partial\varphi}\arg f'(z)$$

另外

$$\frac{zf''(z)}{f'(z)}=\frac{d\ln f'(z)}{d\ln z}=\frac{1}{i}\frac{\partial\ln f'(z)}{\partial\varphi}$$

这就说明

$$R\left(\frac{zf''(z)}{f'(z)}\right)=\frac{\partial}{\partial\varphi}\arg f'(z)$$

[因为 $\ln f'(z)=\ln|f'(z)|+\mathrm{i}\arg f'(z)$]，因此，我们有

$$\frac{\mathrm{d}\tau}{\mathrm{d}\varphi}=1+R\left(\frac{zf''(z)}{f'(z)}\right)$$

因为$\frac{\mathrm{d}\tau}{\mathrm{d}\varphi}$与曲线的曲率只差一个正因子$\frac{\mathrm{d}s}{\mathrm{d}\varphi}$，所以$\frac{\mathrm{d}\tau}{\mathrm{d}\varphi}$的符号与象曲线的曲率的符号相同. 因此表达式 $1+R\left(\frac{zf''(z)}{f'(z)}\right)$ 与象曲线的曲率的符号相同.

另外，根据不等式(7) 我们有

$$1+R\left(\frac{zf''(z)}{f'(z)}\right)\geqslant\frac{1-4|z|+|z|^2}{1-|z|^2}$$

今若上式左边的表达式当 $|z|=r$ 时是正的，则由以上的讨论知道圆周 $|z|=r$ 的映射象是一条凸的曲线.

由简单计算可以知道，当 $|z|<2-\sqrt{3}=0.26\cdots$ 时，以上不等式的右边永远是正的，而当 $|z|>2-\sqrt{3}$ 时永远是负的. 因此，对于圆 $|z|<1$ 的每一个单叶映射 $f(z)$ 来说，圆 $|z|<2-\sqrt{3}$ 被映射成一个凸区域. 此外，有以下这种情形存在，就是：圆 $|z|<2-\sqrt{3}$ 虽然被映射成凸区域，但再没有一个较大的同心圆也被映射成凸区域. 我们很容易由计算验明函数$\frac{z}{(1-z)^2}$ 就是这种情形. 因此，对于整个在单位圆内已经标准化的单叶函数族而言，我们找到的数 $2-\sqrt{3}$ 是最好的凸性界限.

2. 星性界限

本段我们要进而讨论所谓星形区域，来代替前段中的凸区域. 这是一种单叶区域，它包含点 $z=0$，并且与每一条通过点 $z=0$ 的直线相交成一个线段.

由第 1 段知道，应该有这样一个以 $z=0$ 为中心的圆存在，它在每一个单叶映射下都变成一个星形区域. 我们把这种圆中最大的

一个的半径 r 称为星性界限. 可以证明 $r=\operatorname{th}\frac{\pi}{4}=0.65\cdots$①.

如果圆 $|z|<r$ 变成星性区域,那么在从 $w=0$ 出发的每一条半射线上都应该有圆周 $|z|=r$ 的象曲线上的一个点. 因此,当点 z 描画圆周 $|z|=r$ 时,$\arg f(z)$ 应该永远顺着同一方向变化. 在分析上,这可以表示为以下的条件

$$\frac{\partial}{\partial\varphi}\arg f(z)=R\left(\frac{zf'(z)}{f(z)}\right)>0,\ |z|\leqslant r$$

因此,我们得到了一个判别法则:要想用 $f(z)$ 能把圆 $|z|<r$ 变成星性区域,除非我们有

$$R\left(\frac{zf'(z)}{f(z)}\right)>0$$

或者另外一个完全等价的说法,除非当 $|z|<r$ 时有

$$\left|\arg\frac{zf'(z)}{f(z)}\right|<\frac{\pi}{2}$$

这里我们要注意

$$\arg\frac{zf'(z)}{f(z)}=\arg f'(z)-\arg\frac{f(z)}{z}$$

是矢量 $f'(z)$ 与矢量 $\frac{f}{z}$ 所成的角. 矢量 $f'(z)$ 的方向(即 $\arg f'(z)$)告诉我们映射后线性元素方向的变化;而矢量 $\frac{f}{z}$ 的方向(即 $\arg\frac{f}{z}$)又告诉我们映射后辐角的变化. 因此,以上所述的判别法表明在圆 $|z|<r$ 内,方向的变化与辐角的变化之差始终小于 $\frac{\pi}{2}$,这件事实从几何观点来看是显而易见的.

(三) 构成把单位圆变成特殊区域的单叶共形映射的函数的性质

1. 星形函数与凸函数

所有在(一)1 中第 4,5,6 段对于任意单叶函数所建立的结果,

① 参考 Г. М. Голузин, Внутрѐнниѐ задачи тѐории одцлнстных Функцнй. Успѐхиматематических наук, выщ. Ⅳ.

当然也要适用于构成把圆 $|z|<1$ 变成星形区域的单叶共形映射的函数族(S)

$$w=f(z)=z+a_2z^2+\cdots+a_nz^n+\cdots$$

因为这些函数只是一般单叶函数的特殊情形. 另一方面我们又已经知道,所求得的界限为函数 $\frac{z}{(1-z)^2}$ 所达到,而这个函数又构成了一个把圆 $|z|<1$ 变成星形区域的映射. 因此,这个界限对于现在所考虑的函数族而言是最好的界限.

今设 $f(z)=zF'(z)$,由于

$$\frac{zf'(z)}{f(z)}=1+\frac{zF''(z)}{F'(z)}$$

我们知道

$$R\left(\frac{zf'(z)}{f(z)}\right)=1+R\left(\frac{zF''(z)}{F'(z)}\right) \tag{21}$$

因为上式左边符号为正说明了函数 $f(z)$ 所构成的映射是星形映射,而右边符号为正则表明函数 $F(z)$ 所构成的映射是凸映射,由此可见,函数 $f(z)$ 要把圆 $|z|<1$ 映射成星形区域,除非这个圆被函数 $F(z)$ 映射成凸区域,这里 $f(z)$ 与 $F(z)$ 的关系是

$$f(z)=zF'(z)$$

由此我们立刻可以找到凸函数(K)的变形定理的精确界限. 方法是这样的:由第 6 段我们得到

$$\frac{|z|}{(1+|z|)^2}\leqslant|zF'(z)|\leqslant\frac{|z|}{(1-|z|)^2}$$

或即

$$\frac{|z|}{(1+|z|)^2}\leqslant|F'(z)|\leqslant\frac{|z|}{(1-|z|)^2} \tag{22}$$

与第 6 段相仿,我们积分不等式(22) 就得到凸函数的模的界限

$$\frac{|z|}{1+|z|}\leqslant|F(z)|\leqslant\frac{|z|}{1-|z|} \tag{23}$$

以上得到的界限(22) 与(23) 是凸函数 $F(z)$ 的最好的界限. 实际上,这些界限都被函数 $w=\frac{z}{1-z}$ 达到,而这个函数构成圆 $|z|<1$ 的一个凸映射,把圆 $|z|<1$ 映射成半平面 $Rw>-\frac{1}{2}$. 在不等式(23) 的左边令 $|z|\to 1$,我们得到:圆 $|z|<1$ 的凸映射象的边界

距离原点至少等于$\frac{1}{2}$.这个常数是最好的,因为它被函数$w=\frac{z}{1-z}$达到.

2.凸函数与星形函数的展开式中系数的模的上界

我们来考虑函数族(K)

$$w=z+a_2z^2+\cdots$$

它们构成把圆$|z|<1$变成凸区域的单叶共形映射.我们要证明:不管$w(z)$是上述族(K)中的哪一个函数,都有

$$|a_n|\leqslant 1, n=2,3,\cdots$$

我们先假定$w(z)$把圆$|z|<1$映射成一个由多边形围成的凸区域,换句话说

$$w(z)=\int_0^z\left(1-\frac{z}{z_1}\right)^{\alpha_1-1}\left(1-\frac{z}{z_2}\right)^{\alpha_2-1}\cdots\left(1-\frac{z}{z_s}\right)^{\alpha_s-1}\mathrm{d}z \tag{24}$$

其中$0<\alpha_k<1$,$\sum_{k=1}^{s}\alpha_k=s-2$.我们来证明,在这个情形下$|a_n|\leqslant 1(n=2,3,\cdots)$.由于

$$a_n=\frac{w^{(n)}(0)}{n!}\quad 与\quad w'(0)=1$$

我们要在假定

$$|w''(0)|\leqslant 2!,\quad |w'''(0)|\leqslant 3!,\quad \cdots,\quad |w^{(n-1)}(0)|\leqslant (n-1)!$$

之下,证明

$$|w^{(n)}(0)|\leqslant n!$$

为此,我们微分(24),得到

$$w'(z)=\left(1-\frac{z}{z_1}\right)^{\alpha_1-1}\left(1-\frac{z}{z_2}\right)^{\alpha_2-1}\cdots\left(1-\frac{z}{z_s}\right)^{\alpha_s-1}$$

取上式的对数导数,就得到

$$\frac{w''(z)}{w'(z)}=\sum_{k=1}^{s}\frac{\alpha_k-1}{z-z_k}$$

为简便计算,令

$$\omega(z)=\sum_{k=1}^{s}\frac{\alpha_k-1}{z-z_k}$$

即有

$$w''(z)=\omega(z)w'(z)$$

连续微分上式两端$n-2$次,利用莱布尼茨法则,得到

$$w^{(n)}(z)=\omega^{(n-2)}(z)w'(z)+(n-2)\omega^{(n-3)}(z)w''(z)+$$
$$\frac{(n-2)(n-3)}{1\cdot 2}\omega^{(n-4)}(z)w'''(z)+\cdots+$$
$$(n-2)\omega'(z)w^{(n-2)}(z)+\omega(z)w^{(n-1)}(z) \tag{25}$$

另外,显然有

$$\omega^{(p)}(z)=(-1)^{p+1}p!\ \sum_{k=1}^{s}\frac{\alpha_k-1}{(z-z_k)^{p+1}}$$

令 $z=0$ 就得到

$$|\omega^{p}(0)|\leqslant p!\ \sum_{k=1}^{s}(1-\alpha_k)=2(p!) \tag{26}$$

根据等式(25) 在 $z=0$ 时的情形,利用不等式(26) 与下面的条件

$$w'(0)=1,\quad |w''(0)|\leqslant 2!,\quad \cdots,\quad |w^{(n-1)}(0)|\leqslant (n-1)!$$

结果就得到

$$|w^{(n)}(0)|\leqslant 2(n-2)!\ +2(n-2)!\ 2!\ +$$
$$2\frac{(n-2)!}{2!}\cdot 3!\ +\cdots+2(n-1)!$$
$$=2(n-2)!\ [1+2+\cdots+(n-1)]=n!$$

这就是所要证明的.

现在,因为任何一个凸区域都可以用凸多边形区域去逼近,所以 K 族中的任一个函数都可以考虑作下面形式的函数的极限

$$C\int_0^z\left(1-\frac{z}{z_1}\right)^{\alpha_1-1}\left(1-\frac{z}{z_2}\right)^{\alpha_2-1}\cdots\left(1-\frac{z}{z_s}\right)^{\alpha_s-1}\mathrm{d}z \tag{27}$$

于是我们可以得到下面的结论:因为根据以上所证明的结果,函数(27) 的展开式中 z^n 的系数的模不大于C,而 C 由于标准化应该趋于 1,所以在凸函数展开式中 z^n 的系数不大于 1.

从凸函数族(K) 转到星形函数族(S),我们可以借助下面的关系

$$f(z)=zF'(z)$$

得到星形函数展开式中系数的对应界限.

实际上,如果

$$f(z)=z+a_2z^2+\cdots+a_nz^n+\cdots$$
$$F(z)=z+b_2z^2+\cdots+b_nz^n+\cdots$$

那么 $a_n=nb_n$,因而从 $|b_n|\leqslant 1$ 就得到 $|a_n|\leqslant n$.

以上所得到的凸函数与星形函数展开式中系数的模的上界是精确的，因为它们分别为下面两个函数所达到

$$\frac{z}{1-z}=\sum_{n=1}^{\infty}z^n \quad 与 \quad \frac{z}{(1-z)^2}=\sum_{n=1}^{\infty}nz^n$$

本段中所述的方法可以应用到对称凸函数，得出系数的模以及变形定理的精确上界. 在把这个工作留给读者去做之前，我们要指出，这一类函数的控制函数是 $w=\arctan z$，它把单位圆映射成宽度为 $\frac{\pi}{2}$ 并且平行于虚轴的带形. 然后，从对称凸函数转到对称星形函数，我们又可以为后者建立精确的界限. 这时，控制函数是 $w=\frac{z}{1+z^2}$，它把单位圆映射成一个区域，其整个界线由实轴的两个线段 $\left(\frac{1}{2},\infty\right)$ 与 $\left(-\frac{1}{2},-\infty\right)$ 组成.

(四) 把区域映射成圆的函数的极值问题

1. 预备定理

本段的目的是要证明下述辅助命题：如果 $\varphi(z)$ 是圆 $|z|<\rho$ 内的一个全纯函数，那么对于任何一个 r，$0<r<\rho$，令 $z=re^{i\theta}$，都有

$$\frac{1}{2\pi}\int_0^{2\pi}|\varphi(re^{i\theta})|^p d\theta \geqslant |\varphi(0)|^p \quad (p>0) \tag{28}$$

其中只在 $\varphi(z)$ 等于常数的情形才能取到等号.

首先我们考虑 $p=2$ 的情形. 从 $\varphi(z)$ 在圆 $|z|<\rho$ 内的泰勒展开式

$$\varphi(z)=\alpha_0+\alpha_1 z+\cdots+\alpha_n z^n+\cdots$$

我们得到

$$\frac{1}{2\pi}\int_0^{2\pi}|\varphi(re^{i\theta})|^2 d\theta=|\alpha_0|^2+|\alpha_1|^2r^2+\cdots+|\alpha_n|^2r^{2n}+\cdots$$

很明显，这个表达式大于或等于 $|\alpha_0|^2=|\varphi(0)|^2$，并且只有在 $\varphi(z)=\alpha_0$ 时等式才成立.

现在假定 p 是任意一个数，我们来考虑函数 $[\varphi(z)]^{\frac{p}{2}}$；如果 $\varphi(z)$ 在圆内没有零点，那么 $\arg\varphi$ 是单值的，因而函数 $\varphi^{\frac{p}{2}}$ 的不同的分支也是单值的. 任意选定这些分支中的一个，于是函数 $\varphi^{\frac{p}{2}}$ 就成

为圆 $|z|<\rho$ 内的全纯函数. 显然, 要想证明我们现在所考虑的情形, 只需要再把已经证明了的 $p=2$ 的情形用到函数 $\varphi^{\frac{p}{2}}$ 就行了. 因此, 我们已经证明了任意 p 的情形, 只要函数 φ 在圆内没有零点.

现在我们再讨论 φ 在圆 $|z|<\rho$ 内有零点的情形. 我们不妨假定 $\varphi(0)\neq 0$, 因为如果 $\varphi(0)=0$, 预备定理显然是对的. 我们来考虑以 $r(r<\rho)$ 为半径的圆. 如果在这个圆内函数 $\varphi(z)$ 没有零点, 那么我们的定理对于这个半径 r 来说是对的, 因为我们可以把已经考虑过的情形用到圆 $|z|<r$ 上去. 如果在圆 $|z|<r$ 内函数有零点, 当然这些零点只有有限多个; 我们把它们记作 $a_1, a_2, \cdots, a_n$, 这里一个零点是几重的就写了几次. 注意, 如果 $a'_1, a'_2, \cdots, a'_n$ 是关于圆周 $|z|=r$, 与 $a_1, a_2, \cdots, a_n$ 对称的那些点, 那么函数

$$\frac{(z-a'_1)(z-a'_2)\cdots(z-a'_n)}{(z-a_1)(z-a_2)\cdots(z-a_n)}$$

在圆周 $|z|=r$ 上所取的值的模等于

$$\frac{r}{|a_1|}\frac{r}{|a_2|}\cdots\frac{r}{|a_n|}=\frac{r^n}{|a_1a_2\cdots a_n|}$$

因此, 函数

$$\varphi_1(z)=\frac{|a_1a_2\cdots a_n|}{r^n}\frac{(z-a'_1)\cdots(z-a'_n)}{(z-a_1)\cdots(z-a_n)}\varphi(z)$$

在圆$(z)<r$ 是全纯的并且恒不等于零, 并且, 在圆周 $|z|=r$ 上这个函数所取的值与 $\varphi(z)$ 的值有完全相同的模.

根据预备定理, 对于 $\varphi_1(z)$ 我们已经有

$$\frac{1}{2\pi}\int_0^{2\pi}|\varphi_1(re^{i\theta})|^p d\theta \geqslant |\varphi_1(0)|^p$$

但另外

$$|\varphi_1(re^{i\theta})|=|\varphi(re^{i\theta})|$$

并且

$$|\varphi_1(0)|=\frac{|a_1a_2\cdots a_n|}{r^n}\left|\frac{a'_1a'_2\cdots a'_n}{a_1a_2\cdots a_n}\right||\varphi(0)|$$

也就是

$$|\varphi_1(0)|=\frac{|a'_1a'_2\cdots a'_n|}{r^n}|\varphi(0)|>|\varphi(0)|$$

因此, 我们得到

$$\frac{1}{2\pi}\int_0^{2\pi} |\varphi(re^{i\theta})|^p d\theta \geqslant |\varphi(0)|^p$$

这就完全证明了我们的定理，因为这里在圆 $|z|<r$ 内具有零点的 $\varphi(z)(\varphi(0)\neq 0)$ 不是常数.

2. 第一极值问题

我们来考虑一族函数 $\lambda(z)$，它们在一个有限的单连通区域 D 内全纯，并且在点 z_0 已经标准化，也就是说，它们都满足条件

$$\lambda(z_0)=0,\quad \lambda'(z_0)=1 \tag{29}$$

对于这一族函数我们要证明，有唯一的函数 λ 使积分

$$I_p=\iint_D |\lambda(z)|^p dxdy, p>0$$

达到最小值，并且要定出这个函数.

假定函数 $w=f(z)$ 满足条件(29) 并构成一个把区域 D 变成圆 Δ: $|z|<\rho$ 的双方单值的共形映射，又 $z=\varphi(w)$ 是它的反函数，因为

$$\left|\frac{D(x,y)}{D(u,v)}\right|=\left|\frac{dz}{dw}\right|^2=|\varphi'(w)|^2$$

所以

$$I_p=\iint_\Delta |\lambda[\varphi(w)]|^p |\varphi'(w)|^2 dudv$$

令 $\Lambda(w)=\lambda[\varphi(w)]$，$w=re^{i\theta}$，我们就得到

$$I_p=\int_0^\rho rdr\int_0^{2\pi} |\Lambda(re^{i\theta})|^p |\varphi'(re^{i\theta})|^2 d\theta$$

其中 φ' 不等于零，因而 $\varphi'^{\frac{2}{p}}$ 的不同的分支都是单值的. 我们选定当 $w=0$ 时它等于 1 的那一支；于是 $\lambda[\varphi(w)]$ 是一个全纯函数并且在 $w=0$ 有一个简单零点. 因此，$\Lambda(w)'^{\frac{2}{p}}$ 是全纯函数并在 $w=0$ 有一个简单零点. 令

$$\Phi(w)=\frac{\Lambda(w)\varphi'^{\frac{2}{p}}(w)}{w},\quad \Phi(0)\neq 0$$

于是我们有

$$\int_\pi^{2\pi} |\Lambda(re^{i\theta})|^p |\varphi'(re^{i\theta})|^2 d\theta = r^p\int_0^{2\pi} |\Phi(re^{i\theta})|^p d\theta$$

由此根据第 1 段的预备定理，对于任何一个 $r<\rho$，我们都有

$$\int_0^{2\pi} |\Lambda(re^{i\theta})|^p |\varphi'(re^{i\theta})|^2 d\theta \geqslant 2\pi r^p |\Phi(0)|^p \tag{30}$$

要想计算 $\Phi(0)$，我们注意

$$\left[\frac{d\Lambda(w)}{dw}\right]_{w=0}=\left(\frac{d\lambda}{dz}\right)_{z=z_0}=1,\quad \varphi'(0)=\frac{1}{f'(z_0)}=1$$

可见

$$\Lambda(w)=w+\cdots,\quad \varphi'^{\frac{2}{p}}(w)=1+\cdots$$

这就表明 $\Phi(w)=1+\cdots$，换句话说，$\Phi(0)=1$. 因此，从不等式(30)我们就得到

$$\int_0^{2\pi} |\Lambda(re^{i\theta})|^p |\varphi'(re^{i\theta})|^2 d\theta \geqslant 2\pi r^p$$

因而，最后我们有

$$I_p \geqslant 2\pi\int_0^{\rho} r^{p+1}dr=\frac{2\pi}{p+2}\rho^{p+2}$$

所以

$$I_p \geqslant \frac{2\pi}{\rho+2}\rho^{p+2}$$

如果这个不等式中等号成立，这只有在公式(30)对于每一个 r 都取等号时才成，根据我们的预备定理，这又只有在

$$\Phi(w)=\text{常数}=1$$

时才能这样.

以上这个条件意味着 I_p 达到了它的最小界限. 条件 $\Phi(w)=1$ 事实上可以写作

$$\lambda[\varphi(w)]=w[\varphi'(w)]^{-\frac{2}{p}}$$

或即

$$\lambda(z)=f(z)[f'(z)]^{\frac{2}{p}}$$

这里取作 $[f'(z)]^{\frac{2}{p}}$ 的，是这个函数当 $z=z_0$ 时它等于 1 的那一个单值的分支. 因此，我们已经证明了，仅仅对于函数

$$f_p(z)=f(z)[f'(z)]^{\frac{2}{p}}$$

I_p 才达到它的最小界限. 此外，我们指出，在区域 D 上 $[\lambda(z)]$ 的 p

级的平均值是

$$m_p=\left(\frac{I_p}{d}\right)^{\frac{1}{p}},d\text{ 是区域 }D\text{ 的面积}$$

因此

$$m_p\geqslant\rho\left[\frac{2\pi\rho^2}{(p+2)d}\right]^{\frac{1}{p}}$$

这里只是对于函数 $f_p(z)$ 才有 $m_p=\rho\left[\frac{2\pi\rho^2}{(p+2)d}\right]^{\frac{1}{p}}$. 当 p 无限增大时，m_p 趋向于 ρ，而 $f_p(z)$ 则趋向于 $f(z)$.

3. 第二极值问题

我们考虑同样的一族函数 $\lambda(z)$，它们在一个有限的单连通区域 D 内全纯，并且在点 z_c 已经标准化，也就是说，满足条件

$$\lambda(z_0)=0\quad\lambda'(z_0)=1\tag{29}$$

我们要证明有唯一的函数 λ 使积分

$$J_p=\iint\limits_D|\lambda'(z)|^p\mathrm{d}x\mathrm{d}y,p>0$$

达到最小值，并且要定出这个函数.

跟前面一样，我们假定函数 $w=f(z)$ 满足条件(29) 并且双方单值而且共形地把区域 D 映射成圆 Δ：$|z|<\rho$，又 $z=\varphi(w)$ 是它的反函数. 类似第 2 段的做法，我们得到

$$J_p=\iint\limits_\Delta|\lambda[\varphi(w)]|^p|\varphi(w)|^2\mathrm{d}u\mathrm{d}v$$

或者引入极坐标 $w=re^{i\theta}$，再令

$$\lambda[\varphi(w)]=\Lambda_1(w)=1+\cdots$$

我们就有

$$J_p=\int_0^\rho r\mathrm{d}r\int_0^{2\pi}|\Lambda_1(re^{i\theta})|^p|\varphi'(re^{i\theta})|^2\mathrm{d}\theta$$

令

$$\Phi_1(w)=\Lambda_1(w)\varphi^{\frac{2}{p}}(w),\quad\Phi_1(0)=1$$

就有

$$\int_0^{2x}|\Lambda_1(re^{i\theta})|p|\varphi(re^{i\theta})|^2\mathrm{d}\theta=\int_0^{2x}\Phi_1(re^{i\theta})p\mathrm{d}\theta$$

于是根据第 1 段的预备定理，我们得到

$$\int_0^{2\pi} |\Lambda_1(re^{i\theta})|^p |\varphi(re^{i\theta})|^2 \mathrm{d}\theta = 2\pi |\Phi_1(0)|^p = 2\pi$$

因而，最后我们有

$$J_p \geqslant 2\pi\int_0^{\rho} r\mathrm{d}r = \pi\rho^2$$

这里等式只在 $\Phi_1(w)=$常数$=1$ 时才成立，换句话说，只在

$\Lambda_1(w)\varphi'^{\frac{2}{p}}(w)=1$　或即　$\lambda'(z)=[f'(z)]^{\frac{2}{p}}$，$([f'(z_0)]^{\frac{2}{p}}=1)$

时才成立，由此可见

$$\lambda(z)=\int_{z_0}^{z}[f'(z)]^{\frac{2}{p}}\mathrm{d}z$$

这就是使 J_p 达到最小界限 $\pi\rho^2$ 的那个唯一的函数.

$|\lambda'|$ 的 ρ 级的平均值是

$$m'_\rho=\left(\frac{J_p}{d}\right)^{\frac{1}{p}} \geqslant \left(\frac{\pi\rho^2}{d}\right)^{\frac{1}{p}}$$

这个不等式只是对于函数 $\lambda'=[f'(z)]^{\frac{2}{p}}$ 才取等号：$m'_p=\left(\frac{\pi\rho^2}{d}\right)^{\frac{1}{p}}$. 当 p 无限增大时，m'_p 趋向于 1，又函数趋向于 $z-z_0$.

当 $p=2$ 时，J_p 有一个简单的几何意义：J_2 是映射区域 D 所得到的黎曼曲面的面积. 由于当 $p=2$ 时，给出 J_p 的最小值的函数是

$$\lambda(z)=\int_{z_0}^{z} f'(z)\mathrm{d}z = f(z)$$

所以，在全部在点 z_0 已经标准化的 D 内的全纯函数中，有唯一的函数，它使得由 D 变成的黎曼曲面的面积达到最小；这个函数把区域 D 双方单值而且共形地映射成一个以原点为中心的圆.

要想在函数已经标准化的条件下求出最小面积，我们可以根据函数的双方单值性，赋予变换后的面积以相应的条件，然后来求 $|\lambda'(z_0)|$ 的最大值. 因此，我们来考虑所有的函数 $\mu(z)$，它们在区域 D 内全纯，满足条件 $\mu(z_0)=0$，$\mu'(z_0)\neq 0$，并且把 D 变换成具有给定的面积 A 的黎曼曲面. 于是函数 $\dfrac{\mu(z)}{\mu'(z_0)}$ 把区域 D 变换成一个

黎曼曲面,它的面积等于$\frac{A}{|\mu'(z_0)|^2}$;因为这个函数在点 z_0 已经标准化,所以根据前面所讲的应该有

$$\frac{A}{|\mu'(z_0)|^2} \geqslant \pi\rho^2$$

其中 ρ 是点 z_0 与区域 D 对应的半径. 因此

$$|\mu'(z_0)|^2 \leqslant \frac{A}{\pi\rho^2}$$

因而

$$|\mu'(z_0)| \leqslant \sqrt{\frac{A}{\pi\rho^2}}$$

$|\mu'(z_0)|$ 的最大值只在$\frac{\mu(z)}{\mu'(z_0)}$把区域 D 双方单值并且共形地映射成以原点为中心的圆时才被达到.

如果在点 z_0 已经标准化的 $f(z)$ 就是构成以上这个映射的函数,那么函数 $\mu(z)$ 给出 $|\mu'(z_0)|$ 的最大值的充分必要条件可以写作

$$\frac{\mu(z)}{\mu'(z_0)} = f(z)$$

由此可见

$$\mu(z) = Cf(z)$$

根据变换后的面积等于 A 的假设,我们有 $|C|^2\pi\rho^2 = A$,因此

$$|C| = \sqrt{\frac{A}{\pi\rho^2}}$$

这就说明,所求的函数 $\mu(z)$ 是如下的形式

$$\mathrm{e}^{\mathrm{i}\omega}\sqrt{\frac{A}{\pi\rho^2}}f(z)$$

以上这种形式的函数把区域 D 双方单值并且共形地映射成以原点为中心面积等于 A 的圆. 由此我们得出:在所有把区域 D 变成面积等于 A 的黎曼曲面并且适合 $\mu(z_0)=0$,$\mu'(z_0)\neq 0$ 的 D 内的全纯函数 $\mu(z)$ 中,那些使 $|\mu'(z_0)|$ 达到最大值的函数,把区域 D 双方单值并且共形地映射成以原点为中心面积等于 A 的圆.

其实在中国,年龄稍长的读者多少都会有俄罗斯情结,这也是我们引进

本套丛书的原因之一.

细心的读者也许会注意到,2006年5月,一本名为《苏联祭》的书在中国悄悄出版了,书的封面上赫然印着一枚硕大的红星,扉页上则写着:“谨以此书迎接与纪念二〇〇七——苏联十月社会主义革命九十周年”.它的作者是王蒙.然而《苏联祭》并不是一本普通的书,其中收录了王蒙自1984年以来30余年间创作的《访苏心潮》《苏联文学的光明梦》《歌声好像明媚的春光》等与苏联(俄罗斯)有关的游记、随感、小说等共17篇.它是王蒙的“心史”,承载着作者王蒙太多的青春、记忆与歌哭.

事实上,早在20世纪50年代——那时候俄罗斯还叫苏联——俄罗斯就成了少年王蒙“向往的天堂”.20世纪50年代成长起来的那代人,或浓或淡地都存在着某种“苏联情结”,王蒙尤甚.多年后,王蒙曾满怀深情地写到:“对于我——青春就是革命,就是爱情,就是文学,也就是苏联.”就如俄罗斯著名汉学家谢尔盖·托洛普采夫所说的那样,苏联是王蒙心中“永存的桃源”.

王蒙是唱着苏联歌曲读着苏联小说走向革命和文学的.11岁时,王蒙从我党地下工作人员那里学会的第一首歌曲便是《喀秋莎》.王蒙曾把这首歌比喻为自己的“早恋”.《太阳落山》《蓝色的星》《小路》《快乐的风》等苏联歌曲,伴随着王蒙走过了自己的少年时代.苏联文学对王蒙的影响则更深且巨了:“苏联文学给我的影响说也说不尽.我不仅是从政治上而且是从艺术上曾经被苏联文学所彻底征服.”这种“彻底征服”的结果,便是苏联文学引领王蒙走向了文学,走向了革命.12岁时,王蒙读了奥斯特洛夫斯基的《钢铁是怎样炼成的》,从此立志要把自己锻炼成“钢铁一样、水晶一样的布尔什维克”.法捷耶夫的《青年近卫军》、爱伦堡的《暴风雨》更是成了青年王蒙人生和文学的“教科书”,多年后,王蒙再次谈到法捷耶夫时,仍深情地称之为“一个真诚的为社会主义革命和共产主义而殉道的作家”.恰如王蒙后来所说的那样:“我之走向革命走向进步,与苏联文艺的影响是分不开的.我崇拜革命、崇拜苏联、崇拜共产主义都包含着崇拜苏联文艺.”苏联文学那种特有的乐观、明朗和理想主义都深深地影响了王蒙后来的创作.

王蒙与苏联(俄罗斯)还远不止这些.“20世纪50年代,我不知道有多少次梦想着苏联.……那时候我想,人活一辈子,能去一趟苏联就是最大的幸福.去一趟苏联,死了也值.”王蒙青年时代去一趟苏联的梦想,30年后才终以实现.自20世纪80年代以来,王蒙曾多次访问俄罗斯,在中俄文化、文学交流史上,打下了特有的“王蒙印记”.1984年5月20日—6月12日,王蒙率中国电影代表团第一次参加了苏联塔什干国际电影节，就是在这次电影节上，根据《青春万岁》改编的同名电影获得纪念奖.历史有时在不经意间呈现出她特有的温情：1953年初冬，在创作《青春万岁》的时候，一个"隐秘"的念头曾跳进了年轻王蒙的脑海里："我幻想我的作品会获得巨大成功，从而我有可能随中国青年代表团去莫斯科参加世界青年联欢节."三十多年后，王蒙和他的《青春万岁》果然来到了苏联.这次苏联之行，王蒙不仅参观了少年时代就多次梦想过的红场、列宁墓、克里姆林宫，更重要的是，王蒙结识了李福清、爱德林、费德林、索罗金、托洛普采夫等一大批对中国人民怀有深厚感情的汉学家.

王蒙的处女作《青春万岁》，笔者中学时代就读过，其理想主义影响至今.中国数学界也是一样，言必称罗巴切夫斯基、切比雪夫、李雅普诺夫、庞特里亚金，陈景润先生的理想就是超越维诺格拉朵夫.过去学分析的一定要做吉米多维奇的题，现在就选卓里奇的课本，学高等数学当时一定要选斯米尔诺夫的，群论就选库罗什的，复分析则一定要选普里瓦洛夫的.今天能否再现昔日辉煌无法判断，但落日余晖毕竟也是诱人的.

刘培杰

2022.6.24

于哈工大

刘培杰数学工作室
已出版(即将出版)图书目录——原版影印

书名	出版时间	定价	编号
数学物理大百科全书.第1卷(英文)	2016—01	418.00	508
数学物理大百科全书.第2卷(英文)	2016—01	408.00	509
数学物理大百科全书.第3卷(英文)	2016—01	396.00	510
数学物理大百科全书.第4卷(英文)	2016—01	408.00	511
数学物理大百科全书.第5卷(英文)	2016—01	368.00	512
zeta 函数,q-zeta 函数,相伴级数与积分(英文)	2015—08	88.00	513
微分形式:理论与练习(英文)	2015—08	58.00	514
离散与微分包含的逼近和优化(英文)	2015—08	58.00	515
艾伦·图灵:他的工作与影响(英文)	2016—01	98.00	560
测度理论概率导论,第2版(英文)	2016—01	88.00	561
带有潜在故障恢复系统的半马尔柯夫模型控制(英文)	2016—01	98.00	562
数学分析原理(英文)	2016—01	88.00	563
随机偏微分方程的有效动力学(英文)	2016—01	88.00	564
图的谱半径(英文)	2016—01	58.00	565
量子机器学习中数据挖掘的量子计算方法(英文)	2016—01	98.00	566
量子物理的非常规方法(英文)	2016—01	118.00	567
运输过程的统一非局部理论:广义波尔兹曼物理动力学,第2版(英文)	2016—01	198.00	568
量子力学与经典力学之间的联系在原子、分子及电动力学系统建模中的应用(英文)	2016—01	58.00	569
算术域(英文)	2018—01	158.00	821
高等数学竞赛:1962—1991年的米洛克斯·史怀哲竞赛(英文)	2018—01	128.00	822
用数学奥林匹克精神解决数论问题(英文)	2018—01	108.00	823
代数几何(德文)	2018—04	68.00	824
丢番图逼近论(英文)	2018—01	78.00	825
代数几何学基础教程(英文)	2018—01	98.00	826
解析数论入门课程(英文)	2018—01	78.00	827
数论中的丢番图问题(英文)	2018—01	78.00	829
数论(梦幻之旅):第五届中日数论研讨会演讲集(英文)	2018—01	68.00	830
数论新应用(英文)	2018—01	68.00	831
数论(英文)	2018—01	78.00	832

刘培杰数学工作室
已出版(即将出版)图书目录——原版影印

书　　名	出版时间	定　价	编号
湍流十讲(英文)	2018—04	108.00	886
无穷维李代数:第3版(英文)	2018—04	98.00	887
等值、不变量和对称性(英文)	2018—04	78.00	888
解析数论(英文)	2018—09	78.00	889
《数学原理》的演化:伯特兰·罗素撰写第二版时的手稿与笔记(英文)	2018—04	108.00	890
哈密尔顿数学论文集(第4卷):几何学、分析学、天文学、概率和有限差分等(英文)	2019—05	108.00	891
偏微分方程全局吸引子的特性(英文)	2018—09	108.00	979
整函数与下调和函数(英文)	2018—09	118.00	980
幂等分析(英文)	2018—09	118.00	981
李群,离散子群与不变量理论(英文)	2018—09	108.00	982
动力系统与统计力学(英文)	2018—09	118.00	983
表示论与动力系统(英文)	2018—09	118.00	984
分析学练习.第1部分(英文)	2021—01	88.00	1247
分析学练习.第2部分,非线性分析(英文)	2021—01	88.00	1248
初级统计学:循序渐进的方法:第10版(英文)	2019—05	68.00	1067
工程师与科学家微分方程用书:第4版(英文)	2019—07	58.00	1068
大学代数与三角学(英文)	2019—06	78.00	1069
培养数学能力的途径(英文)	2019—07	38.00	1070
工程师与科学家统计学:第4版(英文)	2019—06	58.00	1071
贸易与经济中的应用统计学:第6版(英文)	2019—06	58.00	1072
傅立叶级数和边值问题:第8版(英文)	2019—05	48.00	1073
通往天文学的途径:第5版(英文)	2019—05	58.00	1074
拉马努金笔记.第1卷(英文)	2019—06	165.00	1078
拉马努金笔记.第2卷(英文)	2019—06	165.00	1079
拉马努金笔记.第3卷(英文)	2019—06	165.00	1080
拉马努金笔记.第4卷(英文)	2019—06	165.00	1081
拉马努金笔记.第5卷(英文)	2019—06	165.00	1082
拉马努金遗失笔记.第1卷(英文)	2019—06	109.00	1083
拉马努金遗失笔记.第2卷(英文)	2019—06	109.00	1084
拉马努金遗失笔记.第3卷(英文)	2019—06	109.00	1085
拉马努金遗失笔记.第4卷(英文)	2019—06	109.00	1086
数论:1976年纽约洛克菲勒大学数论会议记录(英文)	2020—06	68.00	1145
数论:卡本代尔1979:1979年在南伊利诺伊卡本代尔大学举行的数论会议记录(英文)	2020—06	78.00	1146
数论:诺德韦克豪特1983:1983年在诺德韦克豪特举行的Journees Arithmetiques数论大会会议记录(英文)	2020—06	68.00	1147
数论:1985—1988年在纽约城市大学研究生院和大学中心举办的研讨会(英文)	2020—06	68.00	1148

刘培杰数学工作室
已出版(即将出版)图书目录——原版影印

书　名	出版时间	定　价	编号
数论:1987 年在乌尔姆举行的 Journees Arithmetiques 数论大会会议记录(英文)	2020－06	68.00	1149
数论:马德拉斯 1987:1987 年在马德拉斯安娜大学举行的国际拉马努金百年纪念大会会议记录(英文)	2020－06	68.00	1150
解析数论:1988 年在东京举行的日法研讨会会议记录(英文)	2020－06	68.00	1151
解析数论:2002 年在意大利切特拉罗举行的 C. I. M. E. 暑期班演讲集(英文)	2020－06	68.00	1152
量子世界中的蝴蝶:最迷人的量子分形故事(英文)	2020－06	118.00	1157
走进量子力学(英文)	2020－06	118.00	1158
计算物理学概论(英文)	2020－06	48.00	1159
物质,空间和时间的理论:量子理论(英文)	2020－10	48.00	1160
物质,空间和时间的理论:经典理论(英文)	2020－10	48.00	1161
量子场理论:解释世界的神秘背景(英文)	2020－07	38.00	1162
计算物理学概论(英文)	2020－06	48.00	1163
行星状星云(英文)	2020－10	38.00	1164
基本宇宙学:从亚里士多德的宇宙到大爆炸(英文)	2020－08	58.00	1165
数学磁流体力学(英文)	2020－07	58.00	1166
计算科学:第 1 卷,计算的科学(日文)	2020－07	88.00	1167
计算科学:第 2 卷,计算与宇宙(日文)	2020－07	88.00	1168
计算科学:第 3 卷,计算与物质(日文)	2020－07	88.00	1169
计算科学:第 4 卷,计算与生命(日文)	2020－07	88.00	1170
计算科学:第 5 卷,计算与地球环境(日文)	2020－07	88.00	1171
计算科学:第 6 卷,计算与社会(日文)	2020－07	88.00	1172
计算科学. 别卷,超级计算机(日文)	2020－07	88.00	1173
多复变函数论(日文)	2022－06	78.00	1518
复变函数入门(日文)	2022－06	78.00	1523
代数与数论:综合方法(英文)	2020－10	78.00	1185
复分析:现代函数理论第一课(英文)	2020－07	58.00	1186
斐波那契数列和卡特兰数:导论(英文)	2020－10	68.00	1187
组合推理:计数艺术介绍(英文)	2020－07	88.00	1188
二次互反律的傅里叶分析证明(英文)	2020－07	48.00	1189
旋瓦兹分布的希尔伯特变换与应用(英文)	2020－07	58.00	1190
泛函分析:巴拿赫空间理论入门(英文)	2020－07	48.00	1191
卡塔兰数入门(英文)	2019－05	68.00	1060
测度与积分(英文)	2019－04	68.00	1059
组合学手册. 第一卷(英文)	2020－06	128.00	1153
* 一代数、局部紧群和巴拿赫 * 一代数丛的表示. 第一卷,群和代数的基本表示理论(英文)	2020－05	148.00	1154
电磁理论(英文)	2020－08	48.00	1193
连续介质力学中的非线性问题(英文)	2020－09	78.00	1195
多变量数学入门(英文)	2021－05	68.00	1317
偏微分方程入门(英文)	2021－05	88.00	1318
若尔当典范性:理论与实践(英文)	2021－07	68.00	1366
伽罗瓦理论. 第 4 版(英文)	2021－08	88.00	1408

刘培杰数学工作室
已出版(即将出版)图书目录——原版影印

书　　名	出版时间	定　价	编号
典型群,错排与素数(英文)	2020－11	58.00	1204
李代数的表示:通过 gln 进行介绍(英文)	2020－10	38.00	1205
实分析演讲集(英文)	2020－10	38.00	1206
现代分析及其应用的课程(英文)	2020－10	58.00	1207
运动中的抛射物数学(英文)	2020－10	38.00	1208
2－纽结与它们的群(英文)	2020－10	38.00	1209
概率,策略和选择:博弈与选举中的数学(英文)	2020－11	58.00	1210
分析学引论(英文)	2020－11	58.00	1211
量子群:通往流代数的路径(英文)	2020－11	38.00	1212
集合论入门(英文)	2020－10	48.00	1213
酉反射群(英文)	2020－11	58.00	1214
探索数学:吸引人的证明方式(英文)	2020－11	58.00	1215
微分拓扑短期课程(英文)	2020－10	48.00	1216
抽象凸分析(英文)	2020－11	68.00	1222
费马大定理笔记(英文)	2021－03	48.00	1223
高斯与雅可比和(英文)	2021－03	78.00	1224
π 与算术几何平均:关于解析数论和计算复杂性的研究(英文)	2021－01	58.00	1225
复分析入门(英文)	2021－03	48.00	1226
爱德华・卢卡斯与素性测定(英文)	2021－03	78.00	1227
通往凸分析及其应用的简单路径(英文)	2021－01	68.00	1229
微分几何的各个方面.第一卷(英文)	2021－01	58.00	1230
微分几何的各个方面.第二卷(英文)	2020－12	58.00	1231
微分几何的各个方面.第三卷(英文)	2020－12	58.00	1232
沃克流形几何学(英文)	2020－11	58.00	1233
彷射和韦尔几何应用(英文)	2020－12	58.00	1234
双曲几何学的旋转向量空间方法(英文)	2021－02	58.00	1235
积分:分析学的关键(英文)	2020－12	48.00	1236
为有天分的新生准备的分析学基础教材(英文)	2020－11	48.00	1237
数学不等式.第一卷.对称多项式不等式(英文)	2021－03	108.00	1273
数学不等式.第二卷.对称有理不等式与对称无理不等式(英文)	2021－03	108.00	1274
数学不等式.第三卷.循环不等式与非循环不等式(英文)	2021－03	108.00	1275
数学不等式.第四卷.Jensen 不等式的扩展与加细(英文)	2021－03	108.00	1276
数学不等式.第五卷.创建不等式与解不等式的其他方法(英文)	2021－04	108.00	1277

刘培杰数学工作室
已出版(即将出版)图书目录——原版影印

书　名	出版时间	定　价	编号
冯・诺依曼代数中的谱位移函数:半有限冯・诺依曼代数中的谱位移函数与谱流(英文)	2021－06	98.00	1308
链接结构:关于嵌入完全图的直线中链接单形的组合结构(英文)	2021－05	58.00	1309
代数几何方法.第1卷(英文)	2021－06	68.00	1310
代数几何方法.第2卷(英文)	2021－06	68.00	1311
代数几何方法.第3卷(英文)	2021－06	58.00	1312

书　名	出版时间	定　价	编号
代数、生物信息和机器人技术的算法问题.第四卷,独立恒等式系统(俄文)	2020－08	118.00	1199
代数、生物信息和机器人技术的算法问题.第五卷,相对覆盖性和独立可拆分恒等式系统(俄文)	2020－08	118.00	1200
代数、生物信息和机器人技术的算法问题.第六卷,恒等式和准恒等式的相等 问题、可推导性和可实现性(俄文)	2020－08	128.00	1201
分数阶微积分的应用:非局部动态过程,分数阶导热系数(俄文)	2021－01	68.00	1241
泛函分析问题与练习:第2版(俄文)	2021－01	98.00	1242
集合论、数学逻辑和算法论问题:第5版(俄文)	2021－01	98.00	1243
微分几何和拓扑短期课程(俄文)	2021－01	98.00	1244
素数规律(俄文)	2021－01	88.00	1245
无穷边值问题解的递减:无界域中的拟线性椭圆和抛物方程(俄文)	2021－01	48.00	1246
微分几何讲义(俄文)	2020－12	98.00	1253
二次型和矩阵(俄文)	2021－01	98.00	1255
积分和级数.第2卷,特殊函数(俄文)	2021－01	168.00	1258
积分和级数.第3卷,特殊函数补充:第2版(俄文)	2021－01	178.00	1264
几何图上的微分方程(俄文)	2021－01	138.00	1259
数论教程:第2版(俄文)	2021－01	98.00	1260
非阿基米德分析及其应用(俄文)	2021－03	98.00	1261
古典群和量子群的压缩(俄文)	2021－03	98.00	1263
数学分析习题集.第3卷,多元函数:第3版(俄文)	2021－03	98.00	1266
数学习题:乌拉尔国立大学数学力学系大学生奥林匹克(俄文)	2021－03	98.00	1267
柯西定理和微分方程的特解(俄文)	2021－03	98.00	1268
组合极值问题及其应用:第3版(俄文)	2021－03	98.00	1269
数学词典(俄文)	2021－01	98.00	1271
确定性混沌分析模型(俄文)	2021－06	168.00	1307
精选初等数学习题和定理.立体几何.第3版(俄文)	2021－03	68.00	1316
微分几何习题:第3版(俄文)	2021－05	98.00	1336
精选初等数学习题和定理.平面几何.第4版(俄文)	2021－05	68.00	1335
曲面理论在欧氏空间 En 中的直接表示(俄文)	2022－01	68.00	1444
维纳－霍普夫离散算子和托普利兹算子:某些可数赋范空间中的诺特性和可逆性(俄文)	2022－03	108.00	1496
Maple 中的数论:数论中的计算机计算(俄文)	2022－03	88.00	1497
贝尔曼和克努特问题及其概括:加法运算的复杂性(俄文)	2022－03	138.00	1498

刘培杰数学工作室
已出版(即将出版)图书目录——原版影印

书 名	出版时间	定 价	编号
复分析:共形映射(俄文)	2022－07	48.00	1542
微积分代数样条和多项式及其在数值方法中的应用(俄文)	2022－08	128.00	1543
蒙特卡罗方法中的随机过程和场模型:算法和应用(俄文)	2022－08	88.00	1544

书 名	出版时间	定 价	编号
狭义相对论与广义相对论:时空与引力导论(英文)	2021－07	88.00	1319
束流物理学和粒子加速器的实践介绍:第2版(英文)	2021－07	88.00	1320
凝聚态物理中的拓扑和微分几何简介(英文)	2021－05	88.00	1321
混沌映射:动力学、分形学和快速涨落(英文)	2021－05	128.00	1322
广义相对论:黑洞、引力波和宇宙学介绍(英文)	2021－06	68.00	1323
现代分析电磁均质化(英文)	2021－06	68.00	1324
为科学家提供的基本流体动力学(英文)	2021－06	88.00	1325
视觉天文学:理解夜空的指南(英文)	2021－06	68.00	1326
物理学中的计算方法(英文)	2021－06	68.00	1327
单星的结构与演化:导论(英文)	2021－06	108.00	1328
超越居里:1903年至1963年物理界四位女性及其著名发现(英文)	2021－06	68.00	1329
范德瓦尔斯流体热力学的进展(英文)	2021－06	68.00	1330
先进的托卡马克稳定性理论(英文)	2021－06	88.00	1331
经典场论导论:基本相互作用的过程(英文)	2021－07	88.00	1332
光致电离量子动力学方法原理(英文)	2021－07	108.00	1333
经典域论和应力:能量张量(英文)	2021－05	88.00	1334
非线性太赫兹光谱的概念与应用(英文)	2021－06	68.00	1337
电磁学中的无穷空间并矢格林函数(英文)	2021－06	88.00	1338
物理科学基础数学.第1卷,齐次边值问题、傅里叶方法和特殊函数(英文)	2021－07	108.00	1339
离散量子力学(英文)	2021－07	68.00	1340
核磁共振的物理学和数学(英文)	2021－07	108.00	1341
分子水平的静电学(英文)	2021－08	68.00	1342
非线性波:理论、计算机模拟、实验(英文)	2021－06	108.00	1343
石墨烯光学:经典问题的电解解决方案(英文)	2021－06	68.00	1344
超材料多元宇宙(英文)	2021－07	68.00	1345
银河系外的天体物理学(英文)	2021－07	68.00	1346
原子物理学(英文)	2021－07	68.00	1347
将光打结:将拓扑学应用于光学(英文)	2021－07	68.00	1348
电磁学:问题与解法(英文)	2021－07	88.00	1364
海浪的原理:介绍量子力学的技巧与应用(英文)	2021－07	108.00	1365
多孔介质中的流体:输运与相变(英文)	2021－07	68.00	1372
洛伦兹群的物理学(英文)	2021－08	68.00	1373
物理导论的数学方法和解决方法手册(英文)	2021－08	68.00	1374
非线性波数学物理学入门(英文)	2021－08	88.00	1376
波:基本原理和动力学(英文)	2021－07	68.00	1377
光电子量子计量学.第1卷,基础(英文)	2021－07	88.00	1383
光电子量子计量学.第2卷,应用与进展(英文)	2021－07	68.00	1384
复杂流的格子玻尔兹曼建模的工程应用(英文)	2021－08	68.00	1393
电偶极矩挑战(英文)	2021－08	108.00	1394
电动力学:问题与解法(英文)	2021－09	68.00	1395
自由电子激光的经典理论(英文)	2021－08	68.00	1397

刘培杰数学工作室
已出版(即将出版)图书目录——原版影印

书名	出版时间	定价	编号
曼哈顿计划——核武器物理学简介(英文)	2021—09	68.00	1401
粒子物理学(英文)	2021—09	68.00	1402
引力场中的量子信息(英文)	2021—09	128.00	1403
器件物理学的基本经典力学(英文)	2021—09	68.00	1404
等离子体物理及其空间应用导论. 第1卷,基本原理和初步过程(英文)	2021—09	68.00	1405
拓扑与超弦理论焦点问题(英文)	2021—07	58.00	1349
应用数学:理论、方法与实践(英文)	2021—07	78.00	1350
非线性特征值问题:牛顿型方法与非线性瑞利函数(英文)	2021—07	58.00	1351
广义膨胀和齐性:利用齐性构造齐次系统的李雅普诺夫函数和控制律(英文)	2021—06	48.00	1352
解析数论焦点问题(英文)	2021—07	58.00	1353
随机微分方程:动态系统方法(英文)	2021—07	58.00	1354
经典力学与微分几何(英文)	2021—07	58.00	1355
负定相交形式流形上的瞬子模空间几何(英文)	2021—07	68.00	1356
广义卡塔兰轨道分析:广义卡塔兰轨道计算数字的方法(英文)	2021—07	48.00	1367
洛伦兹方法的变分:二维与三维洛伦兹方法(英文)	2021—08	38.00	1378
几何、分析和数论精编(英文)	2021—08	68.00	1380
从一个新角度看数论:通过遗传方法引入现实的概念(英文)	2021—07	58.00	1387
动力系统:短期课程(英文)	2021—08	68.00	1382
几何路径:理论与实践(英文)	2021—08	48.00	1385
论天体力学中某些问题的不可积性(英文)	2021—07	88.00	1396
广义斐波那契数列及其性质(英文)	2021—08	38.00	1386
对称函数和麦克唐纳多项式:余代数结构与 Kawanaka 恒等式(英文)	2021—09	38.00	1400
杰弗里·英格拉姆·泰勒科学论文集:第1卷. 固体力学(英文)	2021—05	78.00	1360
杰弗里·英格拉姆·泰勒科学论文集:第2卷. 气象学、海洋学和湍流(英文)	2021—05	68.00	1361
杰弗里·英格拉姆·泰勒科学论文集:第3卷. 空气动力学以及落弹数和爆炸的力学(英文)	2021—05	68.00	1362
杰弗里·英格拉姆·泰勒科学论文集:第4卷. 有关流体力学(英文)	2021—05	58.00	1363

刘培杰数学工作室
已出版(即将出版)图书目录——原版影印

书　名	出版时间	定　价	编号
非局域泛函演化方程:积分与分数阶(英文)	2021—08	48.00	1390
理论工作者的高等微分几何:纤维丛、射流流形和拉格朗日理论(英文)	2021—08	68.00	1391
半线性退化椭圆微分方程:局部定理与整体定理(英文)	2021—07	48.00	1392
非交换几何、规范理论和重整化:一般简介与非交换量子场论的重整化(英文)	2021—09	78.00	1406
数论论文集:拉普拉斯变换和带有数论系数的幂级数(俄文)	2021—09	48.00	1407
挠理论专题:相对极大值,单射与扩充模(英文)	2021—09	88.00	1410
强正则图与欧几里得若尔当代数:非通常关系中的启示(英文)	2021—10	48.00	1411
拉格朗日几何和哈密顿几何:力学的应用(英文)	2021—10	48.00	1412
时滞微分方程与差分方程的振动理论:二阶与三阶(英文)	2021—10	98.00	1417
卷积结构与几何函数理论:用以研究特定几何函数理论方向的分数阶微积分算子与卷积结构(英文)	2021—10	48.00	1418
经典数学物理的历史发展(英文)	2021—10	78.00	1419
扩展线性丢番图问题(英文)	2021—10	38.00	1420
一类混沌动力系统的分歧分析与控制:分歧分析与控制(英文)	2021—11	38.00	1421
伽利略空间和伪伽利略空间中一些特殊曲线的几何性质(英文)	2022—01	68.00	1422
一阶偏微分方程:哈密尔顿—雅可比理论(英文)	2021—11	48.00	1424
各向异性黎曼多面体的反问题:分段光滑的各向异性黎曼多面体反边界谱问题:唯一性(英文)	2021—11	38.00	1425
项目反应理论手册.第一卷,模型(英文)	2021—11	138.00	1431
项目反应理论手册.第二卷,统计工具(英文)	2021—11	118.00	1432
项目反应理论手册.第三卷,应用(英文)	2021—11	138.00	1433
二次无理数:经典数论入门(英文)	2022—05	138.00	1434
数,形与对称性:数论,几何和群论导论(英文)	2022—05	128.00	1435
有限域手册(英文)	2021—11	178.00	1436
计算数论(英文)	2021—11	148.00	1437
拟群与其表示简介(英文)	2021—11	88.00	1438
数论与密码学导论:第二版(英文)	2022—01	148.00	1423

刘培杰数学工作室
已出版(即将出版)图书目录——原版影印

书　名	出版时间	定　价	编号
几何分析中的柯西变换与黎兹变换:解析调和容量和李普希兹调和容量、变化和振荡以及一致可求长性(英文)	2021－12	38.00	1465
近似不动点定理及其应用(英文)	2022－05	28.00	1466
局部域的相关内容解析:对局部域的扩展及其伽罗瓦群的研究(英文)	2022－01	38.00	1467
反问题的二进制恢复方法(英文)	2022－03	28.00	1468
对几何函数中某些类的各个方面的研究:复变量理论(英文)	2022－01	38.00	1469
覆盖、对应和非交换几何(英文)	2022－01	28.00	1470
最优控制理论中的随机线性调节器问题:随机最优线性调节器问题(英文)	2022－01	38.00	1473
正交分解法:涡流流体动力学应用的正交分解法(英文)	2022－01	38.00	1475
芬斯勒几何的某些问题(英文)	2022－03	38.00	1476
受限三体问题(英文)	2022－05	38.00	1477
利用马利亚万微积分进行 Greeks 的计算:连续过程、跳跃过程中的马利亚万微积分和金融领域中的 Greeks(英文)	2022－05	48.00	1478
经典分析和泛函分析的应用:分析学的应用(英文)	2022－03	38.00	1479
特殊芬斯勒空间的探究(英文)	2022－03	48.00	1480
某些图形的施泰纳距离的细谷多项式:细谷多项式与图的维纳指数(英文)	2022－05	38.00	1481
图论问题的遗传算法:在新鲜与模糊的环境中(英文)	2022－05	48.00	1482
多项式映射的渐近簇(英文)	2022－05	38.00	1483
一维系统中的混沌:符号动力学,映射序列,一致收敛和沙可夫斯基定理(英文)	2022－05	38.00	1509
多维边界层流动与传热分析:粘性流体流动的数学建模与分析(英文)	2022－05	38.00	1510
演绎理论物理学的原理:一种基于量子力学波函数的逐次置信估计的一般理论的提议(英文)	2022－05	38.00	1511
R^2 和 R^3 中的仿射弹性曲线:概念和方法(英文)	即将出版		1512
算术数列中除数函数的分布:基本内容、调查、方法、第二矩、新结果(英文)	2022－05	28.00	1513
抛物型狄拉克算子和薛定谔方程:不定常薛定谔方程的抛物型狄拉克算子及其应用(英文)	2022－07	28.00	1514
黎曼-希尔伯特问题与量子场论:可积重正化、戴森-施温格方程(英文)	即将出版		1515
代数结构和几何结构的形变理论(英文)	2022－08	48.00	1516
概率结构和模糊结构上的不动点:概率结构和直觉模糊度量空间的不动点定理(英文)	2022－08	38.00	1517

刘培杰数学工作室
已出版(即将出版)图书目录——原版影印

书　　名	出版时间	定　价	编号
反若尔当对:简单反若尔当对的自同构	2022-07	28.00	1533
对某些黎曼一芬斯勒空间变换的研究:芬斯勒几何中的某些变换	2022-07	38.00	1534
内诣零流形映射的尼尔森数的阿诺索夫关系	即将出版		1535
与广义积分变换有关的分数次演算:对分数次演算的研究	即将出版		1536
强子的芬斯勒几何和吕拉几何(宇宙学方面):强子结构的芬斯勒几何和吕拉几何(拓扑缺陷)	即将出版		1537
一种基于混沌的非线性最优化问题:作业调度问题	即将出版		1538
广义概率论发展前景:关于趣味数学与置信函数实际应用的一些原创观点	即将出版		1539

纽结与物理学:第二版(英文)	2022-09	118.00	1547
正交多项式和q一级数的前沿(英文)	即将出版		1548
算子理论问题集(英文)	即将出版		1549
抽象代数:群、环与域的应用导论:第二版(英文)	即将出版		1550
菲尔兹奖得主演讲集:第三版(英文)	即将出版		1551
多元实函数教程(英文)	即将出版		1552

联系地址:哈尔滨市南岗区复华四道街 10 号　哈尔滨工业大学出版社刘培杰数学工作室
网　　址:http://lpj.hit.edu.cn/
邮　　编:150006
联系电话:0451-86281378　　13904613167
E-mail:lpj1378@163.com